安装工程造价员培训教材

（第2版）

本书编写组　编

中国建材工业出版社

图书在版编目(CIP)数据

安装工程造价员培训教材/《安装工程造价员培训教材》编写组编 . —2 版 . —北京:中国建材工业出版社,2013.10(2019.7 重印)

ISBN 978 - 7 - 5160 - 0594 - 1

Ⅰ.①安… Ⅱ.①安… Ⅲ.①建筑安装－工程造价－技术培训－教材 Ⅳ.①TU723.3

中国版本图书馆 CIP 数据核字(2013)第 228552 号

安装工程造价员培训教材(第 2 版)
本书编写组 编

出版发行:中国建材工业出版社
地　　址:北京市海淀区三里河路 1 号
邮　　编:100044
经　　销:全国各地新华书店
印　　刷:河北鸿祥信彩印刷有限公司
开　　本:787mm×1092mm　1/16
印　　张:20
字　　数:538 千字
版　　次:2013 年 10 月第 2 版
印　　次:2019 年 7 月第 5 次
定　　价:55.00 元

本社网址:www.jccbs.com.cn
本书如出现印装质量问题,由我社市场营销部负责调换。电话:(010)88386906
对本书内容有任何疑问及建议,请与本书责编联系。邮箱:dayi51@sina.com

内容提要

本书第 2 版以《建设工程工程量清单计价规范》(GB 50500—2013)、《通用安装工程工程量计算规范》(GB 50856—2013)和《全国统一安装工程预算定额》为依据,系统阐述了安装工程造价编制与管理基础理论和方式方法。全书主要内容包括工程造价基础知识、安装工程施工图识读、安装工程工程量清单及计价编制、安装工程工程量计算、安装工程定额与定额计价、安装工程造价编制与审核、安装工程造价管理等。

本书具有依据明确、内容翔实、通俗易懂、实例具体、可操作性强等特点,可供安装工程设计、施工、建设、造价咨询、造价审计、造价管理等专业人员岗位培训和初学者使用,也可供高等院校相关专业师生学习时参考。

安装工程造价员培训教材

编 写 组

主　编：孙敬宇

副主编：黄志安　徐梅芳

编　委：汪永涛　许斌成　高会芳　赵艳娥

　　　　李　慧　王　芳　徐晓珍　张广钱

　　　　马　金　刘海珍　李彩艳　贾　宁

第 2 版前言

　　《安装工程造价员培训教材》一书自出版发行以来,深受广大读者的关注和喜爱,对指导广大安装工程造价编制与管理人员更好地工作提供了力所能及的帮助,编者倍感荣幸。在图书使用过程中,编者还陆续收到了不少读者及专家学者对图书内容、深浅程度及图书编排等方面的反馈意见,对此,编者向广大读者及相关专家学者表示衷心地感谢。随着我国工程建设市场的快速发展,招标投标制、合同制的逐步推行,工程造价计价依据的改革正不断深化,工程量清单计价制度也得到了越来越广泛地应用,对于《安装工程造价员培训教材》一书来说,其中部分内容已不能满足当前安装工程造价编制与管理工作的需要。

　　另外,为规范建设市场计价行为,维护建设市场秩序,促进建设市场有序竞争,控制建设项目投资,合理利用资源,从而进一步适应建设市场发展的需要,住房和城乡建设部标准定额司组织有关单位对 GB 50500—2008《建设工程工程量清单计价规范》进行了修订,并于 2012 年 12 月 25 日正式颁布了 GB 50500—2013《建设工程工程量清单计价规范》及 GB 50854—2013《房屋建筑与装饰工程工程量计算规范》、GB 50856—2013《通用安装工程工程量计算规范》等 9 本工程量计算规范。这 10 本规范的颁布实施,不仅对广大安装工程造价编制人员的专业技术能力提出了更高的要求,也促使编者对《安装工程造价员培训教材》进行了必要的修订。

　　本书的修订以 GB 50500—2013《建设工程工程量清单计价规范》及 GB 50856—2013《通用安装工程工程量计算规范》为依据进行。修订时主要对书中不符合当前安装工程造价工作发展需要及涉及清单计价的内容进行了重新梳理与修改,从而使广大安装工程造价工作者能更好地理解 2013 版清单计价规范和通用安装工程工程量计算规范的内容。本次修订主要做了以下工作:

　　(1)以本书原有体例为框架,结合 GB 50500—2013《建设工程工程量清单计价规范》内容,对清单计价体系方面的内容进行了调整、修改与补充,重点补充了工程合同签订、工程计量与价款支付、合同价款调整、索赔和竣工结算等内容，从而使结构体系更加完整。

（2）针对 GB 50856—2013《通用安装工程工程量计算规范》中对安装工程工程量清单项目的设置进行了较大改动的情况，本书修订时即严格依据 GB 50856—2013《通用安装工程工程量计算规范》，对已发生了变动的工程量清单项目，重新组织相关内容进行了介绍，并对照新版规范修改了其计量单位、工程量计算规则、工作内容等。

（3）根据 GB 50500—2013《建设工程工程量清单计价规范》对工程量清单与工程量清单计价表格的样式进行了修订。为强化图书的实用性，本次修订时还依据 GB 50856—2013《通用安装工程工程量计算规范》中有关清单项目设置、清单项目特征描述及工程量计算规则等方面的规定，结合最新工程计价表格，对书中的工程计价实例进行了修改。

本书修订过程中参阅了大量安装工程造价编制与管理方面的书籍与资料，并得到了有关单位与专家学者的大力支持与指导，在此表示衷心的感谢。书中错误与不当之处，敬请广大读者批评指正。

本书编写组
2013 年 10 月

第1版前言

工程造价的确定是规范建设市场秩序,提高投资效益的重要环节,具有很强的政策性、经济性、科学性和技术性。安装工程造价是建设工程造价的重要组成部分,其对安装工程的作用及重要性不言而喻。

随着工程造价体制改革的不断深入,我国工程造价正逐步改变过去以定额为主导的静态管理模式,实行依据市场变化的动态管理体制,并积极推行工程量清单计价制度。特别是《建设工程工程量清单计价规范》(GB 50500—2008)颁布实施以后,极大推进了工程造价管理体制改革的前进步伐。作为2003版清单计价规范的修订版,《建设工程工程量清单计价规范》(GB 50500—2008)主要增加了工程量清单计价中有关招标控制价、投标报价、合同价款约定、工程计量与价款支付、工程价款调整、索赔、竣工结算、工程计价争议处理等内容,这充分体现了工程造价各阶段的要求,更有利于规范工程建设参与各方的计价行为。

为了满足我国安装工程造价员培训教学和自学工程造价基础知识的需要,本书编写组以《建设工程工程量清单计价规范》(GB 50500—2008)和《全国统一安装工程预算定额》为依据,组织编写了本教材。

与市面上同类书籍相比较,本书具有以下几方面特点:

(1)注重理论与实践的结合,汲取以往安装工程造价工作的经验,并将收集的资料和积累的信息与理论联系在一起,以更好地帮助建设工程造价员提高自己的工作能力和解决工作中遇到的实际问题。

(2)本书主要依据安装工程相关定额及清单计价规范进行编写,具有很强的实用性和可操作性。

(3)本书言简意赅、通俗易懂,可满足读者自学安装工程造价基础知识以及安装工程造价员培训的需要。

(4)为使读者加深对内容的掌握和理解,书中根据需要列举了大量工程量计算示例,以帮助读者掌握工程造价的编制与计算方法。

参与本书编写的多是多年从事工程造价编审工作的专家学者,但由于工程造价编制工作涉及范围较广,加之我国目前处于工程造价体制改革阶段,许多方面还需不断总结与完善,故而书中错误及不当之处在所难免,敬请广大读者批评指正,以便及时修正和完善。

本书编写组
2009 年 12 月

目　　录

第一章 工程造价基础知识

第一节 基本建设基础知识

建筑安装工程是基本建设的重要组成部分,学习建筑安装工程造价必须了解基本建设的有关知识。

一、基本建设概念

基本建设的含义简单地讲,就是以扩大生产能力(或增加工程效益)为目的的综合经济活动;具体地讲,就是建造、购置和安装固定资产的活动以及与之相联系的工作,如征用土地、勘察设计、筹建机构、培训职工等。基本建设分为整体性固定资产的扩大再生产和部分整体性固定资产的简单再生产。扩大再生产指新建工程;简单再生产指恢复被自然灾害毁坏的固定资产及易地重建的固定资产等。

二、基本建设组成

1. 建筑工程

建筑工程指永久性和临时性的建筑物、构筑物的土建工程,采暖、通风、给水排水、照明工程,动力、电信管线的敷设工程,道路、桥涵的建设工程,农田水利工程,以及基础的建造、场地平整、清理和绿化工程等。

2. 安装工程

安装工程是指生产、动力、电信、起重、运输、医疗、实验等设备的装配工程和安装工程,以及附属于被安装设备的管线敷设、保温、防腐、调试、运转试车等工作。

3. 设备、工器具及生产用具的购置

设备、工器具及生产用具的购置是指车间、实验室、医院、学校、宾馆、车站等生产、工作、学习所应配备的各种设备、工具、器具、家具及实验设备的购置。

4. 其他基本建设工作

其他基本建设工作包括上述内容以外的工作,如土地征用、建设用场地原有建筑物的拆、改等工作。

三、基本建设工程项目划分

基本建设工程项目一般分为建设项目、单项工程、单位工程、分部工程和分项工程等。

1. 建设项目

建设项目是限定资源、限定时间、限定质量的一次性建设任务。它具有单件性的特点,具有一定的约束:确定的投资额、确定的工期、确定的资源需求、确定的空间要求(包括土地、高度、体积、长度等)、确定的质量要求。项目各组成部分有着有机的联系。例如:投入一定的资金,在某一地点、时间内按照总体设计建造一所医院,即可称为一个建设项目。

2. 单项工程

单项工程是建设项目的组成部分,是指具有独立性的设计文件,建成后可以独立发挥生产能力或使用效益的工程。例如:医院楼内的电气照明工程、给水排水工程、煤气工程、采暖工程等都是单项工程。

3. 单位工程

单位工程是指具有单独设计,可以独立组织施工的工程,是单项工程的组成部分,它不能独立发挥生产能力。在一个单项工程中,按其构成可分为建筑及设备安装两类单位工程,每类单位工程可按专业性质分为若干单位工程。设备及其安装工程中,根据设备的特性,通常可分为以下两类安装工程:

(1)机械设备及其安装工程。包括各种工艺设备、起重运输设备、动力设备等的购置及安装工程。

(2)电气设备及其安装工程。包括传动电气设备、起重机电气设备、起重控制设备等的购置及其安装工程。

4. 分部工程

分部工程是单位工程的组成部分,指在单位工程中按照不同结构、不同工种、不同材料和机械设备而划分的工程。例如:机械设备及其安装单位工程又可分为切削设备及安装工程、锻压设备及安装工程、起重设备及安装工程、化工设备及安装工程等。

5. 分项工程

分项工程是分部工程的组成部分,它是指分部工程中,按照不同的施工方法、不同的材料、不同的规格而进一步划分的最基本的工程项目。例如:给水排水管道安装分部工程又可分为室外管道、室内管道、焊接钢管及铸铁管的安装,焊接管的螺纹连接及其焊接,法兰安装,管道消毒冲洗等分项工程;照明器具分部工程又分为普通灯具的安装、荧光灯具的安装、工厂用灯及防水防尘灯的安装以及电铃风扇的安装等分项工程。

四、基本建设分类

基本建设分类方法很多,常见的有以下几种:
(1)按建设项目用途分类,可分为生产性建设和非生产性建设。
(2)按建设项目性质分类,可分为新建、扩建、改建、恢复及易地重建。
(3)按建设项目组成分类,可分为建筑工程、设备安装工程、设备和工具及器具购置及其他基本建设。
(4)按建设规模分类,可分为大型项目、中型项目和小型项目。

五、基本建设程序

建设程序是指在整个建设过程中各项建设活动必须遵循的先后次序。建设工程是一项复杂的系统工程,涉及面广,内外协作配合环节多,影响因素复杂,所以有关工作必须按照一定的程序依次进行。我国的基本建设程序概括起来主要划分为建设前期、工程设计、工程施工和竣工验收四个阶段。基本建设程序的具体实施步骤,如图1-1所示。

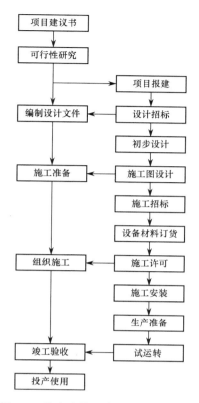

图 1-1　基本建设程序的具体实施步骤

第二节　工程造价构成

一、建设项目投资构成

建设项目投资包含固定资产投资和流动资产投资两部分(图 1-2),其是保证项目建设和生产经营活动正常进行的必要资金。

1. 固定资产投资

固定投资中形成固定资产的支出叫固定资产投资。固定资产是指使用期限超过一年的房屋、建筑物、机器、机械、运输工具以及与生产经营有关的设备、器具、工具等。这些资产的建造或购置过程中发生的全部费用都构成固定资产投资。建设项目总投资中的固定资产与建设项目的工程造价在量上相等。

2. 流动资产投资

流动资金是指为维持生产而占用的全部周转资金。它是流动资产与流动负债的差额。流动资产包括各种必要的现金、存款、应收及预付款项和存货;流动负债主要是指应付账款。值得指出的是,这里所说的流动资产是指为维持一定规模生产所需要的最低的周转资金和存货;这里所说的流动负债只含正常生产情况下平均的应付账款,不包括短期借款。

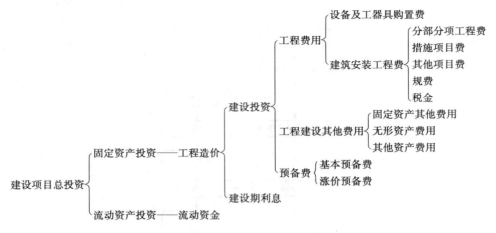

图 1-2　我国现行建设项目总投资构成

注:图中列示的项目总投资主要是指在项目可行性研究阶段用于财务分析时的总投资构成,在"项目报批总投资"或"项目概算总投资"中只包括铺底流动资金,其金额通常为流动资金总额的 30%。

二、设备及工、器具购置费

(一)设备及工、器具购置费

设备及工、器具购置费由设备购置费和工具、器具及生产家具购置费组成,是固定资产投资中的积极部分。在生产性工程建设中,设备及工、器具购置费占工程造价比重较大,意味着生产技术的进步和资本有机构成的提高。

1. 设备购置费

设备购置费是指为建设项目购置或自制的达到固定资产标准的各种国产或进口设备、工具、器具的购置费用。它由设备原价和设备运杂费构成。

$$设备购置费＝设备原价＋设备运杂费 \qquad (1-1)$$

其中,设备原价是指国产标准设备、非标准设备的原价;设备运杂费是指设备原价中未包括的包装和包装材料费、运输费、装卸费、采购费及仓库保管费、供销部门手续费等。

(1)国产设备原价的构成及计算。国产设备原价一般是指设备制造厂的交货价或订货合同价。它一般根据生产厂或供应商的询价、报价、合同价确定,或采用一定的方法计算确定。国产设备原价分为国产标准设备原价和国产非标准设备原价。

1)国产标准设备原价。国产标准设备是指按照主管部门颁布的标准图纸和技术要求,由我国设备生产厂批量生产的,符合国家质量检验标准的设备。国产标准设备原价一般指的是设备制造厂的交货价,即出厂价。国产标准设备原价有两种,即带有备件的原价和不带备件的原价,在计算时,一般采用带有备件的原价。

2)国产非标准设备原价。国产非标准设备是指国家尚无定型标准,各设备生产厂不可能在工艺过程中采用批量生产,只能按一次订货,并根据具体的设计图纸制造的设备。非标准设备原价有多种不同的计算方法,如成本计算估价法、系列设备插入估价法、分部组合估价法、定额估价法等。但无论采用哪种方法,都应该使非标准设备计价接近实际出厂价,并且计算方法要简便。成本计算估价法是一种常用的估算非标准设备原价的方法。按成本计算估价法,非标准设备的原价由以下各项组成：

①材料费。其计算公式如下：

$$材料费＝材料净重×(1＋加工损耗系数)×每吨材料综合价 \qquad (1-2)$$

②加工费。包括生产工人工资和工资附加费、燃料动力费、设备折旧费、车间经费等。其计算公式如下：

$$加工费＝设备总质量(吨)×设备每吨加工费 \qquad (1-3)$$

③辅助材料费(简称辅材费)。包括焊条、焊丝、氧气、氩气、氮气、油漆、电石等费用。其计算公式如下：

$$辅助材料费＝设备总质量×辅助材料费指标 \qquad (1-4)$$

④专用工具费。按①～③项之和乘以一定百分比计算。

⑤废品损失费。按①～④项之和乘以一定百分比计算。

⑥外购配套件费。按设备设计图纸所列的外购配套件的名称、型号、规格、数量、重量，根据相应的价格加运杂费计算。

⑦包装费。按以上①～⑥项之和乘以一定百分比计算。

⑧利润。可按①～⑤项加第⑦项之和乘以一定利润率计算。

⑨税金。主要指增值税。其计算公式如下：

$$增值税＝当期销项税额－进项税额 \qquad (1-5)$$
$$当期销项税额＝销售额×适用增值税率$$

其中　销售额为①～⑧项之和。

⑩非标准设备设计费。按国家规定的设计费收费标准计算。

综上所述，单台非标准设备原价计算公式如下：

单台非标准设备原价＝{[(材料费＋加工费＋辅助材料费)×(1＋专用工具费率)×(1＋废品损失费率)＋外购配套件费]×(1＋包装费率)－外购配套件费}×(1＋利润率)＋销项税金＋非标准设备设计费＋外购配套件费 (1-6)

(2)进口设备原价的构成及计算。进口设备原价是指进口设备的抵岸价，即抵达买方边境港口或边境车站，且交完关税等税费后形成的价格。进口设备抵岸价的构成与进口设备的交货方式有关。

1)进口设备的交货方式。进口设备的交货方式可分为内陆交货类、目的地交货类、装运港交货类(表1-1)。

表1-1 　　　　　　　　　　　　　　**进口设备的交货类别**

序号	交货类别	说　　　　明
1	内陆交货类	内陆交货类即卖方在出口国内陆的某个地点交货。在交货地点，卖方及时提交合同规定的货物和有关凭证，并负担交货前的一切费用和风险；买方按时接收货物，交付货款，负担接货后的一切费用和风险，并自行办理出口手续和装运出口。货物的所有权也在交货后由卖方转移给买方
2	目的地交货类	目的地交货类即卖方在进口国的港口或内地交货，有目的港船上交货价、目的港船边交货价(FOS)和目的港码头交货价(关税已付)及完税后交货价(进口国的指定地点)等几种交货价。它们的特点是：买卖双方承担的责任、费用和风险是以目的地约定交货点为分界线，只有当卖方在交货点将货物置于买方控制下才算交货，才能向买方收取货款。这种交货类别对卖方来说承担的风险较大，在国际贸易中卖方一般不愿采用

(续)

序号	交货类别	说　明
3	装运港交货类	装运港交货类即卖方在出口国装运港交货,主要有装运港船上交货价(FOB),习惯称离岸价格,运费在内价(CIF)和运费、保险费在内价(CIF),习惯称到岸价格。它们的特点是:卖方按照约定的时间在装运港交货,只要卖方把合同规定的货物装船后提供货运单据便完成交货任务,可凭单据收回货款。 　　装运港船上交货价(FOB)是我国进口设备采用最多的一种货价。采用船上交货价时卖方的责任是:在规定的期限内,负责在合同规定的装运港口将货物装上买方指定的船只,并及时通知买方;负担货物装船前的一切费用和风险,负责办理出口手续;提供出口国政府或有关方面签发的证件;负责提供有关装运单据。买方的责任是:负责租船或订舱,支付运费,并将船期、船名通知卖方;负担货物装船后的一切费用和风险;负责办理保险及支付保险费,办理在目的港的进口和收货手续;接受卖方提供的有关装运单据,并按合同规定支付货款

　　2)进口设备原价的构成及计算。进口设备采用最多的是装运港船上交货价(FOB),其抵岸价的构成可概括为:

$$进口设备原价 = 货价 + 国际运费 + 运输保险费 + 银行财务费 + 外贸手续费 + 关税 + 增值税 +$$

$$消费税 + 海关监管手续费 + 车辆购置附加费 \qquad (1\text{-}7)$$

　　①货价。一般指装运港船上交货价(FOB)。设备货价分为原币货价和人民币交货价,原币货价一律折算为美元表示,人民币货价按原币货价乘以外汇市场美元兑换人民币中间价确定。进口设备货价按有关生产厂商询价、报价、订货合同价计算。

　　②国际运费。即从装运港(站)到达我国抵达港(站)的运费。我国进口设备大部分采用海洋运输,小部分采用铁路运输,个别采用航空运输。进口设备国际运费的计算公式如下:

$$国际运费(海、陆、空) = 原币货价(FOB) \times 运费率 \qquad (1\text{-}8)$$

$$国际运费(海、陆、空) = 运量 \times 单位运价 \qquad (1\text{-}9)$$

　　其中,运费率或单位运价参照有关部门或进出口公司的规定执行。

　　③运输保险费。对外贸易货物运输保险是由保险人(保险公司)与被保险人(出口人或进口人)订立保险契约,在被保险人交付议定的保险费后,保险人根据保险契约的规定对货物在运输过程中发生的承保责任范围内的损失给予经济上的补偿。这是一种财产保险。其计算公式如下:

$$运输保险费 = \frac{原币货价(FOB) + 国外运费}{1 - 保险费率(\%)} \times 保险费率(\%) \qquad (1\text{-}10)$$

　　其中,保险费率按保险公司规定的进口货物保险费率计算。

　　④银行财务费。一般是指中国银行手续费,可按下式简化计算:

$$银行财务费 = 人民币交货价(FOB) \times 银行财务费率 \qquad (1\text{-}11)$$

　　⑤外贸手续费。指按对外经济贸易部规定的外贸手续费率计取的费用,外贸手续费率一般取1.5%。其计算公式如下:

$$外贸手续费 = [装运港船上交货价(FOB) + 国际运费 + 运输保险费] \times$$

$$外贸手续费率 \qquad (1\text{-}12)$$

　　⑥关税。由海关对进出国境或关境的货物和物品征收的一种税。其计算公式如下:

$$关税 = 到岸价格(CIF) \times 进口关税税率 \qquad (1\text{-}13)$$

　　其中,到岸价格(CIF)包括离岸价格(FOB)、国际运费、运输保险费等费用,它作为关税完税价格。进口关税税率分为优惠和普通两种。优惠税率适用于与我国签订有关税互惠条款的贸易条约或协定的国家的进口设备;普通税率适用于与我国未订有关税互惠条款的贸易条约或协定的国家的进口设备。进口关税税率按我国海关总署发布的进口关税税率计算。

⑦增值税。是对从事进口贸易的单位和个人,在进口商品报关进口后征收的税种。我国增值税条例规定,进口应税产品均按组成计税价格和增值税税率直接计算应纳税额。即:

$$进口产品增值税额＝组成计税价格×增值税税率 \qquad (1-14)$$
$$组成计税价格＝关税完税价格＋关税＋消费税 \qquad (1-15)$$

其中,增值税税率根据规定的税率计算。

⑧消费税。对部分进口设备(如轿车、摩托车等)征收,一般计算公式如下:

$$应纳消费税额＝\frac{到岸价格(CIF)＋关税}{1－消费税税率}×消费税税率 \qquad (1-16)$$

其中,消费税税率根据规定的税率计算。

⑨海关监管手续费。指海关对进口减税、免税、保税货物实施监督、管理、提供服务的手续费。对于全额征收进口关税的货物不计本项费用。其计算公式如下:

$$海关监管手续费＝到岸价格×海关监管手续费率 \qquad (1-17)$$

⑩车辆购置附加费。进口车辆需缴进口车辆购置附加费。其计算公式如下:

$$车辆购置附加费＝(到岸价格＋关税＋消费税)× \\ 车辆购置附加费率 \qquad (1-18)$$

(3)设备运杂费的构成和计算。

1)设备运杂费的构成。

①运费和装卸费。国产标准设备由设备制造厂交货地点起至工地仓库(或施工组织设计指定的需要安装设备的堆放地点)止所发生的运费和装卸费;进口设备则由我国到岸港口、边境车站起至工地仓库(或施工组织设计指定的需要安装设备的堆放地点)止所发生的运费和装卸费。

②包装费。在设备出厂价格中没有包含的设备包装和包装材料器具费;在设备出厂价或进口设备价格中如已包括了此项费用,则不应重复计算。

③供销部门的手续费。按有关部门规定的统一费率计算。

④建设单位(或工程承包公司)的采购与仓库保管费。是指采购、验收、保管和收发设备所发生的各种费用,包括设备采购、保管和管理人员工资,工资附加费,办公费,差旅交通费,设备供应部门办公和仓库所占固定资产使用费,工具、用具使用费,劳动保护费,检验试验费等。这些费用可按主管部门规定的采购保管费率计算。一般来讲,沿海和交通便利的地区,设备运杂费率相对低一些;内地和交通不很便利的地区就要相对高一些,边远省份则要更高一些。对于非标准设备来讲,应尽量就近委托设备制造厂生产,以大幅度降低设备运杂费。进口设备由于原价较高,国内运距较短,因而运杂费比率应适当降低。

2)设备运杂费的计算。设备运杂费按设备原价乘以设备运杂费率计算,其计算公式如下:

$$设备运杂费＝设备原价×设备运杂费率 \qquad (1-19)$$

其中,设备运杂费率按各部门及省、市等的规定计取。

2. 工、器具及生产家具购置费

工、器具及生产家具购置费,是指新建或扩建项目初步设计规定的,保证初期正常生产必须购置的没有达到固定资产标准的设备、仪器、工卡模具、器具、生产家具和备品备件等的购置费用。一般以设备购置费为计算基数,按照部门或行业规定的工具、器具及生产家具费率计算。其计算公式如下:

$$工、器具及生产家具购置费＝设备购置费×定额费率 \qquad (1-20)$$

(二)建筑安装工程费

我国现行建筑安装工程费用项目的具体组成主要有五部分:分部分项工程费、措施项目费、其他项目费、规费和税金。其具体构成如图1-3所示。

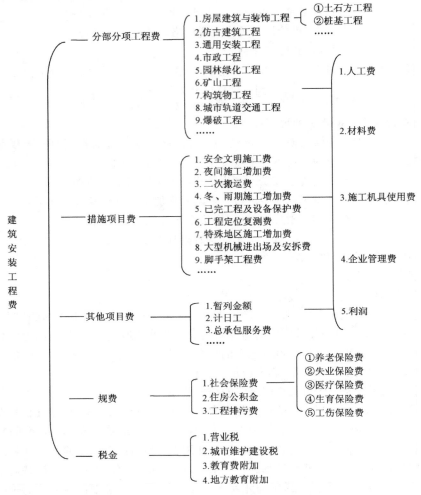

图1-3 建筑安装工程费用的组成

1. 分部分项工程费

分部分项工程费是指各专业工程的分部分项工程应予列支的各项费用。

(1)专业工程:是指按现行国家计量规范划分的房屋建筑与装饰工程、仿古建筑工程、通用安装工程、市政工程、园林绿化工程、矿山工程、构筑物工程、城市轨道交通工程、爆破工程等各类工程。

(2)分部分项工程:是指按现行国家计量规范对各专业工程划分的项目。如房屋建筑与装饰工程划分的土石方工程、地基处理与桩基工程、砌筑工程、钢筋及钢筋混凝土工程等。

各类专业工程的分部分项工程划分见现行国家或行业计量规范。

分部分项工程费=∑(分部分项工程量×综合单价)

式中,综合单价包括人工费、材料费、施工机具使用费、企业管理费和利润以及一定范围的风险费用。

2. 措施项目费

措施项目费是指为完成建设工程施工,发生于该工程施工前和施工过程中的技术、生活、安全、环境保护等方面的费用。

(1)费用构成。

1)安全文明施工费

①环境保护费:是指施工现场为达到环保部门要求所需要的各项费用。

②文明施工费:是指施工现场文明施工所需要的各项费用。

③安全施工费:是指施工现场安全施工所需要的各项费用。

④临时设施费:是指施工企业为进行建设工程施工所必须搭设的生活和生产用的临时建筑物、构筑物和其他临时设施费用。包括临时设施的搭设、维修、拆除、清理费或摊销费等。

2)夜间施工增加费:是指因夜间施工所发生的夜班补助费、夜间施工降效、夜间施工照明设备摊销及照明用电等费用。

3)二次搬运费:是指因施工场地条件限制而发生的材料、构配件、半成品等一次运输不能到达堆放地点,必须进行二次或多次搬运所发生的费用。

4)冬雨季施工增加费:是指在冬季或雨季施工需增加的临时设施、防滑、排除雨雪,人工及施工机械效率降低等费用。

5)已完工程及设备保护费:是指竣工验收前,对已完工程及设备采取的必要保护措施所发生的费用。

6)工程定位复测费:是指工程施工过程中进行全部施工测量放线和复测工作的费用。

7)特殊地区施工增加费:是指工程在沙漠或其边缘地区、高海拔、高寒、原始森林等特殊地区施工增加的费用。

8)大型机械设备进出场及安拆费:是指机械整体或分体自停放场地运至施工现场或由一个施工地点运至另一个施工地点,所发生的机械进出场运输及转移费用及机械在施工现场进行安装、拆卸所需的人工费、材料费、机械费、试运转费和安装所需的辅助设施的费用。

9)脚手架工程费:是指施工需要的各种脚手架搭、拆、运输费用以及脚手架购置费的摊销(或租赁)费用。

措施项目及其包含的内容详见各类专业工程的现行国家或行业计量规范。

(2)费用计算。

1)国家计量规范规定应予计量的措施项目,其计算公式如下:

$$措施项目费=\sum(措施项目工程量×综合单价) \tag{1-21}$$

2)国家计量规范规定不宜计量的措施项目计算方法如下

①安全文明施工费

$$安全文明施工费=计算基数×安全文明施工费费率(\%) \tag{1-22}$$

计算基数应为定额基价(定额分部分项工程费+定额中可以计量的措施项目费)、定额人工费或(定额人工费+定额机械费),其费率由工程造价管理机构根据各专业工程的特点综合确定。

②夜间施工增加费

$$夜间施工增加费=计算基数×夜间施工增加费费率(\%) \tag{1-23}$$

③二次搬运费

$$二次搬运费=计算基数×二次搬运费费率(\%) \tag{1-24}$$

④冬雨季施工增加费

$$冬雨季施工增加费＝计算基数×冬雨季施工增加费费率(\%) \tag{1-25}$$

⑤已完工程及设备保护费

$$已完工程及设备保护费＝计算基数×已完工程及设备保护费费率(\%)$$

上述②～⑤项措施项目的计费基数应为定额人工费(定额人工费＋定额机械费),其费率由工程造价管理机构根据各专业工程特点和调查资料综合分析后确定。

3．其他项目费

(1)暂列金额:是指建设单位在工程量清单中暂定并包括在工程合同价款中的一笔款项。用于施工合同签订时尚未确定或者不可预见的所需材料、工程设备、服务的采购,施工中可能发生的工程变更、合同约定调整因素出现时的工程价款调整以及发生的索赔、现场签证确认等的费用。

(2)计日工:是指在施工过程中,施工企业完成建设单位提出的施工图纸以外的零星项目或工作所需的费用。

(3)总承包服务费:是指总承包人为配合、协调建设单位进行的专业工程发包,对建设单位自行采购的材料、工程设备等进行保管以及施工现场管理、竣工资料汇总整理等服务所需的费用。

4．利润

利润是指施工企业完成所承包工程获得的盈利。

5．规费

规费是指按国家法律、法规规定,由省级政府和省级有关权力部门规定必须缴纳或计取的费用。包括:

(1)社会保险费。

1)养老保险费:是指企业按照规定标准为职工缴纳的基本养老保险费。

2)失业保险费:是指企业按照规定标准为职工缴纳的失业保险费。

3)医疗保险费:是指企业按照规定标准为职工缴纳的基本医疗保险费。

4)生育保险费:是指企业按照规定标准为职工缴纳的生育保险费。

5)工伤保险费:是指企业按照规定标准为职工缴纳的工伤保险费。

(2)住房公积金:是指企业按规定标准为职工缴纳的住房公积金。

(3)工程排污费:是指按规定缴纳的施工现场工程排污费。

其他应列而未列入的规费,按实际发生计取。

6．税金

税金是指国家税法规定的应计入建筑安装工程造价内的营业税、城市维护建设税、教育费附加以及地方教育附加。

税金计算公式:

$$税金＝税前造价×综合税率(\%) \tag{1-26}$$

注:综合税率的计算因企业所在地的不同而不同。

(1)纳税地点在市区的企业综合税率的计算:

$$综合税率(\%)＝\frac{1}{1-3\%-3\%×7\%-3\%×3\%-3\%×2\%}-1 \tag{1-27}$$

(2)纳税地点在县城、镇的企业综合税率的计算:

$$综合税率(\%)＝\frac{1}{1-3\%-3\%×5\%-3\%×3\%-3\%×2\%}-1 \tag{1-28}$$

（3）纳税地点不在市区、县城、镇的企业综合税率的计算：

$$综合税率(\%)=\frac{1}{1-3\%-3\%\times1\%-3\%\times3\%-3\%\times2\%}-1 \tag{1-29}$$

【例 1-1】 某施工单位承建某市区宿舍楼，该工程不含税造价为 1500 万元，计算该企业应缴纳的税金。

【解】 $税金=1500\times\left(\dfrac{1}{1-3\%-3\%\times7\%-3\%\times3\%-3\%\times2\%}-1\right)$

$\qquad\quad =52.15\ 万元$

（三）工程建设其他费用

工程建设其他费用是指从工程筹建到工程竣工验收交付使用止的整个建设期间，除建筑安装工程费用和设备、工器具购置费以外的，为保证工程建设顺利完成和交付使用后能够正常发挥效用而发生的各项费用。工程建设其他费用，按其内容可分为三类：土地使用费；与项目建设有关的费用；与未来企业生产和经营活动有关的费用。

1. 土地使用费

任何一个建设项目都固定于一定地点与地面相连接，必须占用一定量的土地，也就必然要发生为获得建设用地而支付的费用，这就是土地使用费。它是指通过划拨方式取得土地使用权而支付的土地征用及迁移补偿费，或者通过土地使用权出让方式取得土地使用权而支付的土地使用权出让金。

（1）土地征用及迁移补偿费。土地征用及迁移补偿费，是指建设项目通过划拨方式取得无限期的土地使用权，依照《中华人民共和国土地管理法》等规定所支付的费用。其总和一般不得超过被征土地年产值的 20 倍，土地年产值则按该地被征用前 3 年的平均产量和国家规定的价格计算。内容如下：

1）土地补偿费。征用耕地（包括菜地）的补偿标准，按国家规定，为该耕地年产值的若干倍，具体补偿标准由省、自治区、直辖市人民政府在此范围内制定。征用园地、鱼塘、藕塘、苇塘、宅基地、林地、牧场、草原等的补偿标准，由省、自治区、直辖市人民政府制定。征收无收益的土地，不予补偿。

2）青苗补偿费和被征用土地上的房屋、水井、树木等附着物补偿费。这些补偿费的标准由省、自治区、直辖市人民政府制定。征用城市郊区的菜地时，还应按照有关规定向国家缴纳新菜地开发建设基金。地上附着物及青苗补偿费归地上附着物及青苗所有者所有。

3）安置补助费。征用耕地、菜地的，每个农业人口的安置补助费为该地被征用 3 年平均年产值的 4~6 倍，每亩耕地的安置补助费最高不得超过其年产值的 15 倍。

4）缴纳的耕地占用税或城镇土地使用税、土地登记费及征地管理费等。县市土地管理机关从征地费中提取土地管理费的比率，要按征地工作量大小，视不同情况，在 1%~4% 幅度内提取。

5）征地动迁费。包括征用土地上的房屋及附属构筑物、城市公共设施等拆除、迁建补偿费及搬迁运输费，企业单位因搬迁造成的减产、停工损失补贴费及拆迁管理费等。

6）水利水电工程水库淹没处理补偿费。包括农村移民安置迁建费，城市迁建补偿费，库区工矿企业、交通、电力、通信、广播、管网、水利等的恢复、迁建补偿费，库底清理费，防护工程费，环境影响补偿费用等。

（2）土地使用权出让金。土地使用权出让金，是指建设工程通过土地使用权出让方式，取得有限期的土地使用权,依照《中华人民共和国城镇国有土地使用权出让和转让暂行条例》规定,支付的土地使用权出让金。

1)明确国家是城市土地的唯一所有者,并分层次、有偿、有限期地出让、转让城市土地。第一层次是城市政府将国有土地使用权出让给用地者,该层次由城市政府垄断经营。出让对象可以是有法人资格的企事业单位,也可以是外商。第二层次及以下层次的转让则发生在使用者之间。

2)城市土地的出让和转让可采用协议、招标、公开拍卖等方式。

①协议方式是由用地单位申请,经市政府批准同意后双方洽谈具体地块及地价。该方式适用于市政工程、公益事业用地以及需要减免地价的机关、部队用地和需要重点扶持、优先发展的产业用地。

②招标方式是在规定的期限内,由用地单位以书面形式投标,市政府根据投标报价、所提供的规划方案以及企业信誉综合考虑,择优而取。该方式适用于一般工程建设用地。

③公开拍卖是指在指定的地点和时间,由申请用地者叫价应价,价高者得。这完全是由市场竞争决定。该方式适用于盈利高的行业用地。

3)在有偿出让和转让土地时,政府对地价不作统一规定,但应坚持以下原则:

①地价对目前的投资环境不产生大的影响。

②地价与当地的社会经济承受能力相适应。

③地价要考虑已投入的土地开发费用、土地市场供求关系、土地用途和使用年限。

4)关于政府有偿出让土地使用权的年限,各地可根据时间、区位等各种条件作不同的规定,居住用地70年;工业用地50年;教育、科技、文化、卫生、体育用地50年;商业、旅游、娱乐用地40年;综合或其他用地50年。

5)土地有偿出让和转让,土地使用者和所有者要签约,明确使用者对土地享有的权利和对土地所有者应承担的义务。

①有偿出让和转让使用权,要向土地受让者征收契税。

②转让土地如有增值,要向转让者征收土地增值税。

③在土地转让期间,国家要区别不同地段、不同用途向土地使用者收取土地占用费。

(3)城市建设配套费。城市建设配套费,是指因进行城市公共设施的建设而分摊的费用。

(4)拆迁补偿与临时安置补助费,包括以下两点:

1)拆迁补偿费。指拆迁人对被拆迁人,按照有关规定予以补偿所需的费用。拆迁补偿的形式可分为产权调换和货币补偿两种形式。产权调换的面积按照所拆迁房屋的建筑面积计算;货币补偿的金额按照被拆迁人或者房屋承租人支付搬迁补助费。

2)临时安置补助费或搬迁补助费。指在过渡期内,被拆迁人或者房屋承租人自行安排住处的,拆迁人应当支付临时安置补助费。

2. 与项目建设有关的其他费用

根据项目的不同,与项目建设有关的其他费用的构成也不尽相同,一般包括以下各项,在进行工程估算及概算时可根据实际情况进行计算:

(1)建设单位管理费。建设单位管理费是指建设项目从立项、筹建、建设、联合试运转、竣工验收、交付使用及后评估等全过程管理所需的费用。内容如下:

1)建设单位开办费。指新建项目为保证筹建和建设工作正常进行所需办公设备、生活家具、用具、交通工具等购置费用,主要是建设项目管理过程中的费用。

2)建设单位经费。包括工作人员的基本工资、工资性补贴、职工福利费、劳动保护费、劳动保险费、办公费、差旅交通费、工会经费、职工教育经费、固定资产使用费、工具用具使用费、技术图书资料费、生产人员招募费、工程招标费、合同契约公证费、工程质量监督检测费、工程咨询费、法律顾问费、审计费、业务招待费、排污费、竣工交付使用清理及竣工验收费、后评估等费用。不包括应计入设备、材料预算价格的建设单位采购及保管设备材料所需的费用,主要是日常经营管理的费用。建设单位管理费按照单项工程费用之和(包括设备工、器具购置费和建筑安装工程费用)乘以建设单位管理费率计算。建设单位管理费率按照建设项目的不同性质、不同规模确定。有的建设项目按照建设工期和规定的金额计算建设单位管理费。

(2)勘察设计费。勘察设计费是指为本建设项目提供项目建议书、可行性研究报告及设计文件等所需费用,内容如下:

1)编制项目建议书、可行性研究报告及投资估算、工程咨询、评价以及为编制上述文件所进行勘察、设计、研究试验等所需费用。

2)委托勘察、设计单位进行初步设计、施工图设计及概预算编制等所需费用。

3)在规定范围内由建设单位自行完成的勘察、设计工作所需费用。勘察设计费中,项目建议书、可行性研究报告按国家颁布的收费标准计算,设计费按国家颁布的工程设计收费标准计算勘察费,一般民用建筑 6 层以下的按 3~5 元/m² 计算,高层建筑按 8~10 元/m² 计算;工业建筑按 10~12 元/m² 计算。

(3)研究试验费。研究试验费是指为建设项目提供和验证设计参数、数据、资料等所进行的必要的试验费用以及设计规定在施工中必须进行试验、验证所需费用。包括自行或委托其他部门研究试验所需人工费、材料费、试验设备及仪器使用费等。这项费用按照设计单位根据本工程项目的需要提出的研究试验内容和要求计算。

(4)建设单位临时设施费。建设单位临时设施费是指建设期间建设单位所需临时设施的搭设、维修、摊销费用或租赁费用。临时设施包括临时宿舍、文化福利及公用事业房屋与构筑物、仓库、办公室、加工厂以及规定范围内的道路、水、电、管线等临时设施和小型临时设施。

(5)工程监理费。工程监理费是指建设单位委托工程监理单位对工程实施监理工作所需费用。根据原国家物价局、建设部文件规定,选择下列方法之一计算:

1)一般情况应按工程建设监理收费标准计算,即按照监理工程概算或预算的百分比计算。

2)对于单工种或临时性项目可根据参与监理的年度平均人数计算。

(6)工程保险费。工程保险费是指建设项目在建设期间根据需要实施工程保险所需的费用。包括以各种建筑工程及其施工过程中的物料、机器设备为保险标的的建筑工程一切险,以安装工程中的各种机器、机械设备为保险标的的安装工程一切险,以及机器损坏保险等。根据不同的工程类别,分别以其建筑、安装工程费乘以建筑、安装工程保险费率计算。民用建筑(住宅楼、综合性大楼、商场、旅馆、医院、学校)占建筑工程费的 2‰~4‰;其他建筑(工业厂房、仓库、道路、码头、水坝、隧道、桥梁、管道等)占建筑工程费的 3‰~6‰;安装工程(农业、工业、机械、电子、电器、纺织、矿山、石油、化学及钢铁工业、钢结构桥梁)占建筑工程费的 3‰~6‰。

(7)引进技术和进口设备其他费用。

1)出国人员费用。指为引进技术和进口设备派出人员在国外培训和进行设计联络、设备检验等的差旅费、制装费、生活费等。这项费用根据设计规定的出国培训和工作的人数、时间及派往国家,按财政部、外交部规定的临时出国人员费用开支标准及中国民用航空公司现行国际航线票价等进行计算,其中使用外汇部分应计算银行财务费用。

2)国外工程技术人员来华费用。指为安装进口设备、引进国外技术等聘用外国工程技术人员进行技术指导工作所发生的费用。包括技术服务费、外国技术人员在华工资、生活补贴、差旅费、医药费、住宿费、交通费、宴请费、参观游览等招待费用。这项费用按每人每月费用指标计算。

3)技术引进费。指为引进国外先进技术而支付的费用。包括专利费、专有技术费(技术保密费)、国外设计及技术资料费、计算机软件费等。这项费用根据合同或协议的价格计算。

4)分期或延期付款利息。指利用出口信贷引进技术或进口设备采取分期或延期付款的办法所支付的利息。

5)担保费。指国内金融机构为买方出具保函的担保费。这项费用按有关金融机构规定的担保费率计算(一般可按承保金额的 5‰计算)。

6)进口设备检验鉴定费用。指进口设备按规定付给商品检验部门的进口设备检验鉴定费。这项费用按进口设备货价的 3‰～5‰计算。

(8)工程承包费。工程承包费是指具有总承包条件的工程公司,对工程建设项目从开始建设至竣工投产全过程的总承包所需的管理费用。具体内容包括组织勘察设计、设备材料采购、非标设备设计制造与销售、施工招标、发包、工程预决算、项目管理、施工质量监督、隐蔽工程检查、验收和试车直至竣工投产的各种管理费用。该费用按国家主管部门或省、自治区、直辖市协调规定的工程总承包费取费标准计算。如无规定时,一般工业建设项目为投资估算的 6%～8%,民用建筑(包括住宅建设)和市政项目为 4%～6%。不实行工程承包的项目不计算本项费用。

3. 与未来企业生产经营有关的其他费用

(1)联合试运转费。联合试运转费是指新建企业或改建、扩建企业在工程竣工验收前,按照设计的生产工艺流程和质量标准对整个企业进行联合试运转所发生的费用支出与联合试运转期间的收入部分的差额部分。联合试运转费一般根据不同性质的项目按需进行试运转的工艺设备购置费的百分比计算。

(2)生产准备费。生产准备费是指新建企业或新增生产能力的企业,为保证竣工交付使用进行必要的生产准备所发生的费用。内容如下:

1)生产人员培训费,包括自行培训、委托其他单位培训人员的工资、工资性补贴、职工福利费、差旅交通费、学习资料费、学习费、劳动保护费等。

2)生产单位提前进厂参加施工、设备安装、调试等,以及熟悉工艺流程及设备性能等人员的工资、工资性补贴、职工福利费、差旅交通费、劳动保护费等。生产准备费一般根据需要培训和提前进厂人员的人数及培训时间,按生产准备费指标进行估算。应该指出,生产准备费在实际执行中是一笔在时间上、人数上、培训深度上很难划分的、活口很大的支出,尤其要严格掌握。

(3)办公和生活家具购置费。办公和生活家具购置费是指为保证新建、改建、扩建项目初期正常生产、使用和管理所必须购置的办公和生活家具、用具的费用。改建、扩建项目所需的办公和生活用具购置费,应低于新建项目。

(四)预备费

按我国现行规定,预备费包括基本预备费和涨价预备费。

1. 基本预备费

基本预备费是指在初步设计及概算内难以预料的工程费用,费用内容如下:

(1)在批准的初步设计范围内,技术设计、施工图设计及施工过程中所增加的工程费用,设计变更、局部地基处理等增加的费用。

(2)一般自然灾害造成的损失和预防自然灾害所采取的措施费用。实行工程保险的工程项目费用应适当降低。

(3)竣工验收时为鉴定工程质量对隐蔽工程进行必要的挖掘和修复费用。

基本预备费是按设备及工、器具购置费,建筑安装工程费用和工程建设其他费用三者之和为计取基础,乘以基本预备费率进行计算。其计算公式如下:

$$基本预备费=(设备及工、器具购置费+建筑安装工程费用+$$
$$工程建设其他费用)×基本预备费率 \quad (1-30)$$

基本预备费率的取值应执行国家及部门的有关规定。

2. 涨价预备费

涨价预备费是指建设项目在建设期间内由于价格等变化引起工程造价变化的预测预留费用。费用内容包括人工、设备、材料、施工机械的价差费,建筑安装工程费及工程建设其他费用调整,利率、汇率调整等增加的费用。涨价预备费的测算方法,一般根据国家规定的投资综合价格指数,以估算年份价格水平的投资额为基数,采用复利方法计算。其计算公式如下:

$$PF = \sum_{t=1}^{n} I_t \left[(1+f)^m (1+f)^{0.5} (1+f)^{t-1} - 1 \right] \quad (1-31)$$

式中　PF——涨价预备费;

n——建设期年份数;

I_t——建设期中第 t 年的投资计划额,包括工程费用、工程建设其他费用及基本预备费,即第 t 年的静态投资;

f——年均投资价格上涨率;

m——建设前期年限(从编制估算到开工建设,单位为"年")。

【例1-2】　某建设项目静态投资15500万元,已知:项目建设前期年限为1年,建设期为3年,各年投资计划额为:第一年完成投资20%,第二年完成投资60%,第三年完成投资20%。年均投资价格上涨率为6%,计算该建设项目建设期间的涨价预备费。

【解】　建设期第一年完成投资=15500×20%=3100万元

第一年涨价预备费为:$PF_1 = I_1 \left[(1+f)(1+f)^{0.5} - 1 \right] = 283.14$ 万元

第二年完成投资=15500×60%=9300万元

第二年涨价预备费为:$PF_2 = I_2 \left[(1+f)(1+f)^{0.5}(1+f) - 1 \right] = 1458.40$ 万元

第三年完成投资=15500×20%=3100万元

第三年涨价预备费为:$PF_3 = I_3 \left[(1+f)(1+f)^{0.5}(1+f)^2 - 1 \right] = 701.30$ 万元

所以,建设期的涨价预备费为:$PF = 283.14 + 1458.40 + 701.30 = 2442.84$ 万元

(五)建设期贷款利息

建设期投资贷款利息是指建设项目使用银行或其他金融机构的贷款,在建设期应归还的借款的利息。当总贷款是分年均衡发放时,建设期利息的计算可按当年借款在年中支用考虑,即当年贷款按半年计息,上年贷款按全年计息。其计算公式如下:

$$q_j = \left(P_{j-1} + \frac{1}{2} A_j \right) \cdot i \quad (1-32)$$

式中　q_j——建设期第 j 年应计利息;

P_{j-1}——建设期第 $(j-1)$ 年末贷款累计金额与利息累计金额之和;

A_j——建设期第 j 年贷款金额;

i——年利率。

【例1-3】　某新建项目,建设期为3年,分年均衡进行贷款,第一年贷款300万元,第二年贷款500万元,第三年贷款600万元,年利率为10%,建设期内利息只计息不支付,计算该项目的建

设期贷款利息。

【解】　建设期各年利息计算如下：

$$q_1 = \frac{1}{2}A_1 \times i = \frac{1}{2} \times 300 \times 10\% = 15 \text{ 万元}$$

$$q_2 = (P_1 + \frac{1}{2}A_2) \times i = (300 + 15 + \frac{1}{2} \times 500) \times 10\% = 56.5 \text{ 万元}$$

$$q_3 = (P_2 + \frac{1}{2}A_3) \times i = (315 + 500 + 56.5 + \frac{1}{2} \times 600) \times 10\% = 117.15 \text{ 万元}$$

建设期贷款利息 $= q_1 + q_2 + q_3 = 15 + 56.5 + 117.15 = 188.65$ 万元

第三节　工程造价计价程序

建筑安装工程费有两种组成形式，即按照工程造价形成由分部分项工程费、措施项目费、其他项目费、规费、税金组成，按费用构成要素由人工费、材料费、施工机具使用费、企业管理费和利润、规费、税金组成。

一、建设单位工程招标控制价计价程序

建设单位工程招标控制价计价程序见表 1-2。

表 1-2　　　　　　　　　　　建设单位工程招标控制价计价程序

工程名称：　　　　　　　　　　　　标段：

序　号	内　　　容	计算方法	金　额（元）
1	分部分项工程费	按计价规定计算	
1.1			
1.2			
1.3			
1.4			
1.5			
2	措施项目费	按计价规定计算	
2.1	其中：安全文明施工费	按规定标准计算	
3	其他项目费		
3.1	其中：暂列金额	按计价规定估算	
3.2	其中：专业工程暂估价	按计价规定估算	
3.3	其中：计日工	按计价规定估算	
3.4	其中：总承包服务费	按计价规定估算	
4	规费	按规定标准计算	
5	税金（扣除不列入计税范围的工程设备金额）	（1+2+3+4）×规定税率	

招标控制价合计＝1+2+3+4+5

二、施工企业工程投标报价计价程序

施工企业工程投标报价计价程序见表1-3。

表 1-3　　　　　　　　　施工企业工程投标报价计价程序

工程名称：　　　　　　　　　　　　　标段：

序　号	内　容	计算方法	金　额（元）
1	分部分项工程费	自主报价	
1.1			
1.2			
1.3			
1.4			
1.5			
2	措施项目费	自主报价	
2.1	其中:安全文明施工费	按规定标准计算	
3	其他项目费		
3.1	其中:暂列金额	按招标文件提供金额计列	
3.2	其中:专业工程暂估价	按招标文件提供金额计列	
3.3	其中:计日工	自主报价	
3.4	其中:总承包服务费	自主报价	
4	规费	按规定标准计算	
5	税金(扣除不列入计税范围的工程设备金额)	(1+2+3+4)×规定税率	

投标报价合计＝1＋2＋3＋4＋5

三、竣工结算计价程序

竣工结算计价程序见表1-4。

表 1-4 　　　　　　　　　　　　　　　　　竣工结算计价程序

工程名称：　　　　　　　　　　　　　　　标段：

序　号	汇总内容	计算方法	金　额(元)
1	分部分项工程费	按合同约定计算	
1.1			
1.2			
1.3			
1.4			
1.5			
2	措施项目	按合同约定计算	
2.1	其中:安全文明施工费	按规定标准计算	
3	其他项目		
3.1	其中:专业工程结算价	按合同约定计算	
3.2	其中:计日工	按计日工签证计算	
3.3	其中:总承包服务费	按合同约定计算	
3.4	索赔与现场签证	按发承包双方确认数额计算	
4	规费	按规定标准计算	
5	税金(扣除不列入计税范围的工程设备金额)	(1+2+3+4)×规定税率	

竣工结算总价合计＝1＋2＋3＋4＋5

本 章 思 考 重 点

1. 基本建设的组成有哪些?
2. 基本建设如何分类?
3. 工程造价的构成有哪些?
4. 工程造价费用有哪些组成?
5. 工程造价的计价程序是怎样的?

第二章　安装工程施工图识读

第一节　安装工程施工图识读基础

对于工程技术人员而言,图纸是相互沟通的技术语言,因此,只有读懂图纸表达的含义,才能使工程得到有效的进展。要想准确领会图纸所表达的意思,首先要了解有关施工图纸的基本规定。

一、图纸幅面

图纸幅面及图框尺寸应符合表 2-1 的规定及图 2-1～图 2-4 的格式。一个工程设计中,每个专业所使用的图纸,一般不宜多于两种幅面,不含目录及表格所采用的 A4 幅面。图纸以短边作为垂直边称为横式,以短边作为水平边称为立式。一般 A0～A3 图纸宜横式使用;必要时,也可立式使用。图纸的短边一般不应加长,长边可加长,但应符合表 2-2 的规定。

表 2-1　　　　　　　　　　图纸幅面及图框尺寸　　　　　　　　　（单位:mm）

尺寸代号 ＼ 幅面代号	A0	A1	A2	A3	A4
$b \times l$	841×1189	594×841	420×594	297×420	210×297
c	10			5	
a	25				

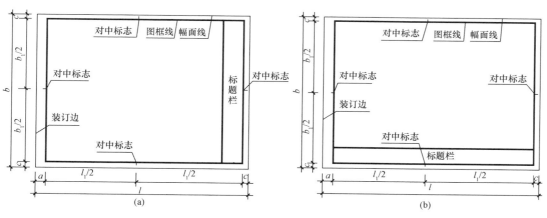

图 2-1　A0～A3 横式幅面(一)　　　　　　图 2-2　A0～A3 横式幅面(二)

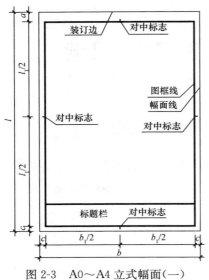

图 2-3 A0~A4 立式幅面(一)

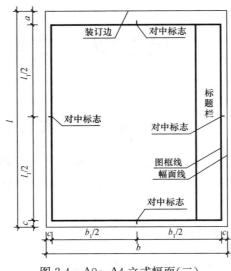

图 2-4 A0~A4 立式幅面(二)

表 2-2　　　　　　　　　　　　　　**图纸长边加长尺寸**　　　　　　　　　　（单位：mm）

幅面代号	长边尺寸	长边加长后的尺寸
A0	1189	1486(A0+1/4*l*)　1635(A0+3/8*l*)　1783(A0+1/2*l*) 1932(A0+5/8*l*)　2080(A0+3/4*l*)　2230(A0+7/8*l*)　2378(A0+*l*)
A1	841	1051(A1+1/4*l*)　1261(A1+1/2*l*)　1471(A1+3/4*l*) 1682(A1+*l*)　1892(A1+5/4*l*)　2102(A1+3/2*l*)
A2	594	743(A2+1/4*l*)　891(A2+1/2*l*)　1041(A2+3/4*l*)　1189(A2+*l*) 1338(A2+5/4*l*)　1486(A2+3/2*l*)　1635(A2+7/4*l*)　1783(A2+2*l*) 1932(A2+9/4*l*)　2080(A2+5/2*l*)
A3	420	630(A3+1/2*l*)　841(A3+*l*)　1051(A3+3/2*l*) 1261(A3+2*l*)　1471(A3+5/2*l*)　1682(A3+3*l*)　1892(A3+7/2*l*)

注：有特殊需要的图纸，可采用 $b×l$ 为 841mm×891mm 与 1189mm×1261mm 的幅面。

　　需要微缩复制的图纸，其一个边上应附有一段准确米制尺度，四个边上均附有对中标志，米制尺度的总长应为 100mm，分格应为 10mm。对中标志应画在图纸各边长的中点处，线宽应为 0.35mm，伸入框内应为 5mm。

二、标题栏

　　标题栏应符合图 2-5 的规定，根据工程的需要选择确定其尺寸、格式及分区。签字栏应包括实名列和签名列，并应符合下列规定：

　　(1)涉外工程的标题栏内，各项主要内容的中文下方应附有译文，设计单位的上方或左方，应加"中华人民共和国"字栏。

　　(2)在计算机制图文件中当使用电子签名与认证时，应符合国家有关电子签名法的规定。

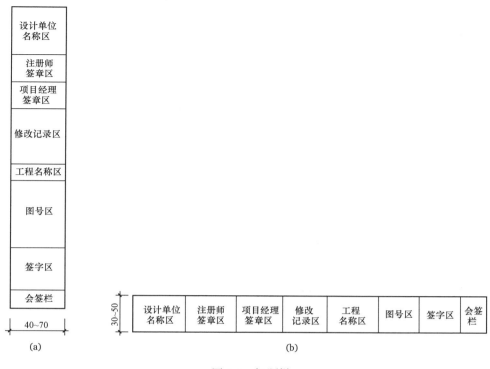

图 2-5　标题栏

三、图线

图线的宽度 b，宜从下列线宽系列中选取：1.4、1.0、0.7、0.5、0.35、0.25、0.18、0.13（mm）。每个图样，应根据复杂程度与比例大小，先选定基本线宽 b，再选用表 2-3 中相应的线宽组。

表 2-3　　　　　　　　　　　　　　　　线宽组　　　　　　　　　　　　　（单位：mm）

线宽比	线宽组			
b	1.4	1.0	0.7	0.5
$0.7b$	1.0	0.7	0.5	0.35
$0.5b$	0.7	0.5	0.35	0.25
$0.25b$	0.35	0.25	0.18	0.13

注：1. 需要微缩的图纸，不宜采用 0.18mm 及更细的线宽。

　　2. 同一张图纸内，各不同线宽中的细线，可统一采用较细的线宽组的细线。

在工程建设制图中，图纸的图框和标题栏线，可采用表 2-4 的线宽，常见线型宽度及用途见表 2-5。

表 2-4　　　　　　　　　　图框线、标题栏线的宽度　　　　　　　　　　（单位：mm）

幅面代号	图框线	标题栏外框线	标题栏分格线
A0、A1	b	$0.5b$	$0.25b$
A2、A3、A4	b	$0.7b$	$0.35b$

表 2-5 工程建设制图常见线型宽度及用途

名 称		线 型	线 宽	用 途
实线	粗	———————	b	主要可见轮廓线
	中粗	———————	$0.7b$	可见轮廓线
	中	———————	$0.5b$	可见轮廓线、尺寸线、变更云线
	细	———————	$0.25b$	图例填充线、家具线
虚线	粗	— — — —	b	见各有关专业制图标准
	中粗	— — — —	$0.7b$	不可见轮廓线
	中	— — — —	$0.5b$	不可见轮廓线、图例线
	细	— — — —	$0.25b$	图例填充线、家具线
单点长画线	粗	—·—·—·—	b	见各有关专业制图标准
	中	—·—·—·—	$0.5b$	见各有关专业制图标准
	细	—·—·—·—	$0.25b$	中心线、对称线、轴线等
双点长画线	粗	—··—··—	b	见各有关专业制图标准
	中	—··—··—	$0.5b$	见各有关专业制图标准
	细	—··—··—	$0.25b$	假想轮廓线、成型前原始轮廓线
折断线	细	—\/—	$0.25b$	断开界线
波浪线	细	∿∿∿	$0.25b$	断开界线

四、比例

图样的比例是指图形与实物相对应的线性尺寸之比。比例的大小指的是比值的大小。比例应以阿拉伯数字表示,如 1:1、1:2、1:100 等。比例宜注写在图名的右侧,字的基准线应取平;比例的字高宜比图名的字高小一号或二号。一般情况下,一个图样应选用一种比例。根据专业制图需要,同一图样可选用两种比例。绘图所用的比例,应根据图样的用途与被绘对象的复杂程度,从表 2-6 中选用,并优先用表中常用比例。

表 2-6 绘图所用的比例

常用比例	1:1、1:2、1:5、1:10、1:20、1:30、1:50、1:100、1:150、1:200、1:500、1:1000、1:2000
可用比例	1:3、1:4、1:6、1:15、1:25、1:40、1:60、1:80、1:250、1:300、1:400、1:600、1:5000、1:10000、1:20000、1:50000、1:100000、1:200000

五、标高

(1)施工图纸中标高符号应采用不涂黑的三角形表示(图 2-6)。

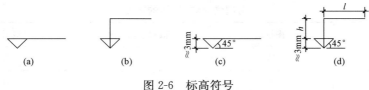

图 2-6 标高符号

l——取适当长度注写标高数字;h——根据需要取适当高度

（2）标高符号的尖端应指至被注高度的位置。尖端一般应向下，也可向上。标高数字应注写在标高符号的左侧或右侧（图 2-7）。

（3）在图样的同一位置表示几个不同标高时，标高数字可按图 2-8 的形式注写。

图 2-7　标高的指向　　　　　图 2-8　同一位置注写多个标高数字

（4）标高数字应以米为单位，注写到小数点以后第三位。在总平面图中，可注写到小数字点以后第二位。

（5）零点标高应注写成±0.000，正数标高不注"＋"，负数标高应注"－"，例如 3.000、－0.600。

六、尺寸标注

图样上的尺寸，包括尺寸界线、尺寸线、尺寸起止符号和尺寸数字。

尺寸界线应用细实线绘制，一般应与被注长度垂直，其一端应离开图样轮廓线不小于 2mm，另一端宜超出尺寸线 2～3mm，图样轮廓线可用作尺寸界线。尺寸线应用细实线绘制，应与被注长度平行。图样本身的任何图线均不得用作尺寸线。尺寸起止符号一般用中粗斜短线绘制，其倾斜方向应与尺寸界线成顺时针 45°角，长度宜为 2～3mm。尺寸数字应依据其方向注写在靠近尺寸线的上方中部。如没有足够的注写位置，最外边的尺寸数字可注写在尺寸界线的外侧，中间相邻的尺寸数字可错开注写，也可引出注写。

文字的字高，应从如下系列中选用：3.5、7、10、14、20（mm）。字高大于 10mm 的文字宜采用 True type 字体，如需书写更大的字，其高度应按$\sqrt{2}$的比例递增。图样及说明中的汉字，宜采用长仿宋体，宽度与高度的关系应符合表 2-7 的规定。大标题、图册封面、地形图等的汉字，也可书写成其他字体，但应易于辨认。

表 2-7　　　　　　　　　　　　　　文字的字高　　　　　　　　　　　（单位：mm）

字体种类	中文矢量字体	True type 字体及非中文矢量字体
字高	3.5、5、7、10、14、20	3、4、6、8、10、14、20

第二节　电气设备安装工程施工图识读

一、常用图形符号

1. 常用照明灯具图形符号

常用照明灯具图形符号见表 2-8。

表 2-8　　　　　　　　　　　常用照明灯具图形符号

序号	名称	图形符号	说明
1	灯	⊗	灯或信号灯的一般符号，与电路图上符号相同
2	局部照明灯	⊙	

(续)

序 号	名 称	图 形 符 号	说 明
3	荧光灯		示例为3管荧光灯
4	应急灯		自带电源的事故照明灯装置
5	深照型灯		
6	球形灯		
7	吸顶灯		
8	壁灯		
9	泛光灯		
10	弯灯		
11	防水防尘灯		
12	防爆灯		

2. 常用灯具类型符号

电气设备中常用的灯具类型及其符号详见表2-9。

表2-9 　　　　　　　　　　常用灯具类型及符号

灯 具 名 称	符 号	灯 具 名 称	符 号
普通吊灯	P	工厂一般灯具	G
壁灯	B	荧光灯灯具	Y
花灯	H	隔爆灯	G 或专用代号
吸顶灯	D	水晶底罩灯	J
柱灯	Z	防水防尘灯	F
卤钨探照灯	L	搪瓷伞罩灯	S
投光灯	T	无磨砂玻璃罩万能型灯	W_w

3. 常用照明开关图形符号

常用照明开关在平面布置图上的图形符号见表2-10。

表2-10 　　　　　　常用照明开关在平面布置图上的图形符号

序 号	名 称	图 形 符 号	说 明
1	开关		开关一般符号

（续）

序　号	名　称	图　形　符　号	说　　明
2	单极开关		分别表示明装、暗装、密闭（防水）、防爆
3	双极开关		分别表示明装、暗装、密闭（防水）、防爆
4	三级开关		分别表示明装、暗装、密闭（防水）、防爆
5	单极拉线开关		
6	双控开关		
7	多拉开关		

4. 常用电气设备图形符号

常用电气设备在平面图上的图形符号见表2-11。

表 2-11　　　　　　　　　　常用电气设备在平面图上的图形符号

序号	名　称	图形符号	说　　明	序号	名　称	图形符号	说　明
1	分线箱		注:同分线盒一般符号注	4	自动开关箱		
2	空调器		未示出引线	5	电阻加热装置		
3	组合开关箱			6	电热水器		

5. 常用灯具安装方式代号

常用灯具安装方式代号见表2-12。

表 2-12　　　　　　　　　　常用灯具安装方式代号

安装方式	代　号	安装方式	代　号	安装方式	代　号
吊线灯	X	吊管灯	G	墙壁灯	B
吊链灯	L	吸顶灯	D	嵌入灯	E

6. 插座图形符号示例

插座在平面布置图上的图形符号见表2-13。

表 2-13　　　　　　　　　插座在平面布置图上的图形符号

序号	名称	图形符号	说明
1	插座		插座或插孔的一般符号,表示一极
2	单相插座		分别表示明装、暗装、密闭(防水)、防爆
3	三相四孔插座		分别表示明装、暗装、密闭(防水)、防爆

二、电气施工图的组成及内容

电气施工图按工程性质分类,可分为变配电工程施工图、动力工程施工图、照明工程施工图、防雷接地工程施工图、弱电工程(通信广播)施工图以及架空线路施工图等。

电气施工图按图纸的表现内容分类,可分为基本图和详图两大类。

1. 基本图

电气施工图基本图包括图纸目录、设计说明、系统图、平面图、立(剖)面图(变配电工程)、控制原理图、设备材料表等。

(1)设计说明。在电气施工图中,设计说明一般包括供电方式、电压等级、主要线路敷设形式及在图中未能表达的各种电气安装高度、工程主要技术数据、施工和验收要求以及有关事项等。

设计说明,根据工程规模及需要说明的内容多少,有的可单独编制说明书,有的因内容简短,可写在图面的空余处。

(2)系统图。电气系统图表明电力系统设备安装、配电顺序、原理和设备型号、数量及导线规格等关系。它不表示空间位置关系,只是示意性地把整个工程的供电线路用单线联结方式来表示的线路图。通过识读系统图可以了解以下内容:

1)整个变、配电系统的联结方式,从主干线至各分支回路分几级控制,有多少个分支回路。

2)主要变电设备、配电设备的名称、型号、规格及数量。

3)主干线路的敷设方式、型号、规格。

(3)平面图。电气平面图,一般分为变配电平面图、动力平面图、照明平面图、弱电平面图、室外工程平面图,在高层建筑中有标准层平面图、干线布置图等。

电气平面图的特点是将同一层内不同安装高度的电气设备及线路都放在同一平面上来表示。

通过电气平面图的识读,可以了解以下内容:

1)了解建筑物的平面布置、轴线分布、尺寸以及图纸比例。

2)了解各种变、配电设备的编号、名称,各种用电设备的名称、型号以及它们在平面图上的位置。

3)弄清楚各种配电线路的起点和终点、敷设方式、型号、规格、根数,以及在建筑物中的走向、平面和垂直位置。

(4)控制原理图。控制电器,是指对用电设备进行控制和保护的电气设备。控制原理图是根据控制电器的工作原理,按规定的线段和图形符号绘制成的电路展开图,一般不表示各电气元件的空间位置。

控制原理图具有线路简单、层次分明、易于掌握、便于识读和分析研究的特点,是二次配线的依据。控制原理图不是每套图纸都有,只有当工程需要时才绘制。

识读控制原理图应掌握不在控制盘上的那些控制元件和控制线路的连接方式。识读控制原理图应与平面图核对,以免漏项。

(5)主要设备材料表。列出该工程所需的各种主要设备、管材、导线管器材的名称、型号、规格、材质、数量。材料设备表上所列主要材料的数量,是设计人员对该项工程提供的一个大概参数,由于受工程量计算规则的限制,所以不能作为工程量来编制预算。

2. 详图

(1)构件大样图。凡是在做法上有特殊要求,没有批量生产标准构件的,图纸中有专门构件大样图,注有详细尺寸,以便按图制作。

(2)标准图。标准图是一种具有通用性质的详图,表示一组设备或部件的具体图形和详细尺寸,它不能作为独立进行施工的图纸,而只能视为某项施工图的一个组成部分。

三、电气工程施工图识读的一般方法

电气安装工程施工图主要是一些系统图、原理图和接线图,还有少量投影图。对于投影图的识读,关键是要解决好平面与立体的关系,搞清电气设备的装配、连接关系。对于系统图、原理图和接线图,因为它们都是用各种图例符号绘制的示意性图样,不表示平面与立体的实际情况,只表示各种电气设备、部件之间的联结关系。因此,识读电气施工图可以按以下方法进行:

(1)熟悉各种电气设备的图例符号。在此基础上,才能按施工图主要设备材料表中所列各项设备及主要材料分别研究其在施工图中的安装位置,以便对总体情况有一个概括了解。

(2)对于控制原理图,要搞清主电路(一次回路系统)和辅助电路(二次回路系统)的相互关系和控制原理及其作用。控制回路和保护回路是为主电路服务的,它起着对主电路的启动、停止、制动、保护等作用。

(3)对于每一回路的识读应从电源端开始,顺电源线,依次通过每一电气原件时,都要弄清楚它们的动作及变化,以及由于这些变化可能造成的连锁反应。

（4）具备有关电气的一般原理知识和电气施工技术。

（5）在识图的全过程中要和熟悉预算定额结合起来。把预算定额中的项目划分、包含工序、工程量的计算方法、计量单位等与施工图有机结合起来。

（6）要识读好施工图，还必须进行认真、细致地调查了解工作，要深入现场，深入工人群众，了解实际情况，把在图面上表示不出的一些情况弄清楚。

（7）识读施工图要结合有关的技术资料，如有关的规范、标准、通用图集以及施工组织设计、施工方案等一起识读，将有利于弥补施工图中的不足之处。

四、变配电工程施工图的识读

电气设备根据它们在生产过程中的功能，分为一次设备和二次设备两大类。一次设备是指直接发、输、变、配电能的主系统上所使用的设备，如发电机、变压器、断路器、隔离开关、自动空气开关、接触器、刀开关、电抗器、电动机、避雷器、熔断器、电流互感器、电压互感器等；二次设备是指对一次设备的工作进行监测、控制、调节、保护以及为运行人员、维护人员提供运行情况或信号所需的电气设备，如测量仪表、继电器、操作开关、按钮、自动控制设备、电子计算机、信号设备以及供给这些设备电能的一些供电装置，如蓄电池、整流器等。以上一次或二次设备只是按照它们在生产过程中的功能划分的，并未考虑其他因素，所以，以上列举的某些一次设备，也常为二次设备使用，如接触器、刀开关、电动机、熔断器等。

由一次设备相互连接，构成发电、输电、变电、配电或进行其他生产的电气回路，称为一次回路，表达一次回路的图样，称为一次回路图或一次回路接线图；由二次设备相互连接，构成对一次设备进行监测、控制、调节和保护的电气回路，称为二次回路图或二次回路接线图。二次回路包括控制回路、监测回路、信号回路、保护回路、调节回路、操作电源回路和励磁回路。

变配电工程常用的施工图有一次回路系统图、二次回路原理接线图、二次回路展开接线图、安装接线图及设备布置图。

（1）一次回路系统图。一次回路是通过强电流的回路。一次回路又称主回路。由于单线图具有简洁、清晰的特点，所以一次回路一般都采用单线图的形式。从图2-9所示系统图上可以看出该变电所的一次回路是由三极高压隔离开关GK、油断路器YOD、两只电流互感器LH_a和LH_c、电力变压器B、自动开关ZK以及避雷BL等组成。图中表明了各电气设备的连接方式，未表示出各电气设备的安装位置。

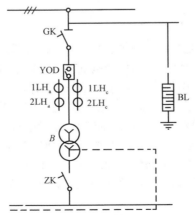

图2-9 变电所一次回路系统图

　　(2)二次回路原理接线图。二次回路原理接线图是用来表达二次回路工作原理和相互作用的图样。在原理接线图上,不仅表示出二次回路中各元件的连接方式,而且还表示了与二次回路有关的一次设备和一次回路。这种接线图的特点是能够使读图者对整个二次回路的结构有一个整体概念。二次回路原理接线图也是绘制二次回路展开图和安装接线图的基础。图 2-10 可看出 LJ 是过电流继电器,它的线圈分别串接在 A 相和 C 相电流互感二次回路 $2LH_a$、$2LH_c$ 中,组成了电流速断保护,即当电流超过继电器的整定值时,继电器的常开触点闭合,接通跳闸线圈而使油断路器 YOD 跳闸,切断电流,从而保护变压器。

　　(3)二次回路展开接线图。展开图是按供电给二次回路的每一个独立电源来划分单元和进行编制的。如交流电流回路、交流电压回路、直流操作回路、信号回路等。根据这个原则,必须将属于同一个仪表或继电器的电流线圈、电压线圈和各种不同功能的触点,分别画在几个不同的回路中。一般来说属于同一个仪表或继电器的各个元件(如线圈、触点等)采用相同的文字标号。如图 2-11 所示,每个设备的线圈和接点并不画在一起,而是按照它们所完成的动作——排列在各自的回路中。

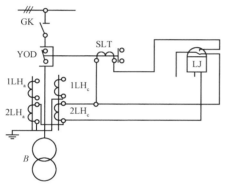

图 2-10　过电流保护二次回路原理接线图

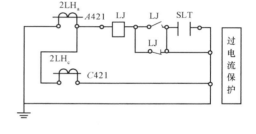

图 2-11　二次回路展开接线图

　　(4)安装接线图。为了施工和维护的方便,在展开图的基础上,还应绘制安装接线图,用来表示电源引入线的位置、电缆线的型号、规格、穿管直径,配电盘、柜的安装位置、型号及分支回路标号,各种电器、仪表的安装位置和接线方式。安装接线图是现场安装和配线的主要依据。安装接线图一般包括盘面布置图、盘背面接线图和端子排图等图样。

　　1)盘面布置图。盘面布置图是加工制造盘、箱、柜和安装盘、箱、柜上电气设备的依据。盘、箱、柜上各个设备的排列、布置是根据运行操作的合理性并适当考虑到维修和施工的方便而安排的。

　　2)盘背面接线图。盘背面接线图是以盘面布置图为基础,以原理接线图为依据而绘制的接线图,它表明了盘上各设备引出端子之间的连接情况,以及设备与端子排间的连接情况,它是盘上配线的依据。

　　3)端子排图。端子排图是表示盘、箱、柜内需要装设端子排的数目、形式、排列次序、位置,以及它与盘、箱、柜上设备和盘、箱、柜外设备连接情况的图样。

　　(5)设备布置图。在一次回路系统图中,通常不表明电气设备的安装位置,因此,需要另外绘制设备布置图来表示电气设备的确切位置。在设备布置图上,每台设备的安装位置、具体尺寸及线路的走向等都有明确表示。设备布置图一般可分为设备平面布置图和立(剖)面图两种图样,它是设备安装的主要依据。

五、动力工程施工图的识读

动力工程是用电能作用于电机来拖动各种设备和以电能为能源用于生产的电气装置。动力工程由成套定型的电气设备,小型的或单个分散安装的控制设备(如动力开关柜、箱、盘及闸刀开关等)、保护设备、测量仪表、母线架设、配管、配线、接地装置等组成。动力工程的范围包括从电源引入开始经各种控制设备、配管配线(包括二次配线)到电机或用电设备接线以及接地及对设备和系统的调试等。

动力工程施工图和变配电工程施工图基本相同,主要图样有一次回路系统图、二次回路原理接线图、二次回路展开接线图、安装接线图、平面布置图及盘面布置图等。

六、电气照明工程施工图的识读

电气照明工程施工图,主要是表示电气照明设备、照明器具(灯具、开关等)安装和照明线路敷设的图样。电气照明工程施工图常用的有电气照明系统图、平面图和施工详图等。

1. 电气照明系统图

电气照明系统图主要是反映整个建筑物内照明全貌的图样,表明导线进入建筑物后电能的分配方式、导线的连接形式,以及各回路的用电负荷等。

2. 电气照明平面图

电气照明平面图是表达电源进户线、照明配电箱、照明器具的安装位置,导线的规格、型号、根数、走向及其敷设方式,灯具的型号、规格以及安装方式和安装高度等的图样。它是照明施工的主要依据。

3. 施工详图

施工详图,是表达电气设备、灯具、接线等具体做法的图样。只有对具体做法有特殊要求时才绘制施工详图。一般情况可按通用或标准图册的规定进行施工。

4. 照明工程施工图的识读步骤

电气照明工程施工图的识读步骤,一般是从进户装置开始到配电箱,再按配电箱的回路编号顺序,逐条线路进行识读直到开关和灯具为止。

第三节　给排水、采暖工程施工图识读

一、给排水工程施工图表达内容

1. 给排水工程平面图所表达的内容

(1)给水干管进户点和用水设备以及管道的平面布置、设备数量。

(2)排水设备和管道的平面布置和设备数量;排水干管出户点及排水方式。

(3)给水管网的走向和用水设备用水供给任务的区分。

2. 给排水工程系统图所表达的内容

(1)给水管道系统的区分和相互间的关系;管道标高、规格型号;阀门的位置、标高、数量。用水设备的规格型号和数量。

(2)排水管道系统的区分和相互间的关系;排水管道的规格、标高;排水设施的数量和相互间的关系。

二、给排水工程施工图分类

(1)室外管道及附属设备图。指城镇居住区和工矿企业厂区的给水排水管道施工图。属于这类图样的有区域管道平面图、街道管道平面图、工矿企业厂区管道平面图、管道纵剖面图、管道上的附属设备图、泵站及水池和水塔管道施工图、污水及雨水出口施工图。

(2)室内管道及卫生设备图。指一幢建筑物内用水房间以及工厂车间用水设备的管道平面布置图、管道系统平面图、卫生设备、用水设备、加热设备和水箱、水泵等的施工图。

(3)水处理工艺设备图。指给水厂、污水处理厂的平面布置图、水处理设备图、水流或污流流程图。

给排水工程施工图按图纸表现的形式可分为基本图和详图两大类。基本图包括图纸目录、施工图说明、材料设备明细表、工艺流程图、平面图、轴测图和立(剖)面图;详图包括节点图、大样图和标准图。

三、给排水工程施工图标注

1. 管道标高

(1)平面图中,管道标高标注方法如图 2-12 所示。

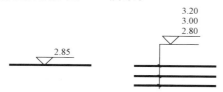

图 2-12　平面图中管道标高标注法

(2)剖面图中,管道标高标注方法如图 2-13 所示。

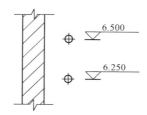

图 2-13　剖面图中管道标高标注法

(3)轴测图中,管道标高标注方式如图 2-14 所示。

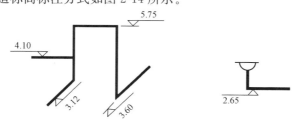

图 2-14　轴测图中管道标高标注法

2. 水位标高

水位标高标注方法如图 2-15 所示。

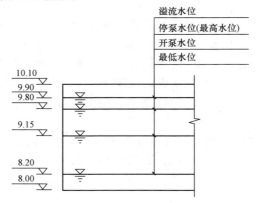

图 2-15 水位标高标注法

3. 管径

管径标注方法如图 2-16 所示。

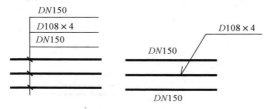

图 2-16 管径标注法
(a)单管管径表示法;(b)多管管径表示法

4. 管道编号

给水引入、排水排出管编号区分表示方法如图 2-17 所示;立管编号表示方法如图 2-18 所示。

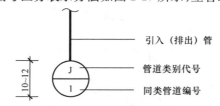

图 2-17 给水引入、排水排出管编号表示法

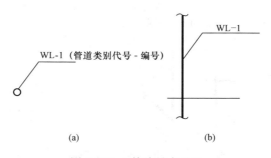

图 2-18 立管编号表示法

四、给排水工程施工图识读方法

1. 平面图的识读方法

(1)查明卫生器具、用水设备(开水炉、水加热器等)和升压设备(水泵、水箱)的类型、数量、安装位置、定位尺寸。结合有关详图或技术资料,搞清楚这些器具和设备的构造、接管方式和尺寸。对常用的卫生器具和设备的构造和安装尺寸应心中有数,以便于准确无误地计算工程量。

(2)弄清楚给水引入管和污水排出管的平面位置、走向、定位尺寸、与室外给水排水管网的连接形式、管径、坡度等。给水引入管和污水排出管通常都注上系统编号,编号和管道种类分别写在直径为8～10mm的圆圈内,圆圈内过圆心画一水平线,线上面标注管道种类。

(3)查明给水排水干管、立管、支管的平面位置、走向、管径及立管编号。

(4)在给水管道上设置水表时,要查明水表的型号、安装位置以及水表前后的阀门设置。

(5)对于室内排水管道,还要查明清通设备的布置情况,明露敷设弯头和三通。有时为了便于通扫,在适当位置设置有门弯头和有门三通(即设有清扫口的弯头和三通),在识读时也要注意;对于大型厂房,要注意是否设置检查井和检查井进口管的连接方向;对于雨水管道,要查明雨水斗的型号、数量及布置情况,并结合详图搞清雨水斗与天沟的连接方式。

2. 系统轴测图的识读方法

(1)查明给水管道系统的具体走向、干管的敷设形式、管径及其变径情况,阀门的设置,引入管、干管及各支管的标高。识读给水管道系统图时,一般按引入管、干管、立管、支管及用水设备的顺序进行。

(2)查明排水管道系统的具体走向、管路分支情况、管径、横管坡度、管道各部标高、存水弯形式、清通设备设置情况,弯头及三通的选用(90°弯头还是135°弯头,正三通还是斜三通等)。识读排水管道系统图时,一般是按卫生器具或排水设备的存水弯、器具排水管、排水横管、立管、排出管的顺序进行。

(3)在给排水施工图上一般都不表示管道支架,而由施工人员按规程和习惯做法自己确定。给水管支架一般分为管卡、钩钉、吊环和角钢托架,支架需要的数量及规格应在识读图纸时确定下来。

五、给排水工程施工图常用图例

1. 管道图例

管道图例见表2-14。

表 2-14

管　道

序号	名　称	图　例	备　注
1	生活给水管	━━ J ━━	—
2	热水给水管	━━ RJ ━━	—
3	热水回水管	━━ RH ━━	—
4	中水给水管	━━ ZJ ━━	—
5	循环冷却给水管	━━ XJ ━━	—

（续）

序号	名　称	图　例	备　注
6	循环冷却回水管	━━━ XH ━━━	—
7	热媒给水管	━━━ RM ━━━	—
8	热媒回水管	━━━RMH━━━	—
9	蒸汽管	━━━ Z ━━━	—
10	凝结水管	━━━ N ━━━	—
11	废水管	━━━ F ━━━	可与中水原水管合用
12	压力废水管	━━━ YF ━━━	—
13	通气管	━━━ T ━━━	—
14	污水管	━━━ W ━━━	—
15	压力污水管	━━━ YW ━━━	—
16	雨水管	━━━ Y ━━━	—
17	压力雨水管	━━━ YY ━━━	—
18	虹吸雨水管	━━━ HY ━━━	—
19	膨胀管	━━━ PZ ━━━	—
20	保温管	∼∼∼∼∼	也可用文字说明保温范围
21	伴热管	━ ─ ━ ─ ━	也可用文字说明保温范围
22	多孔管	━★━★━★━	—
23	地沟管	━ ─ ─ ━	—
24	防护套管	━━▭━━	—
25	管道立管	XL-1 　 XL-1 平面　　系统	X 为管道类别 L 为立管 1 为编号
26	空调凝结水管	━━━ KN ━━━	—
27	排水明沟	坡向 ⟶	—
28	排水暗沟	坡向 ⟶	—

注:1　分区管道用加注角标方式表示;

　　2　原有管线可用比同类型的新设管线细一级的线型表示,并加斜线,拆除管线则加叉线。

2. 管道附件图例

管道附件图例见表 2-15。

表 2-15　　　　　　　　　　　　　　　　　　管道附件

序号	名　　称	图　　例	备　　注
1	管道伸缩器		—
2	方形伸缩器		—
3	刚性防水套管		—
4	柔性防水套管		—
5	波纹管		—
6	可曲挠橡胶接头	单球　　双球	—
7	管道固定支架		—
8	立管检查口		—
9	清扫口	平面　　系统	—
10	通气帽	成品　　蘑菇形	—
11	雨水斗	YD-　　YD-　平面　　系统	—
12	排水漏斗	平面　　系统	—
13	圆形地漏	平面　　系统	通用。如无水封,地漏应加存水弯
14	方形地漏	平面　　系统	—

（续）

序号	名　　称	图　　例	备　　注
15	自动冲洗水箱		—
16	挡墩		—
17	减压孔板		—
18	Y形除污器		—
19	毛发聚集器	平面　　　系统	—
20	倒流防止器		—
21	吸气阀		—
22	真空破坏器		—
23	防虫网罩		—
24	金属软管		—

3. 管道连接图例

管道连接图例见表 2-16。

表 2-16　　　　　　　　　　　　　　　　**管道连接**

序号	名　　称	图　　例	备　　注
1	法兰连接		—
2	承插连接		—
3	活接头		—
4	管堵		—
5	法兰堵盖		—
6	盲板		—

（续）

序号	名　　称	图　　例	备　　注
7	弯折管	高　低　　低　高	—
8	管道丁字上接	高　低	—
9	管道丁字下接	高　低	—
10	管道交叉	低　高	在下面和后面的管道应断开

4. 管件图例

管件图例见表 2-17。

表 2-17　　　　　　　　　　　　　　　　管　　件

序号	名　　称	图　　例
1	偏心异径管	
2	同心异径管	
3	乙字管	
4	喇叭口	
5	转动接头	
6	S 形存水弯	
7	P 形存水弯	
8	90°弯头	
9	正三通	
10	TY 三通	
11	斜三通	
12	正四通	

(续)

序号	名　称	图　例
13	斜四通	
14	浴盆排水管	

5. 阀门图例

阀门图例见表 2-18。

表 2-18　　　　　　　　　　阀　门

序号	名　称	图　例	备　注
1	闸阀		—
2	角阀		—
3	三通阀		—
4	四通阀		—
5	截止阀		—
6	蝶阀		—
7	电动闸阀		—
8	液动闸阀		—
9	气动蝶阀		—
10	减压阀		左侧为高压端
11	旋塞阀	平面　　　系统	—
12	球阀		—
13	电动隔膜阀		

（续）

序号	名　称	图　例	备　注
14	温度调节阀		—
15	压力调节阀		—
16	电磁阀		—
17	止回阀		—
18	消声止回阀		—
19	持压阀		—
20	自动排气阀	平面　　系统	—
21	浮球阀	平面　　系统	—
22	水力液位控制阀	平面　　系统	—
23	感应式冲洗阀		—
24	疏水器		—

6. 卫生设备及水池图例

卫生设备及水池图例见表2-19。

表 2-19　　　　卫生设备及水池

序号	名　称	图　例	备　注
1	立式洗脸盆		—
2	台式洗脸盆		—
3	挂式洗脸盆		—
4	浴盆		—

(续)

序号	名 称	图 例	备 注
5	化验盆、洗涤盆		—
6	厨房洗涤盆		不锈钢制品
7	带沥水板洗涤盆		—
8	盥洗槽		—
9	污水池		—
10	妇女净身盆		—
11	立式小便器		—
12	壁挂式小便器		—
13	蹲式大便器		—
14	坐式大便器		—
15	小便槽		—
16	淋浴喷头		—

注:卫生设备图例也可以建筑专业资料图为准。

7. 给排水设备图例

给排水设备图例见表 2-20。

表 2-20 　　　　　　　　　　　给水排水设备

序号	名 称	图 例	备 注
1	卧式水泵	平面　　　系统	—
2	立式水泵	平面　　　系统	—
3	潜水泵		—

（续）

序号	名　称	图　例	备　注
4	定量泵		—
5	管道泵		—
6	卧式容积 热交换器		—
7	立式容积 热交换器		—
8	快速管式 热交换器		—
9	板式热交换器		—
10	开水器		—
11	喷射器		小三角为进水端
12	除垢器		—
13	水锤消除器		—
14	搅拌器		—
15	紫外线消毒器		—

六、采暖工程施工图内容

采暖工程施工图一般由设计说明书、施工图和设备材料表组成。

（1）设计说明书。设计说明书是用来说明设计意图和施工中需要注意的问题。通常在设计说明书中应说明的事项主要有：总耗热量，热媒的来源及参数，各不同房间内温度、相对湿度，采暖管道材料的种类、规格，管道保温材料、保温厚度及保温方法，管道及设备的刷油遍数及要求等。

（2）施工图。采暖施工图分为室外与室内两部分。室外部分表明一个区域内的供热系统热媒输送干管的管网布置情况,其中包括管道敷设总平面图、管道横剖面图、管道纵剖面图和详图;室内部分表明一幢建筑物的供暖设备、管道安装情况和施工要求,其中包括供暖平面图、系统图、详图、设备材料表及设计说明。

(3)设备材料表。采暖工程所需要的设备和材料,在施工图册中都列有设备材料清单,以备订货和采购之用。

七、室内采暖工程施工图识读方法

1. 平面图的识读方法

(1)了解建筑物内散热器(热风机、辐射板等)的平面位置、种类、片数以及散热器的安装方式(是明装、暗装或半暗装)。

(2)了解水平干管的布置方式、干管上的阀门、固定支架、补偿器等的平面位置和型号以及干管的管径。

(3)通过立管编号查清系统立管数量和布置位置。

(4)在热水采暖系统平面图上还标有膨胀水箱、集气罐等设备的位置、型号以及设备上连接管道的平面布置和管道直径。

(5)在蒸汽采暖系统平面图上还有疏水装置的平面位置及其规格尺寸。水平管的末端常积存有凝结水,为了排除这些凝结水,在系统末端设有疏水装置。

(6)查明热媒入口及入口地沟情况。当热媒入口无节点图时,平面图上一般将入口装置组成的各配件、阀件,如减压阀、混水器、疏水器、分水器、分汽缸、除污器、控制阀门等管径、规格以及热媒来源、流向、参数等表示清楚。如果入口装置是按标准图设计的,则在平面图上注有规格及标准图号,识读时可按标准图号查阅标准图。如果施工图中画有入口装置节点图时,可按平面图标注的节点图编号查找热媒入口放大图进行识读。

2. 系统轴测图的识读方法

(1)采暖系统轴测图可以清楚地表达出干管与立管之间以及立管、支管与散热器之间的连接方式、阀门安装位置及数量,整个系统的管道空间布置等一目了然。散热器支管都有一定的坡度,其中供水支管坡向散热器,回水支管则坡向回水立管。要了解各管段管径、坡度坡向、水平管的标高、管道的连接方法,以及立管编号等。

(2)了解散热器类型及片数。光滑管散热,要查明散热器的型号(A型或B型)、管径、排数及长度;翼型或柱型散热器,要查明规格及片数以及带脚散热器的片数;其他采暖方式,则要查明采暖器具的形式、构造以及标高等。

(3)要查清各种阀件、附件与设备在系统中的位置,凡注有规格型号者,要与平面图和材料明细表进行核对。

(4)查明热媒入口装置中各种设备、附件、阀门、仪表之间的关系及热媒的来源、流向、坡向、标高、管径等。如有节点详图时,要查明详图编号。

3. 详图的识读方法

详图是表明某些供暖设备的制作、安装和连接的详细情况的图样。

室内采暖详图,包括标准图和非标准图两种。标准图包括散热器的连接和安装、膨胀水箱的制作和安装、集气罐和补偿器的制作和连接等,它可直接查阅标准图集或有关施工图。非标准详图是指在平面图、系统图中表示不清的而又无标准详图的节点和做法,则须另绘制出详图。

第四节 通风空调工程施工图识读

一、通风空调工程施工图组成

通风空调工程施工图是由基本图、详图及设计说明等组成的。基本图包括系统原理图、平面图、立面图、剖面图及系统轴测图。详图包括部件的加工制作和安装的节点图、大样图及标准图。

1. 设计说明

设计说明中应包括以下内容：

(1)工程性质、规模、服务对象及系统工作原理。

(2)通风空调系统的工作方式、系列划分和组成，以及系统总送风、排风量和各风口的送、排风量。

(3)通风空调系统的设计参数。如室外气象参数、室内温湿度、室内含尘浓度、换气次数以及空气状态参数等。

(4)施工质量要求和特殊的施工方法。

(5)保温、油漆等的施工要求。

2. 系统原理方框图

系统原理方框图是综合性的示意图，它将空气处理设备、通风管路、冷热源管路、自动调节及检测系统连接成一个整体，构成一个整体的通风空调系统。它表达了系统的工作原理及各环节的有机联系。这种图样一般通风空调系统无需绘制，只有在比较复杂的通风空调工程才需绘制。

3. 系统平面图

在通风空调系统中，平面图上表明风管、部件及设备在建筑物内的平面坐标位置。其中包括以下几项：

(1)风管、送风口、回(排)风口、风量调节阀、测孔等部件和设备的平面位置、与建筑物墙面的距离及各部位尺寸。

(2)送、回(排)风口的空气流动方向。

(3)通风空调设备的外形轮廓、规格型号及平面坐标位置。

4. 系统剖面图

剖面图上表明通风管路及设备在建筑物中的垂直位置、相互之间的关系、标高及尺寸。在剖面图上可以看出风机、风管及部件、风帽的安装高度。

5. 系统轴测图

系统轴测图又叫透视图。通风、空调系统管路纵横交错，在平面图和剖面图上难以表达管线的空间走向，采用轴测投影绘制出管路系统单线条的立体图，可以完整而形象地将风管、部件及附属设备之间的相对位置的空间关系表示出来。系统轴测图上还注明风管、部件及附属设备的标高，各段风管的断面尺寸，送、回(排)风口的形式和风量值等。

6. 详图

详图又称大样图，包括制作加工详图和安装详图。如果是国家通用标准图，则只标明图号，不再将图画出，需要时直接查标准图即可。如果没有标准图，必须画出大样图，以便加工、制作和安装。

通风空调详图表明风管、部件及设备制作和安装的具体形式、方法和详细构造及加工尺寸。对于一般性的通风空调工程,通常都使用国家标准图册,而对于一些有特殊要求的工程,则由设计部门根据工程的特殊情况设计施工详图。

二、通风空调工程施工图常用图例

1. 通风空调工程常用图例

通风空调工程常用图例及说明见表 2-21～表 2-23。

表 2-21　　　　　　　　　　　　通风空调工程常用图例

图　例	名　称	图　例	名　称
	送风口		伞形风帽
	回风口		筒形风帽
	轴流风机		排气罩
	蝶阀		冷却器
	多叶阀		离心风机
	拉杆阀		

表 2-22　　　　　　　　　　　　　　风道代号

序　号	代　号	管道名称	备　注
1	SF	送风管	—
2	HF	回风管	一、二次回风可附加 1、2 区别
3	PF	排风管	—
4	XF	新风管	—
5	PY	消防排烟风管	—
6	ZY	加压送风管	—
7	P(Y)	排风排烟兼用风管	—
8	XB	消防补风风管	—
9	S(B)	送风兼消防补风风管	—

表 2-23　　　　　　　　　　　风道、阀门及附件图例

序号	名　称	图　例	备　注
1	矩形风管	***×***	宽×高(mm)
2	圆形风管	ϕ***	ϕ 直径(mm)
3	风管向上		—

(续一)

序号	名　称	图　例	备　注
4	风管向下		—
5	风管上升摇手弯		—
6	风管下降摇手弯		—
7	天圆地方		左接矩形风管,右接圆形风管
8	软风管		—
9	圆弧形弯头		—
10	带导流片的矩形弯头		—
11	消声器		
12	消声弯头		—
13	消声静压箱		—
14	风管软接头		—
15	对开多叶调节风阀		—
16	蝶阀		—
17	插板阀		—
18	止回风阀		—
19	余压阀	DPV　　DPV	—
20	三通调节阀		—
21	防烟、防火阀	***　　***	＊＊＊表示防烟、防火阀名称代号
22	方形风口		—

(续二)

序号	名　称	图　例	备　注
23	条缝形风口		—
24	矩形风口		—
25	圆形风口		—
26	侧面风口		—
27	防雨百叶		—
28	检修门	J　　　　J	—
29	气流方向		左为通用表示法,中表示送风,右表示回风
30	远程手控盒	B	防排烟用
31	防雨罩		—

2. 暖通空调设备常用图例

暖通空调设备常用图例及说明见表 2-24。

表 2-24　　　　　　　　暖通空调设备常用图例

序号	名称	图　例	附　注
1	散热器及放气阀	15　　15　　15	左为平面图画法,中为剖面图画法,右为系统图(Y轴侧)画法
2	轴流风机		—
3	水泵		—
4	空气加热、冷却器		从左到右分别为加热、冷却及双功能盘管
5	板式换热器		—
6	电加热器		—

（续）

序号	名　称	图　例	备　注
7	加湿器		—
8	挡水板		—
9	窗式空调器		—

三、通风空调工程施工图识读方法

　　阅读通风空调安装工程图，要从平面图开始，将平面图、剖面图、系统透视图结合起来对照阅读，一般情况下可以顺着气流的流动方向逐段阅读。对于排风系统，可以从吸风口看起，沿着管路直到室外排风口。

　　如图 2-19 所示为某通风系统的平面图、剖面图和系统轴测图。

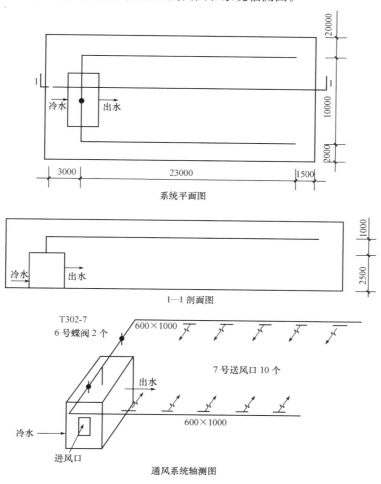

图 2-19　某通风系统施工图

1. 平面图的识读

通过对平面图的识读,可以了解到:该通风系统有一台空调器,空调器是用冷(热)水冷却(加热)空气的。空气从进风口进入空调机,经冷却或加热后,由空调器内风机从顶部送出,空气出机后分为两路送往各用风点。风管总长度约为48m。

2. 剖面图、轴测图的识读

从剖面图和轴测图可知,风管是600mm×1000mm的矩形风管。风管上装6号蝶阀两个,图号为T302-7。风管系统中共有7号送风口10个。从剖面图上可以知道,风管安装高度为3.5m。

在实际工作中,在细读通风空调施工图时往往是平面图、剖面图、系统轴测图等几种图样结合起来一起识读,可以随时对照,一种图未表达清楚的地方可以立即看另一种图。这样既可以节省看图时间,又能对图纸看得深透,还能发现图纸中存在的问题。

第五节 建筑智能化系统设备安装工程施工图常用图例

一、综合布线系统工程常用图例

综合布线系统工程常用图例见表2-25。

表 2-25 综合布线系统工程常用图例

序号	图形符号	图形名称	说　明
1		设备机架屏盘	设备机架、屏、盘等的一般符号
2		列架	列架的一般符号
3		双面列架	
4		总配线架	建筑群配线架(CD);建筑物配线架(BD);总配线架(MDF)
5		中间配线架	中间配线架的一般符号 注:可在图中标注以下字符,具体表示为:DDF:数字配线架;ODF:光纤配线架;VDF:单频配线架;IDF:中间配线架
6		配线箱(柜)	楼层配线架(FD)
7		综合布线系统的交接(交叉连接)	建筑群配线架(CD);建筑物配线架(BD);楼层配线架(FD)均有这种连接方式。限在综合布线系统工程中使用
8		综合布线系统的互连(互相连接)	同上

（续一）

序号	图形符号	图形名称	说　　明
9		走线架（梯架）	
10		槽道（桥架）	
11		走线槽（明槽）	设在地面上的明槽
12		走线槽（暗槽）	设在地面下的暗槽
13	简化形	电话机	电话机的一般符号
14		拨号盘 自动电话机	
15		按键电话机	
16	┤A	自动交换设备	A处加注文字符号表示其规格形式，如： SPC:程控交换机；XB:纵横制交换机；PAC:分组交换机；T:电报交换机
17	+ − × ÷	计算机	
18		计算机终端	
19	DTE	数据终端设备	
20	(A)	适配器	注：A处可用技术标准或特征表示，如 LAM
21	MD	调制解调器	

(续二)

序号	图形符号	图形名称	说　明
22	RSU A	远端模块局站	注:A处为规模、形式
23		光纤或光缆	光纤或光缆的一般符号
24		多模突变型光纤	
25		多模渐变型光纤	
26		单模突变型光纤	
27	a/b/c/d	光纤各层直径的补充数据	从内到外表示: a:纤芯直径;c:一次被覆层直径; b:包层直径;d:外扩层直径
28	12 50/125	示例	具有12根多模突变型光纤的光缆,其纤芯直径为$50\mu m$,包层直径为$125\mu m$
29	4 12 Cu0.9 50/125	铜线和光纤组成的综合光缆	注:0.9表示铜导线直径为0.9mm;4和12分别表示铜线和光纤的根数和芯数
30	简化形	永久接头 (固定接头)	
31	简化形	可拆卸接头 (活接头)	
32	简化形	自动倒换接头 (光纤电路转换) 接点	
33		连接器(一)	插头—插座
34		连接器(二)	插座—插头—插座

（续三）

序号	图形符号	图形名称	说　明
35		导线、电缆、线路的一般符号	本符号表示一条导线、电缆、线路或其他各种电信电路，其用途可用字母表示： F：电话；V：视频（电视）；B：广播；T：数据；S：声道（电视广播）；CT：槽道（桥架）。 线路如为综合性，则将字母相加表示，如（F＋T＋V）
36		直埋电缆	图中有黑点表示电缆接头
37		架空线路	
38		管道线路	管孔数量、截面尺寸或其他特征（如管道的排列形式），可标注在管道线路的上方。示例表示6孔管道的线路
39		沿建筑物明敷设通信线路	
40		沿建筑物暗敷设通信线路	
41		电杆的一般符号	可以用文字标注 A：杆材或所属部门；B：杆长；C：杆号
42		电杆	电杆A处加注，如H：H形杆；△：三角杆；L：L形杆；♯：四角杆（井形杆）
43		带撑杆的电杆	
44		有拉线的电杆拉线一般符号	
45		有V形拉线的电杆	
46		带高柱桩拉线的电杆	
47		引上杆	黑点表示引上管和引上电缆（光缆）
48		有横木或卡盘的电杆	横木为木杆、卡盘为钢筋混凝土杆
49		人孔	人孔的一般符号
50		手孔	手孔的一般符号

二、通信系统设备安装工程常用图例

1. 天线常用图例

天线常用图例见表2-26。

表 2-26　　　　　　　　　　　　　　　　　　　　**天线常用图例**

序号	图形符号	图形名称	说　　明
天　　线			
1		天线的一般符号	1. 此符号可用来表示任何类型天线或天线阵。符号的主杆线可表示包括单根导线的任何形式的对称馈线和非对称馈线。 2. 天线的极坐标图主瓣的一般形状图样可在天线符号附近标出。 3. 数字或字母符号的补充标记,可采用日内瓦国际电信联盟公布的《无线电规则》中的规定,名称或标记可以交替地写在天线一般符号之旁
2		天线塔的一般符号	
3		圆极化天线	
4		在方位角上辐射方向可变的天线	
5		固定方位角水平极化的定向天线	
6		在俯仰角上辐射方向可变的天线	
7		环形(或框形)天线	
8		用电阻终端的菱形天线	
9		偶极子天线	
10		折叠偶极子天线	
11		喇叭天线或喇叭馈线	
12		矩形波导馈电的抛物面天线	

（续）

序号	图形符号	图形名称	说　　明
通信线路和杆路			
13		水下线路、海底线路	
14		线路中的充气 或注油堵头	
15		具有旁路的充气或 注油堵头的线路	
16		电信线路上 直流供电	
17		电气排流电缆	
18		电杆的 一般符号	可以用文字符号 $\dfrac{A-B}{C}$ 标注,其中:A—杆材或所属部门;B—杆长;C—杆号
19		单接杆	
20		品接杆	
21		H 形杆	

2. 通信线路和杆路常用图例

通信线路和杆路常用图例见表 2-27。

表 2-27　　　　　　　　　　通信线路和杆路常用图例

序号	图形符号	图形名称	说　　明
1		L 形杆	
2		三角杆	
3		四角杆(井形杆)	
4		试线杆	
5		分区杆(S 杆)	
6		带撑杆拉线的电杆	

（续）

序号	图形符号	图形名称	说　明
7		电信电杆上 装设避雷线	
8		电杆上装设带有火 花间隙的避雷线	
9		电杆上装设放电器 注:在A处注明 放电器型号	
10		电杆保护用围桩 (河中打桩杆)	
11		分水桩	
12		双方拉线	
13		四方拉线	

3. 天线通信台、站常用图例

天线通信台、站常用图例见表2-28。

表 2-28　　　　　　　　　　　　天线通信台、站图例

序号	图形符号	图形名称	说　明
1		一点多址远端站	
2		无线电收 发信电台	在同一天线上同时发射和接收

（续一）

序号	图形符号	图形名称	说　　　明
3		便携式电台	在同一天线上交替地发射和接收
4		移动电话手持机	
5		无线电控制台	
6		可移动的无线电台	在同一天线上交替地发射和接收
7		无源接力站 的一般符号	
8		空间站的 一般符号	
9		有源空间站	
10		无线通信局站 的一般符号	可在天线符号旁加注以下文字符号表示不同工作的无线电台： 　UHF—特高频无线电台站； 　VHF—甚高频无线电台站； 　NMC—网管中心； 　OMC—维护中心； 　RC—修理中心； 　SC—软件中心； 　BC—计费中心； 　ES—端站（也可用单方向天线表示）； 　↑↓—分路站

（续二）

序号	图形符号	图形名称	说　明
11	MSC	移动通信局站 移动通信交换局	方框内换为 BS 则表示基站
12	C	一点多址中心站	
13		一点多址中继站	

4. 通信管道与人孔常用图例

通信管道与人孔常用图例见表 2-29。

表 2-29　　　　　　　　　　通信管道与人孔常用图例

序号	图形符号	图形名称	说　明
1		局前人孔	
2		有防蠕动 装置的人孔	示出防左侧电缆蠕动

本章思考重点

1. 电气设备安装施工图的识读要点是什么？

2. 电气施工图的内容有哪些？

3. 给水排水工程施工图有哪些分类？

第三章 安装工程工程量清单及计价编制

推行工程量清单计价是深化工程造价管理改革,推进建设市场化的重要途径。长期以来,工程预算定额是我国承发包计价、定价的主要依据。预算定额中规定的消耗量和有关施工措施性费用是按社会平均水平编制的,以此为依据形成的工程造价基本上也属于社会平均价格。这种平均价格可作为市场竞争的参考价格,但不能反映参与竞争企业的实际消耗和技术管理水平,在一定程度上限制了企业的公平竞争。工程量清单计价是建设工程招标投标中,按照国家统一的工程量清单计价规范,由招标人提供工程数量,投标人自主报价,经评审低价中标的工程造价模式。采用工程量计价能反映工程个别成本,有利于企业自主报价和公平竞争。

第一节 工程量清单概述

一、工程量清单的概念

工程量清单是由具有编制能力的招标人或受其委托,具有相应资质的工程造价咨询人编制的表现拟建工程的分部分项工程项目、措施项目、其他项目名称和相应数量的明细清单。它体现的核心内容为分项工程项目名称及其相应数量,按《建设工程工程量清单计价规范》(GB 50500—2013)(以下简称《清单计价规范》)规定,工程量清单必须作为招标文件的组成部分,其准确性和完整性由招标人负责。作为工程量清单计价的基础,工程量清单是招标投标活动的重要依据,一经中标且签订合同,即成为合同的组成部分。工程量清单是工程量清单计价的基础,应作为编制招标控制价、投标报价、计算工程量、支付工程款、调整合同价款、办理竣工结算以及工程索赔等的依据之一。

二、工程量清单的内容

工程量清单应由分部分项工程项目清单、措施项目清单、其他项目清单、规费和税金项目清单组成。

(1)分部分项工程项目清单是指表示拟建工程分项实体工程项目名称和相应数量的明细清单,应包括项目编码、项目名称、项目特征、计量单位和工程量。

(2)措施项目清单指为完成工程项目施工,发生于该工程施工前和施工过程中技术、生活、文明、安全等方面的非工程实体项目清单。

(3)其他项目清单是指分部分项工程量清单、措施项目清单所包含的内容以外,因招标人的特殊要求而发生的与拟建工程有关的其他费用项目和相应数量的清单,包括暂列金额、计日工和总承包服务费。

(4)规费是政府和有关权力部门规定必须缴纳的费用,包括社会保险费(养老保险、失业保险、医疗保险、生育保险、工伤保险)、住房公积金、工程排污费。

(5)税金项目清单,目前我国税法规定应计入建筑安装工程造价的税种包括营业税、城市建设维护税及教育费附加与地方教育附加。

三、工程量清单的特点

1. 有效性

通过由政府发布统一的社会平均消耗量指导标准,为企业提供一个社会平均尺度,避免企业盲目或随意大幅度减少或扩大消耗量,从而达到保证工程质量的目的。

2. 统一性

通过制定统一的建设工程工程量清单计价方法、统一的工程量计量规则、统一的工程量清单项目设置规则,达到规范计价行为的目的。

3. 自主性

投标企业根据自身的技术专长、材料采购渠道和管理水平等制定企业自己的报价定额,自主报价。企业尚无报价定额的,可参考使用造价管理部门颁布的《建设工程消耗量定额》。

4. 开放性

将工程消耗量定额中的工、料、机价格和利润,管理费全面放开,由市场的供求关系自行确定价格。

5. 竞争性

通过建立与国际惯例接轨的工程量清单计价模式,引入充分竞争形成价格的机制,制定衡量投标报价合理性的基础标准,在投标过程中,有效引入竞争机制,淡化标底的作用,在保证质量、工期的前提下,按《中华人民共和国招标投标法》及有关条款规定,最终以"不低于成本"的合理低价者中标。

6. 适用性

按《清单计价规范》规定,使用国有资金投资的建设工程发承包必须采用工程量清单计价;非国有资金投资的建设工程,宜采用工程量清单计价。

第二节 《建设工程工程量清单计价规范》简介

一、《清单计价规范》编制的目的和意义

(1)为了更加广泛深入地推行工程量清单计价,规范建设工程发承包双方的计量、计价行为制定好准则;为了与当前国家相关法律、法规和政策性的变化规定相适应,使其能够正确地贯彻执行。

(2)为了适应新技术、新工艺、新材料日益发展的需要,促使规范的内容不断更新完善;为了总结实践经验,进一步建立健全我国统一的建设工程计价、计量规范标准体系。

(3)为了进一步适应建设市场的发展,需要借鉴国外经验,总结我国工程建设实践,进一步健全、完善计价规范。

二、《清单计价规范》的编制历程

为了适应我国建设工程管理体制改革以及建设市场发展的需要,规范建设工程各方的计价行为,进一步深化工程造价管理模式的改革,2003年2月17日,原建设部以第119号公告发布了国家标准《建设工程工程量清单计价规范》(GB 50500—2003)(以下简称"03规范")。"03规范"

的实施,为推行工程量清单计价,建立市场形成工程造价的机制奠定了基础。但是,"03 规范"主要侧重于工程招投标中的工程量清单计价,对工程合同签订、工程计量与价款支付、合同价款调整、索赔和竣工结算等方面缺乏相应的规定。为此,原建设部标准定额司从 2006 年开始,组织有关单位对"03 规范"的正文部分进行了修订。2008 年 7 月 9 日,住房和城乡建设部以第 63 号公告,发布了《建设工程工程量清单计价规范》(GB 50500—2008)(以下简称"08 规范")。"08 规范"实施以来,对规范工程的计价行为起到了良好的作用,但由于附录没有修订,还存在有待完善的地方。

因此,2009 年 6 月 5 日,住房和城乡建设部标准定额司根据《关于印发〈2009 年工程建设标准规范制订、修订计划〉的通知》(建标函[2009]88 号),发出《关于请承担〈建设工程工程量清单计价规范〉(GB 50500—2008)修订工作任务的函》(建标造函[2009]44 号),组织有关单位全面开展 08 规范修订工作。在标准定额司的领导下,通过主编、参编单位团结协作、共同努力,按照编制工作进度安排,经过两年多的时间,于 2012 年 6 月完成了国家标准《建设工程工程量清单计价规范》(GB 50500—2013)和《房屋建筑与装饰工程工程量计算规范》(GB 50854—2013)、《仿古建筑工程工程量计算规范》(GB 50855—2013)、《通用安装工程工程量计算规范》(GB 50856—2013)、《市政工程工程量计算规范》(GB 50857—2013)、《园林绿化工程工程量计算规范》(GB 50858—2013)、《矿山工程工程量计算规范》(GB 50859—2013)、《构筑物工程工程量计算规范》(GB 50860—2013)、《城市轨道交通工程工程量计算规范》(GB 50861—2013)、《爆破工程工程量计算规范》(GB 50862—2013)等 9 本计量规范的"报批稿"。经报批批准,圆满完成了修订任务,使规范工程造价计价行为形成有机整体,从而将计价活动扩大到了工程建设施工阶段的全过程。

三、《清单计价规范》的概念和内容

《清单计价规范》是根据《中华人民共和国建筑法》、《中华人民共和国合同法》、《中华人民共和国招标投标法》等法律,以及最高人民法院《关于审理建设工程施工合同纠纷案件适用法律问题的解释》,按照我国工程造价管理改革的总体目标,本着国家宏观调控、市场竞争形成价格的原则制定的。《清单计价规范》由正文、附录及条文说明三大部分组成。

1. 正文

正文由总则、术语、一般规定、工程量清单编制、招标控制价、投标报价、合同价款约定、工程计量、合同价款调整、合同价款期中支付、竣工结算与支付、合同解除的价款结算与支付、合同价款争议的解决、工程造价鉴定、工程计价资料与档案、工程计价表格组成。

2. 附录

附录的具体内容如下:

(1)附录 A:物价变化合同价款调整方法

(2)附录 B:工程计价文件封面

(3)附录 C:工程计价文件扉页

(4)附录 D:工程设计总说明

(5)附录 E:工程计价汇总表

(6)附录 F:分部分项工程和措施项目计价表

(7)附录 G :其他项目计价表

(8)附录 H :规费、税金项目计价表

(9)附录 J：工程计量申请(核准)表

(10)附录 K：合同价款支付申请(核准)表

(11)附录 L：主要材料工程设备一览表

3. 条文说明

为了便于各单位和有关人员在使用《清单计价规范》时能正确理解和执行,按章、节、条顺序编制了《清单计价规范》的条文说明。

第三节　安装工程工程量清单项目编制

工程量清单应由具有编制招标文件能力的招标人或受其委托具有相应资质的工程造价咨询机构、招标代理机构依据有关计价办法、招标文件的有关要求、设计文件和施工现场实际情况进行编制。

一、安装工程工程量清单的编制依据

(1)《清单计价规范》与《通用安装工程工程量计算规范》(GB 50856-2013)。

(2)国家或省级、行业建设主管部门颁发的计价依据和办法。

(3)建设工程建设文件。

(4)与建设工程项目有关的标准、规范、技术资料。

(5)拟定的招标文件。

(6)施工现场情况、工程特点及常规施工方案。

(7)其他相关资料。

二、工程量清单文件组成

(1)招标工程量清单封面。

(2)招标工程量清单扉页。

(3)工程量计价总说明。

(4)分部分项工程量和单价措施项目清单与计价表。

(5)总价措施项目清单与计价表。

(6)其他项目清单与计价表。

(7)规费、税金项目清单与计价表。

(8)发包人提供材料和工程设备一览表。

(9)承包人提供主要材料和工程设备一览表(适用于造价信息差额调整法)。

(10)承包人提供主要材料和工程设备一览表(适用于价格指数差额调整法)。

三、编制工程量清单封面

招标人自行编制工程量清单时,由招标人单位注册的造价人员编制,招标人盖单位公章,法定代表人或其授权人签字或盖章;编制人是造价工程师的,由其签字盖执业专用章;编制人是造价员的,在编制人栏签字盖专用章,应由造价工程师复核,并在复核人栏签字盖执业专用章。招标人委托工程造价咨询人编制工程量清单时,由工程造价咨询人单位注册的造价人员编制,工程造价咨询人盖单位资质专用章,法定代表人或其授权人签字或盖章;编制人是造价工程师的,由其签字盖执业专用章;编制人是造价员的,在编制人栏签字盖专用章,应由造价工程师复核,并在复核人栏签字盖执业专用章。工程量清单封面的样式见表3-1。

表 3-1　　　　　　　　　　　　　　招标工程量清单封面

_____工程

招标工程量清单

招　　标　　人：_____

（单位盖章）

造价咨询人：_____

（单位盖章）

年　　　月　　　日

四、编制工程量清单扉页

工程量清单扉页(表3-2)是由招标人或招标人委托的工程造价咨询人编制招标工程量清单时填写。招标人自行编制工程量清单的,编制人员必须是在招标人单位注册的造价人员,由招标人盖单位公章,法定代表人或其授权人签字或盖章;当编制人是注册造价工程师时,由其签字盖执业专用章;当编制人是造价员时,由其在编制人栏签字盖专用章,并应由注册造价工程师复核,在复核人栏签字盖执业专用章。招标人委托工程造价咨询人编制工程量清单的,编制人员必须是在工程造价咨询人单位注册的造价人员,由工程造价咨询人盖单位资质专用章,法定代表人或其授权人签字或盖章;当编制人是注册造价工程师时,由其签字盖执业专用章;当编制人是造价员时,由其在编制人栏签字盖专用章,并应由注册造价工程师复核,在复核人栏签字盖执业专用章。

表 3-2 招标工程量清单扉页

_____工程

招标工程量清单

招　标　人:_____
　　　　　(单位盖章)

造价咨询人:_____
　　　　　(单位资质专用章)

法定代表人
或其授权人_____
　　　　(签字或盖章)

法定代表人
或其授权人_____
　　　　(签字或盖章)

编　制　人_____
　　(造价人员签字盖专用章)

复　核　人_____
　　(造价工程师签字盖专用章)

编制时间:　年　月　日

复核时间:　年　月　日

五、编制工程计价总说明

工程计价总说明(表 3-3)适用于工程计价的各个阶段。对工程计价的不同阶段,总说明中说明的内容是有差别的,要求也有所不同。

1. 工程量清单编制阶段

工程量清单中总说明应包括的内容如下:

(1)工程概况:如建设地址、建设规模、工程特征、交通状况、环保要求等。

(2)工程招标和专业工程发包范围。

(3)工程量清单编制依据。

(4)工程质量、材料、施工等的特殊要求。

(5)其他需要说明的问题。

2. 招标控制价编制阶段

招标控制价中总说明应包括的内容如下:

(1)采用的计价依据。

(2)采用的施工组织设计。

(3)采用的材料价格来源。

(4)综合单价中风险因素、风险范围(幅度)。

(5)其他等。

3. 投标报价编制阶段

投标报价总说明应包括的内容如下:

(1)采用的计价依据。

(2)采用的施工组织设计。

(3)综合单价中包含的风险因素、风险范围(幅度)。

(4)措施项目的依据。

(5)其他有关内容的说明等。

4. 竣工结算编制阶段

竣工结算中总说明应包括的内容如下:

(1)工程概况。

(2)编制依据。

(3)工程变更。

(4)工程价款调整。

(5)索赔。

(6)其他等。

5. 工程造价鉴定阶段

工程造价鉴定书总说明应包括的内容如下:

(1)鉴定项目委托人名称、委托鉴定的内容。

(2)委托鉴定的证据材料。

(3)鉴定的依据及使用的专业技术手段。

(4)对鉴定过程的说明。

(5)明确的鉴定结论。

(6)其他需说明的事宜等。

表 3-3   **总 说 明**

工程名称：   第 页共 页

表—01

六、编制分部分项工程和单价措施项目清单与计价表

分部分项工程和单价措施项目清单与计价表(表 3-4)不只是编制招标工程量清单的表式,也是编制招标控制价、投标价和竣工结算的最基本用表。

(1)编制工程量清单时使用本表,在"工程名称"栏应填写详细具体的工程称谓,对于房屋建筑而言,习惯上并无标段划分,可不填写"标段"栏,但相对于管道敷设、道路施工,则往往以标段划分,此时,应填写"标段"栏,其他各表涉及此类设置,道理相同。

(2)"项目编码"栏应根据相关国家工程量计算规范项目编码栏内规定的 9 位数字另加 3 位顺序码共 12 位阿拉伯数字填写。各位数字的含义为:一、二位为专业工程代码,房屋建筑与装饰工程为 01,仿古建筑为 02,通用安装工程为 03,市政工程为 04,园林绿化工程为 05,矿山工程为 06,构筑物工程为 07,城市轨道交通工程为 08,爆破工程为 09;三、四位为专业工程附录分类顺序码;五、六位为分部工程顺序码;七、八、九位为分项工程项目名称顺序码;十至十二位为清单项目名称顺序码。

(3)"项目名称"栏应按相关工程国家工程量计算规范的规定,根据拟建工程实际填写。在实际填写过程中,"项目名称"有两种填写方法:一是完全保持相关工程国家工程量计算规范的项目名称不变;二是根据工程实际在工程量计算规范项目名称下另行确定详细名称。

(4)"项目特征"栏应按相关工程国家工程量计算规范的规定,根据拟建工程实际进行描述。在对分部分项工程项目清单的项目特征描述时,可按下列要点进行:

1)必须描述的内容:

①涉及正确计量的内容必须描述。如对于门窗若采用"樘"计量,则 1 樘门或窗有多大,直接关系到门窗的价格,对门窗洞口或框外围尺寸进行描述是十分必要的。

②涉及结构要求的内容必须描述。如混凝土构件的混凝土的强度等级,因混凝土强度等级不同,其价格也不同,必须描述。

③涉及材质要求的内容必须描述。如油漆的品种,是调和漆还是硝基清漆等;管材的材质,是钢管还是塑料管等;还需要对管材的规格、型号进行描述。

④涉及安装方式的内容必须描述。如管道工程中的管道的连接方式就必须描述。

2)可不描述的内容:

①对计量计价没有实质影响的内容可以不描述。如对现浇混凝土柱的高度、断面大小等的特征规定可以不描述,因为混凝土构件是按"m^3"计量,对此的描述实质意义不大。

②应由投标人根据施工方案确定的可以不描述。

③应由投标人根据当地材料和施工要求确定的可以不描述。如对混凝土构件中的混凝土拌合料使用的石子种类及粒径、砂的种类的特征规定可以不描述。因为混凝土拌合料使用砾石还是碎石,使用粗砂还是中砂、细砂或特细砂,除构件本身有特殊要求需要指定外,主要取决于工程所在地砂、石子材料的供应情况。至于石子的粒径大小主要取决于钢筋配筋的密度。

④应由施工措施解决的可以不描述。如对现浇混凝土板、梁的标高的特征规定可以不描述。因为同样的板或梁,都可以将其归并在同一个清单项目中,但由于标高的不同,将会导致因楼层的变化对同一项目提出多个清单项目,不同的楼层其工效是不一样的,但这样的差异可以由投标人在报价中考虑,或在施工措施中去解决。

3)可不详细描述的内容:

①无法准确描述的可不详细描述。如土壤类别,由于我国幅员辽阔,南北东西差异较大,特别是对于南方来说,在同一地点,由于表层土与表层土以下的土壤,其类别是不相同的,要求清单编制人准确判定某类土壤的所占比例是困难的,在这种情况下,可考虑将土壤类别描述为合格,注明由投标人根据地勘资料自行确定土壤类别,决定报价。

②施工图纸、标准图集标注明确的,可不再详细描述。对这些项目可采取详见××图集或××图号的方式,对不能满足项目特征描述要求的部分,仍应用文字描述。由于施工图纸、标准图集是发承包双方都应遵守的技术文件,这样描述可以有效减少在施工过程中对项目理解的不一致。

③有一些项目可不详细描述,但清单编制人在项目特征描述中应注明由投标人自定。如土方工程中的"取土运距"、"弃土运距"等。首先要求清单编制人决定在多远取土或取、弃土运往多远是困难的;其次,由投标人根据在建工程施工情况统筹安排,自主决定取、弃土方的运距可以充分体现竞争的要求。

④如清单项目的项目特征与现行定额中某些项目的规定是一致的,也可采用见×定额项目的方式进行描述。

4)项目特征的描述方式。描述清单项目特征的方式大致可分为"问答式"和"简化式"两种。其中"问答式"是指清单编写人按照工程计价软件上提供的规范,在要求描述的项目特征上采用答题的方式进行描述,如描述砖基础清单项目特征时,可采用"①砖品种、规格、强度等级:页岩标准砖 MU15,240mm×115mm×53mm;②砂浆强度等级:M10 水泥砂浆;③防潮层种类及厚度:20mm 厚 1∶2 水泥砂浆(防水粉 5%)。";"简化式"是对需要描述的项目特征内容根据当地的用语习惯,采用口语化的方式直接表述,省略了规范上的描述要求,如同样在描述砖基础清单项目特征时,可采用"M10 水泥砂浆、MU15 页岩标准砖砌条形基础,20mm 厚 1∶2 水泥砂浆(防水粉 5%)防潮层"。

(5)"计量单位"应按相关工程国家工程量计算规范规定的计量单位填写。有些项目工程量计算规范中有两个或两个以上计量单位,应根据拟建工程项目的实际,选择最适宜表现该项目特征并方便计量的单位。如泥浆护壁成孔灌注桩项目,工程量计算规范以 m^3、m 和根三个计量单位表示,此时就应根据工程项目的特点,选择其中一个即可。

(6)"工程量"应按相关工程国家工程量计算规范规定的工程量计算规则计算填写。

(7)由于各省、自治区、直辖市以及行业建设主管部门对规费计取基础的不同设置,为了计取规费等的使用,使用本表时可在表中增设其中:"定额人工费"。

(8)编制招标控制价时,使用本表"综合单价"、"合计"以及"其中:暂估价"按"13 计价规范"的规定填写。

(9)编制投标报价时,投标人对表中的"项目编码"、"项目名称"、"项目特征"、"计量单位"、"工程量"均不应做改动。"综合单价"、"合价"自主决定填写,对其中的"暂估价"栏,投标人应将招标文件中提供了暂估材料单价的暂估价计入综合单价,并应计算出暂估单价的材料在"综合单价"及其"合价"中的具体数额,因此,为更详细反应暂估价情况,也可在表中增设一栏"综合单价"其中的"暂估价"。

(10)编制竣工结算时,使用本表可取消"暂估价"。

表 3-4   **分部分项工程和单价措施项目清单与计价表**

工程名称: 标段: 第 页共 页

序号	项目编码	项目名称	项目特征描述	计量单位	工程量	金额(元)		
						综合单价	合 价	其中:暂估价
			本页小计					
			合 计					

注:为计取规费等使用,可在表中增设其中:"定额人工费"。

七、编制总价措施项目清单与计价表

(1)编制招标工程量清单时,表中的项目可根据工程实际情况进行增减。

(2)编制招标控制价时,计费基础、费率应按省级或行业建设主管部门的规定计取。

(3)编制投标报价时,除"安全文明施工费"必须按《清单计价规范》的强制性规定,按省级、行业建设主管部门的规定计取外,其他措施项目均可根据投标施工组织设计自主报价。

总价措施项目清单与计价表的样式见表 3-5。

表 3-5   **总价措施项目清单与计价表**

工程名称: 标段: 第 页共 页

序号	项目编码	项目名称	计算基础	费率(%)	金额(元)	调整费率(%)	调整后金额(元)	备注
		安全文明施工费						
		夜间施工增加费						
		二次搬运费						
		冬雨期施工增加费						
		已完工程及设备保护费						
		合计						

编制人(造价人员):   复核人(造价工程师):

注:1. "计算基础"中安全文明施工费可为"定额基价"、"定额人工费"或"定额人工费+定额机械费",其他项目可为"定额人工费"或"定额人工费+定额机械费"

    2. 按施工方案计算的措施费,若无"计算基础"和"费率"的数值,也可只填"金额"数值,但应在备注栏说明施工方案出处或计算方法。

八、编制其他项目清单与计价表

（1）编制其他项目清单与计价汇总表（表3-6）。

1）编制招标工程量清单，应汇总"暂列金额"和"专业工程暂估价"，以提供给投标人报价。

2）编制招标控制价，应按有关计价规定估算"计日工"和"总承包服务费"。如招标工程量清单中未列"暂列金额"，应按有关规定编列。

3）编制投标报价，应按招标文件工程量清单提供的"暂列金额"和"专业工程暂估价"填写金额，不得变动。"计日工"、"总承包服务费"自主确定报价。

4）编制或核对竣工结算，"专业工程暂估价"按实际分包结算价填写，"计日工"、"总承包服务费"按双方认可的费用填写，如发生"索赔"或"现场签证"费用，按双方认可的金额计入本表。

表 3-6　　　　　　　　　　　　　　　其他项目清单与计价汇总表

工程名称：　　　　　　　　　　　　　　　标段：　　　　　　　　　　　　第　页共　页

序　号	项目名称	金额（元）	结算金额（元）	备　注
1	暂列金额			明细详见表 3-7
2	暂估价			
2.1	材料（工程设备）暂估价/结算价	—		明细详见表 3-8
2.2	专业工程暂估价/结算价			明细详见表 3-9
3	计日工			明细详见表 3-10
4	总承包服务费			明细详见表 3-11
	合　　计			—

注：材料（工程设备）暂估单价计入清单项目综合单价，此处不汇总。

（2）编制暂列金额明细表（表3-7）。暂列金额在实际履约过程中可能发生，也可能不发生。本表要求招标人能将暂列金额与拟用项目列出明细，但如确实不能详列也可只列暂定金额总额，投标人应将上述暂列金额计入投标报价中。

表 3-7　　　　　　　　　　　　　　　　暂列金额明细表

工程名称：　　　　　　　　　　　　　　　标段：　　　　　　　　　　　　第　页共　页

序　号	项　目　名　称	计量单位	暂列金额（元）	备　注
1				
2				
3				
4				
5				
6				
7				
8				
9				
10				
11				
	合　　计			—

注：此表由招标人填写，如不能详列，也可只列暂定金额总额，投标人应将上述暂列金额计入投标总价中。

(3)编制材料(工程设备)暂估单价及调整表(表3-8)。暂估价是在招标阶段预见肯定要发生,只是因为标准不明确或者需要由专业承包人完成,暂时无法确定材料、工程设备的具体价格而采用的一种临时性计价方式。暂估价的材料、工程设备数量应在表内填写,拟用项目应在本表备注栏给予补充说明。

《清单计价规范》要求招标人针对每一类暂估价给出相应的拟用项目,即按照材料、工程设备的名称分别给出,这样的材料、工程设备暂估价能够纳入到清单项目的综合单价中。

表 3-8   **材料(工程设备)暂估单价及调整表**

工程名称: 标段: 第 页共 页

序号	材料(工程设备)名称、规格、型号	计量单位	数量		暂估(元)		确认(元)		差额(元)		备注
			暂估	确认	单价	合价	单价	合价	单价	合价	
合 计											

注:此表由招标人填写"暂估单价",并在备注栏说明暂估单价的材料、工程设备拟用在哪些清单项目上,投标人应将上述材料、工程设备暂估单价计入工程量清单综合单价报价中。

(4)编制专业工程暂估价及结算价表(表3-9)。专业工程暂估价应在表内填写工程名称、工程内容、暂估金额,投标人应将上述金额计入投标总价中。专业工程暂估价项目及其表中列明的专业工程暂估价,是指分包人实施专业工程的含税金后的完整价,除了合同约定的发包人应承担的总包管理、协调、配合和服务责任所对应的总承包服务费以外,承包人为履行其总包管理、配合、协调和服务所需产生的费用应该包括在投标报价中。

表 3-9   **专业工程暂估价及结算价表**

工程名称: 标段: 第 页共 页

序号	工程名称	工程内容	暂估金额(元)	结算金额(元)	差额±(元)	备注
合 计						

注:此表"暂估金额"由招标人填写,招标人应将"暂估金额"计入投标总价中。结算时按合同约定结算金额填写。

(5)编制计日工表(表3-10)。

1)编制工程量清单时,"项目名称"、"计量单位"、"暂估数量"由招标人填写。

2)编制招标控制价时,人工、材料、机械台班单价由招标人按有关计价规定填写并计算合价。

3)编制投标报价时,人工、材料、机械台班单价由投标人自主确定,按已给暂估数量计算合价计入投标总价中。

表 3-10　　　　　　　　　　　计 日 工 表

工程名称:　　　　　　　　　　标段:　　　　　　　　　　第　页共　页

编号	项目名称	单位	暂定数量	实际数量	综合单价(元)	合价(元)	
						暂定	实际
一	人工						
1							
2							
3							
4							
人工小计							
二	材料						
1							
2							
3							
4							
5							
材料小计							
三	施工机械						
1							
2							
3							
4							
施工机械小计							
四、企业管理费和利润							
总　计							

注:此表项目名称、暂定数量由招标人填写,编制招标控制价时,单价由招标人按有关规定确定;投标时,单价由投标人自主确定,按暂定数量计算合价计入投标总价中;结算时,按发承包双方确定的实际数量计算合价。

(6)编制总承包服务费计价表(表3-11)。

1)编制招标工程量清单时,招标人应将拟定进行专业分包的专业工程、自行采购的材料设备等决定清楚,填写项目名称、服务内容,以便投标人决定报价。

2)编制招标控制价时,招标人按有关计价规定计价。

3)编制投标报价时,由投标人根据工程量清单中的总承包服务内容,自主决定报价。

4)办理竣工结算时,发承包双方应按承包人已标价工程量清单中的报价计算,如发承包双方确定调整的,按调整后的金额计算。

表 3-11   总承包服务费计价表

工程名称: 标段: 第　页共　页

序号	项目名称	项目价值(元)	服务内容	计算基础	费率(%)	金额(元)
1	发包人发包专业工程					
2	发包人供应材料					
合　计		—		—		—

注:此表项目名称、服务内容由招标人填写,编制招标控制价时,费率及金额由招标人按有关计价规定确定;投标时,费率及金额由投标人自主报价,计入投标总价中。

九、编制规费、税金项目计价表

规费、税金项目计价表(表 3-12)按住房和城乡建设部、财政部印发的《建筑安装工程费用项目组成》(建标[2013]44 号)列举的规费项目列项,在施工实践中,有的规费项目,如工程排污费,并非每个工程所在地都要征收,实践中可作为按实计算的费用处理。

表 3-12   规费、税金项目计价表

工程名称: 标段: 第　页共　页

序号	项目名称	计算基础	计算基数	计算费率(%)	金额(元)
1	规　费	定额人工费			
1.1	社会保障费	定额人工费			
(1)	养老保险费	定额人工费			
(2)	失业保险费	定额人工费			
(3)	医疗保险费	定额人工费			
(4)	工伤保险费	定额人工费			
(5)	生育保险费	定额人工费			
1.2	住房公积金	定额人工费			
1.3	工程排污费	按工程所在地环境保护部门收取标准,按实计入			
2	税金	分部分项工程费＋措施项目费＋其他项目费＋规费—按规定不计税的工程设备金额			
合计					

编制人: 复核人(造价工程师):

十、编制主要材料、工程设备一览表

（1）发包人提供材料和工程设备一览表（表3-13）。

表 3-13　　　　　　　　　　发包人提供材料和工程设备一览表

工程名称：　　　　　　　　　　　标段：　　　　　　　　　第　页共　页

序号	材料（工程设备）名称、规格、型号	单位	数量	单价（元）	交货方式	送达地点	备注

注：此表由招标人填写，供投标人在投标报价、确定总承包服务费时参考。

（2）承包人提供主要材料和工程设备一览表（适用于造价信息差额调整法）（表3-14）。

表 3-14　　　　　　　　承包人提供主要材料和工程设备一览表

（适用于造价信息差额调整法）

工程名称：　　　　　　　　　　　标段：　　　　　　　　　第　页共　页

序号	名称、规格、型号	单位	数量	风险系数（%）	基准单价（元）	投标单价（元）	发承包人确认单价（元）	备注

注：1. 此表由招标人填写除"投标单价"栏的内容，投标人在投标时自主确定投标单价。

　　2. 招标人应优先采用工程造价管理机构发布的单价作为基准单价，未发布的，通过市场调查确定其基准单价。

（3）承包人提供主要材料和工程设备一览表（适用于价格指数差额调整法）（表3-15）。

表 3-15 　　　　　　　　　　承包人提供主要材料和工程设备一览表

（适用于价格指数差额调整法）

工程名称：　　　　　　　　　　　标段：　　　　　　　　　　第　页共　页

序号	名称、规格、型号	变值权重 B	基本价格指数 F_0	现行价格指数 F_t	备注
	定值权重 A		—	—	
	合　计	1	—	—	

注：1. "名称、规格、型号"、"基本价格指数"栏由招标人填写,基本价格指数应首先采用工程造价管理机构发布的价格指数,没有时,可采用发布的价格代替。如人工、机械费也采用本法调整,由招标人在名称"名称"栏填写。

　　2. "变值权重"栏由投标人根据该项人工、机械费和材料、工程设备价值在投标总报价中所占比例填写,1 减去其比例为定值权重。

　　3. "现行价格指数"按约定付款证书相关周期最后一天的前 42 天的各项价格指数填写,该指数应首先采用工程造价管理机构发布的价格指数,没有时,可采用发布的价格代替。

第四节　安装工程工程量清单计价

一、实行工程量清单计价的目的和意义

1. 实行工程量清单计价的目的

实行工程量清单计价,有利于我国工程造价政府职能的转变。政府对工程造价管理的模式要进行相应的改变,将推行政府宏观调控、企业自主报价、市场形成价格、社会全面监督的工程造价管理思路。实行工程量清单计价,由过去的政府控制的指令性定额转变为制定适应市场经济规律需要的工程量清单计价方法,由过去的行政干预转变为对工程造价进行依法监管,有效地强化政府对工程造价的宏观调控。

2. 实行工程量清单计价的意义

(1)实行工程量清单计价,是促进建设市场有序竞争和企业健康发展的需要。工程量清单是招标文件的重要组成部分,由招标单位编制或委托有资质的工程造价咨询单位编制,工程量清单编制的准确、详尽、完整,有利于提高招标单位的管理水平,减少索赔事件的发生。由于工程量清单是公开的,有利于防止招标工程中弄虚作假、暗箱操作等不规范行为。投标单位通过对单位工程成本、利润进行分析,统筹考虑,精心选择施工方案,根据企业的定额合理确定人工、材料、机械等要素投入量的合理配置,优化组合,合理控制企业管理费和施工技术措施费,在满足招标文件需要的前提下,合理确定自己的报价,让企业有自主报价权。改变了过去依赖建设行政主管部门发布的定额和规定的取费标准进行计价的模式,有利于提高劳动生产率,促进企业技术进步,节约投资和规范建设市场。采用工程量清单计价后,将使招标活动的透明度增加,在充分竞争的基础上降低了造价,提高了投资效益,且便于操作和推行,业主和承包商将都会接受这种计价模式。

(2)在建设工程招标投标中实行工程量清单计价是规范建筑市场秩序,适应社会主义经济需要的根本措施之一。工程造价是工程建设的核心,也是市场运行的核心内容,建筑市场存在着许多不规范的行为,大多数与工程造价有直接联系。建筑产品是商品,具有商品的共性,它受价值

规律、货币流通规律和供求规律的支配。

(3)实行工程量清单计价是与国际接轨的需要。工程量清单计价是目前国际上通行的做法，在国内的世界银行等国外金融机构、政府机构贷款项目在招标中大多也采用工程量清单计价办法。随着我国加入世贸组织，国内建筑业面临着两大变化，一是中国市场将更具有活力；二是国内市场逐步国际化，竞争更加激烈。入世以后，一是外国建筑商要进入我国建筑市场开展竞争，他们必然要带进国际惯例、规范和做法来计算工程造价；二是国内建筑公司也同样受到国外市场竞争，也需要按国际惯例、规范和做法来计算工程造价；三是我国的国内工程方面，为了与外国建筑商在国内市场竞争，也要改变过去的做法，参照国际惯例、规范和做法来计算工程承发包价格。因此，建筑产品的价格由市场形成是社会主义市场经济适应国际惯例的需要。

二、工程量清单计价的影响因素

工程量清单报价中标的工程，无论采用何种计价方法，在正常情况下，基本说明工程造价已确定，只是当出现设计变更或工程量变动时，通过签证再结算调整另行计算。工程量清单工程成本要素的管理重点是：在既定收入的前提下，如何控制成本支出。

1. 人工费

人工费支出约占建筑产品成本的17%，且随市场价格波动而不断变化。对人工单价在整个施工期间作出切合实际的预测，是控制人工费用支出的前提条件。

2. 材料费

材料费用开支约占建筑产品成本的63%，是成本要素控制的重点。材料费用因工程量清单报价形式不同，材料供应方式不同而有所不同。

3. 机械费

机械费的开支约占建筑产品成本的7%，其控制指标，主要是根据工程量清单计算出使用的机械控制台班数。

4. 施工过程中的水电费

为便于施工过程支出的控制管理，应把控制用量计算到施工子项以便于水电费用控制。月末依据完成子项所需水电用量同实际用量对比，找出差距的出处，以便制定改正措施。总之，施工过程中对水电用量控制不仅仅是一个经济效益的问题，更重要的是一个合理利用宝贵资源的问题。

5. 设计变更和工程签证

在施工过程中，时常会遇到一些原设计未预料到的实际情况或业主单位提出要求改变某些施工做法、材料代用等，引发设计变更；同样，对施工图以外的内容及停水、停电，或因材料供应不及时造成停工、窝工等都需要办理工程签证。这些工程变更直接影响着造价的变化。

三、工程量清单计价编制方法及程序

工程量清单计价分为招标控制价、投标报价、竣工结算价、工程造价鉴定等计价活动。本处仅对投标报价的方法及程序进行介绍。投标人在领取招标文件后，按招标文件中工程量清单表格填写后的表格，即形成投标报价。

1. 编制投标总价封面

投标人编制投标报价时，由投标人单位注册的造价人员编制。投标人盖单位公章，法定代表人或其授权人签字或盖章；编制的造价人员（造价工程师或造价员）签字盖执业专用章。投标人的投标报价高于招标控制价的,其投标应予以拒绝。投标总价的封面的表格形式见表 3-16。

表 3-16 投标总价封面

_____工程

投 标 总 价

投 标 人:_____

(单位盖章)

年　　　月　　　日

2. 编制投标报价扉页

投标报价扉页(表 3-17)由投标人编制投标报价时填写。投标人编制投标报价时,编制人员必须是在投标人单位注册的造价人员。由投标人盖单位公章,法定代表人或其授权签字或盖章;编制的造价人员(造价工程师或造价员)签字盖执业专用章。

表 3-17　　　　　　　　　　　　　　　投标报价封面

投 标 总 价

招　　　标　　　人:＿＿＿＿＿＿＿＿＿＿＿＿＿＿＿＿＿＿＿＿＿＿＿＿＿

工　程　名　称:＿＿＿＿＿＿＿＿＿＿＿＿＿＿＿＿＿＿＿＿＿＿＿＿＿

投标总价(小写):＿＿＿＿＿＿＿＿＿＿＿＿＿＿＿＿＿＿＿＿＿＿＿＿＿

　　　　(大写):＿＿＿＿＿＿＿＿＿＿＿＿＿＿＿＿＿＿＿＿＿＿＿＿＿

投　　标　　人:＿＿＿＿＿＿＿＿＿＿＿＿＿＿＿＿＿＿＿＿＿＿＿＿＿
　　　　　　　　　　　　(单位盖章)

法定代表人
或其授权人:＿＿＿＿＿＿＿＿＿＿＿＿＿＿＿＿＿＿＿＿＿＿＿＿＿
　　　　　　　　　　　(签字或盖章)

编　　制　　人:＿＿＿＿＿＿＿＿＿＿＿＿＿＿＿＿＿＿＿＿＿＿＿＿＿
　　　　　　　　　(造价人员签字盖专用章)

时　　间:　　年　　月　　日

3. 编制投标报价总说明

投标报价总说明表格样式详见表3-3。

4. 编制建设项目招标控制价/投标报价汇总表

由于编制招标控制价和投标价包含的内容相同,只是对价格的处理不同,因此,招标控制价和投标报价汇总表使用同一表格(表3-18)。实践中,对招标控制价或投标报价可分别印制本表格。使用本表格编制投标报价时,汇总表中的投标总价与投标中标函中投标报价金额应当一致。如不一致时以投标中标函中填写的大写金额为准。

表 3-18　　　　　　　　　　建设项目招标控制价/投标报价汇总表

工程名称:　　　　　　　　　　　　　第　页共　页

序号	单项工程名称	金额(元)	其中:(元)		
			暂估价	安全文明施工费	规费
	合　　计				

注:本表适用于建设项目招标控制价或投标报价的汇总。

5. 编制单项工程招标控制价/投标报价汇总表

单项工程招标控制价/投标报价汇总表的样式见表3-19。

表 3-19　　　　　　　　　　单项工程招标控制价/投标报价汇总表

工程名称:　　　　　　　　　　　　　第　页共　页

序号	单位工程名称	金额(元)	其中		
			暂估价(元)	安全文明施工费(元)	规费(元)
	合　　计				

注:本表适用于单项工程招标控制价或投标报价的汇总。暂估价包括分部分项工程中的暂估价和专业工程暂估价。

6.编制单位工程招标控制价/投标报价汇总表

单位工程招标控制价/投标报价汇总表的样式见表3-20。

表 3-20   **单位工程招标控制价/投标报价汇总表**

工程名称：   标段：   第 页共 页

序号	汇总内容	金额(元)	其中:暂估价(元)
1	分部分项工程		
1.1			
1.2			
1.3			
2	措施项目		
2.1	其中:安全文明施工费		
3	其他项目		
3.1	其中:暂列金额		
3.2	其中:专业工程暂估价		
3.3	其中:计日工		
3.4	其中:总承包服务费		
4	规费		
5	税金		
	招标控制价合计＝1＋2＋3＋4＋5		

注:本表适用于单位工程招标控制价或投标报价的汇总,如无单位工程划分,单项工程也使用本表汇总。

7.编制分部分项工程和单价措施项目清单计价表

在填写分部分项工程和单价措施项目清单、综合单价分析表时,招标人对其中的项目编码、项目名称、项目特征、计量单位、工程数量不得作任何改动。投标人填写综合单价,与工程量汇总而成计价表,并应对综合单价进行综合单价分析。

分部分项工程和单价措施项目清单计价表样式详见表3-4。

8.编制综合单价分析表

综合单价分析表(表3-21)是评标委员会评审和判别综合单价组成和价格完整性、合理性的主要基础,对因工程变更、工程量偏差等原因调整综合单价也是必不可少的基础价格数据来源。采用经评审的最低投标价法评标时,本表的重要性更为突出。

(1)本表集中反映了构成每一个清单项目综合单价的各个价格要素的价格及主要的“工、料、机”消耗量。投标人在投标报价时,需要对每一个清单项目进行组价,为了使组价工作具有可追溯性(回复评标质疑时尤其需要),需要表明每一个数据的来源。

(2)本表一般随投标文件一同提交,作为竞标价的工程量清单的组成部分。以便中标后,作为合同文件的附属文件。投标人须知中需要就分析表提交的方式作出规定,该规定需要考虑是否有必要对分析表的合同地位给予定义。

(3)编制综合单价分析表时,对辅助性材料不必细列,可归并到其他材料费中以金额表示。

(4)编制招标控制价,使用本表应填写使用的省级或行业建设主管部门发布的计价定额名称。

(5)编制投标报价,使用本表可填写使用的企业定额名称,也可填写省级或行业建设主管部门发布的计价定额,如不使用则不填写。

(6)编制工程结算时,应在已标价工程量清单中的综合单价分析表中将确定的调整过后人工单价、材料单价等进行置换,形成调整后的综合单价。

表 3-21 综合单价分析表

工程名称: 标段: 第 页共 页

项目编码		项目名称		计量单位		工程量	
清单综合单价组成明细							

定额编号	定额项目名称	定额单位	数量	单 价				合 价			
				人工费	材料费	机械费	管理费和利润	人工费	材料费	机械费	管理费和利润

人工单价		小 计						
元/工日		未计价材料费						
清单项目综合单价								

材料费明细	主要材料名称、规格、型号	单位	数量	单价(元)	合价(元)	暂估单价(元)	暂估合价(元)
	其他材料费			—		—	
	材料费小计			—		—	

注:1. 如不使用省级或行业建设主管部门发布的计价依据,可不填定额项目、编号等。

2. 招标文件提供了暂估单价的材料,按暂估的单价填入表内"暂估单价"栏及"暂估合价"栏。

9. 编制总价措施项目清单与计价表

措施项目清单与计价表由投标人按其施工组织设计结合实际情况报价。总价措施项目清单与计价表样式见表3-5。

10. 编制其他项目清单与计价汇总表

投标人在填写其他项目清单与计价汇总表时,对于招标文件工程量清单提供的"暂列金额"与"专业工程暂估价"不作变动,对于"计日工"与"总承包服务费",投标人结合实际情况自行报价。

其他项目清单与计价汇总表样式见表3-6。

11. 编制规费、税金项目清单与计价表

在施工实践中,有的规费项目,如工程排污费,并非每个工程所在地都要征收,实践中可作为按实计算的费用处理。

规费、税金项目清单与计价表样式见表3-12。

12. 编制总价项目进度款支付分解表

总价项目进度款支付分解表样式见表 3-22。

表 3-22   **总价项目进度款支付分解表**

工程名称：   标段：   单位：元

序号	项目名称	总价金额	首次支付	二次支付	三次支付	四次支付	五次支付	
	安全文明施工费							
	夜间施工增加费							
	二次搬运费							
	社会保险费							
	住房公积金							
	合计							

编制人(造价人员)：   复核人(造价工程师)：

注：1. 本表应由承包人在投标报价时根据发包人在招标文件明确的进度款支付周期与报价填写，签订合同时，发承包双方可就支付分解协商调整后作为合同附件。

    2. 单价合同使用本表，"支付"栏时间应与单价项目进度款支付周期相同。

    3. 总价合同使用本表，"支付"栏时间应与约定的工程计量周期相同。

12. 编制主要材料、工程设备一览表

发包人提供材料和工程设备一览表样式见表 3-13，承包人提供主要材料和工程设备一览表(适用于造价信息差额调整法)样式见表 3-14，承包人提供主要材料和工程设备一览表(适用于价格指数调整法)样式见表 3-15。

第五节 某电气设备安装工程工程量清单编制实例

××电气设备安装　　工程

招标工程量清单

招　标　人：　　×××　　　　
（单位盖章）

造价咨询人：　　×××　　　
（单位盖章）

年　　月　　日

工程量清单

ＸＸ电气设备安装　　　工程

招标人：＿＿＿＿＿ＸＸＸ＿＿＿＿＿
（单位盖章）

工程造价
咨　询　人：＿＿＿＿＿ＸＸＸ＿＿＿＿＿
（单位资质专用章）

法定代表人
或其授权人：＿＿＿＿＿ＸＸＸ＿＿＿＿＿
（签字或盖章）

法定代表人
或其授权人：＿＿＿＿＿ＸＸＸ＿＿＿＿＿
（签字或盖章）

编制人：＿＿＿＿＿ＸＸＸ＿＿＿＿＿
（造价人员签字盖专用章）

复核人＿＿＿＿＿ＸＸＸ＿＿＿＿＿
（造价工程师签字盖专用章）

编制时间：ＸＸＸＸ年ＸＸ月ＸＸ日　　　复核时间：ＸＸＸＸ年ＸＸ月ＸＸ日

表 3-23   总 说 明

工程名称:××电气设备安装   第 页 共 页

1. 工程批准文号
2. 建设规模
3. 计划工期
4. 资金来源
5. 交通质量要求
6. 交通条件
7. 环境保护要求
8. 工程量清单编制依据

表 3-24   分部分项工程和单价措施项目清单与计价表

工程名称:××电气设备安装工程   标段: 第 页共 页

序号	项目编码	项目名称	项目特征描述	计量单位	工程量	金额(元)		
						综合单价	合 价	其中:暂估价
1	030401001001	油浸式电力变压器	油浸式电力变压器安装 SL₁－1000kV·A/10kV	台	1			
2	030401001002	油浸式电力变压器	油浸式电力变压器安装 SL₁－500kV·A/10kV	台	1			
3	030401002001	干式变压器	2500kV·A 干式电力变压器安装	台	2			
4	030404004001	低压开关柜	低压配电盘 基础槽钢[10 手工除锈 红丹防锈漆两遍	台	11			
5	030404018001	配电箱	总照明配电箱 OAP/XL－21	台	1			
6	030404018002	配电箱	总照明配电箱 1AL/kV4224/3	台	2			
7	030404018003	配电箱	总照明配电箱 2AL/kV4224/4	台	1			

表 3-24　　　　　　　　　　分部分项工程和单价措施项目清单与计价表

工程名称:××电气设备安装工程　　　　　　　　　　标段:　　　　　　第　页共　页

序号	项目编码	项目名称	项目特征描述	计量单位	工程量	金额(元)		
						综合单价	合价	其中:暂估价
8	030404031001	小电器	板式暗开关　单控双联	套	4			
9	030404031002	小电器	板式暗开关　单控单联	套	7			
10	030404031003	小电器	板式暗开关　单控三联	套	8			
11	030404031004	小电器	板式暗开关　声控节能开关单控单联	套	4			
12	030404031005	小电器	单相暗插座　15A　5 孔	套	33			
13	030404031006	小电器	单相暗插座　15A　3 孔	套	8			
14	030404031007	小电器	三相暗插座　15A　4 孔	套	5			
15	030404031008	小电器	防爆带表按钮　LA53—2A	台	6			
16	030404031009	小电器	防爆按钮	个	22			
17	030404031010	小电器	单相暗插座　20A　5 孔	套	33			
18	030406005001	普通交流同步电动机	防爆电机检查接线　3kW	台	1			
19	030406005002	普通交流同步电动机	防爆电机检查接线　13kW	台	6			
20	030406005003	普通交流同步电动机	防爆电机检查接线　30kW	台	6			
21	030406005004	普通交流同步电动机	防爆电机检查接线　55kW	台	3			
22	030408001001	电力电缆	敷设 35mm² 以内热缩铜芯电力电缆头	km	3.280			
23	030408001002	电力电缆	敷设 120mm² 以内热缩铜芯电力电缆头	km	0.341			
24	030408001003	电力电缆	敷设 240mm² 以内热缩铜芯电力电缆头	km	0.370			
25	030408001004	电力电缆	五芯电缆	m	7.30			
26	030408002001	控制电缆	控制电缆敷设 6 芯以内	km	2.760			
27	030408002002	控制电缆	控制电缆敷设 14 芯以内	km	0.210			
28	030411008001	接地装置	送配电装置系统　接地网	系统	1			

表 3-24　　　　　　　**分部分项工程和单价措施项目清单与计价表**

工程名称：××电气设备安装工程　　　　　　标段：　　　　　第　页共　页

序号	项目编码	项目名称	项目特征描述	计量单位	工程量	金额（元）		
						综合单价	合　价	其中：暂估价
29	030411001001	电气配管	DN50 钢管	m	7.30			
30	030411001002	电气配管	硬质阻燃管 Dg25	m	227.60			
31	030411001003	电气配管	硬质阻燃管 Dg15	m	211.70			
32	030411001004	电气配管	硬质阻燃管 Dg20	m	61.50			
33	030411004001	电气配线	铜芯线 6mm	m	111.60			
34	030411004002	电气配线	铜芯线 7mm	m	746.50			
35	030411004003	电气配线	铜芯线 8mm	m	116.40			
36	030411004004	电气配线	铜芯线 9mm	m	476.00			
37	030409002001	接地装置	40×4 母线	m	700.00			
38	030409002002	接地装置	25×4 母线	m	220.00			
39	030412001001	普通吸顶灯及其他灯具	单管吸顶灯	套	10			
40	030412001002	普通吸顶灯及其他灯具	半圆球吸顶灯直径 300mm	套	15			
41	030412001003	普通吸顶灯及其他灯具	半圆球吸顶灯直径 250mm	套	2			
42	030412001004	普通吸顶灯及其他灯具	软线吊灯	套	2			
43	030412002001	工厂灯	圆球形工厂灯（吊管）	套	9			
44	030412004001	装饰灯	LED 装饰灯 10mm×300cm	套	5			
45	030412004002	装饰灯	LED 装饰灯 10mm×500cm	套	10			
46	030412005001	荧光灯	吊链式筒式荧光灯 YG2－1	套	10			
47	030412005002	荧光灯	吊链式筒式荧光灯 YG2－2	套	26			
48	030412005003	荧光灯	吊链式荧光灯 YG16－3	套	4			
49	030412002002	工厂灯	高压水银荧光灯（带整流器）	套	108			
50	030412002003	工厂灯	直杆式隔爆型防爆安全灯	套	114			
51	011701001001	综合脚手架	测试电动装置、安全锁等	m²	39.00			
52	011701007001	整体提升架	测试电动装置、安全锁等	m²	21.50			
			合　　计					

表 3-25　　　　　　　　　　　　　　　　　**总价措施项目清单与计价表**

工程名称：　　　　　　　　　　　标段：　　　　　　　　　　第　页共　页

序号	项目编码	项目名称	计算基础	费率（％）	金额（元）	调整费率（％）	调整后金额(元)	备注
		安全文明施工费						
		夜间施工增加费						
		二次搬运费						
		冬雨季施工增加费						
		已完工程及设备保护费						
		合 计						

编制人(造价人员)：　　　　　　　　　　复核人(造价工程师)：

表 3-26　　　　　　　　　　　　　　　　　**其他项目清单与计价汇总表**

工程名称：××电气设备安装工程　　　　　　　标段：　　　　　　第　页共　页

序　号	项目名称	计量单位	金额(元)	备　注
1	暂列金额	项	10000.00	明细详见表 3-27
2	暂估价			
2.1	材料(工程设备)暂估价/结算价		—	明细详见表 3-28
2.2	专业工程暂估价/结算价	项	0.00	
3	计日工			明细详见表 3-29
4	总承包服务费			
	合　　　计			—

表 3-27 　　　　　　　　　　　　**暂列金额明细表**

工程名称:××电气设备安装工程　　　　　　　　标段:　　　　　　　第　页共　页

序　号	项　目　名　称	计量单位	暂列金额(元)	备　注
1	政策性调整和材料价格风险	项	7500.00	
2	其他	项	2500.00	
	合　计		10000.00	—

表 3-28 　　　　　　　　　　　**材料(工程设备)暂估单价及调整表**

工程名称:　　　　　　　　　　标段:　　　　　　　　第　页共　页

序号	材料(工程设备)名称、规格、型号	计量单位	数量		暂估(元)		确认(元)		差额(元)		备注
			暂估	确认	单价	合价	单价	合价	单价	合价	
1	槽钢	t	0.2		5000.00	1000.00					用于 500kV·A 油浸式电力变压器安装
2	槽钢	t	0.5		5000.00	2500.00					用于 2500kV·A 干式电力变压器安装
3	低压配电盘(落地式)	台	11		300.00	3300.00					用于低压开关柜
	(其他略)										
	合　计					42500.00					

表 3-29 计 日 工 表

工程名称：××电气设备安装工程　　　　标段：　　　　　　第　页共　页

编　号	项目名称	单　位	暂定数量	综合单价	合　价
一	人　工				
1	高级技术工人	工时	10		
2	技术工人	工时	12		
	人工小计				
二	材　料				
1	电焊条结 422	kg	3.00		
2	型材	kg	10.00		
	材料小计				
三	施工机械				
1	直流电焊机 20kW	台班	3		
2	交流电焊机 1kV·A	台班	2		
	施工机械小计				
四、企业管理费和利润					
	总　计				

表 3-30 规费、税金项目计价表

工程名称： 标段： 第 页共 页

序号	项目名称	计算基础	计算基数	计算费率(%)	金额(元)
1	规　费	定额人工费			
1.1	社会保险费	定额人工费			
(1)	养老保险费	定额人工费			
(2)	失业保险费	定额人工费			
(3)	医疗保险费	定额人工费			
(4)	工伤保险费	定额人工费			
(5)	生育保险费	定额人工费			
1.2	住房公积金	定额人工费			
1.3	工程排污费	按工程所在地环境保护部门收取标准,按实计入			
2	税金	分部分项工程费＋措施项目费＋其他项目费＋规费－按规定不计税的工程设备金额			
	合计				

编制人： 复核人(造价工程师)：

第六节 某电气设备安装工程工程量清单计价编制实例

工程量清单计价包括招标控制价、投标总价和竣工结算总价的编制,本书因限于篇幅,只列出了××电气设备安装工程工程量清单投标报价编制部分。

　　　　　××电气设备安装　　　　工程

投　标　总　价

投　标　人:　　　**×××**　　　
　　　　　　　　(单位盖章)

年　　月　　日

投 标 总 价

招 标 人：<u>××××</u>

工 程 名 称：<u>××电气设备安装工程</u>

投标总价(小写)：<u>211470.97</u>

（大写）：<u>贰拾壹万壹仟肆佰柒拾元玖角柒分</u>

投 标 人：<u>　　　　××××　　　　</u>

（单位盖章）

法定代表人
或其授权人：<u>　　　　××××　　　　</u>

（签字或盖章）

编 制 人：<u>　　　　××××　　　　</u>

（造价人员签字盖专用章）

编制时间：××××年××月××日

表 3-31　　　　　　　　　　　　　　　**总　说　明**

工程名称:××电气设备安装工程　　　　　　　　　　　　　　　　　　第　页共　页

---

1. 编制依据:

1.1　建设方提供的工程施工图、《××电气设备安装工程投标邀请书》、《投标须知》、《××电气设备安装工程招标答疑》等一系列招标文件。

1.2　××市建设工程造价管理站××××年第×期发布的材料价格,并参照市场价格。

2. 报价需要说明的问题:

2.1　该工程因无特殊要求,故采用一般施工方法。

2.2　因考虑到市场材料价格近期波动不大,故主要材料价格在××市建设工程造价管理站××××年第×期发布的材料价格基础上下浮动3%。

3. 综合公司经济现状及竞争力,公司所报费率如下:(略)

4. 税金按 3.413% 计取。

表 3-32　　　　　　　　　　　　　**建设项目投标报价汇总表**

工程名称:××电气设备安装工程　　　　　标段:　　　　　　　　　　第　页共　页

序号	单项工程名称	金额(元)	其　中		
			暂估价(元)	安全文明施工费(元)	规费(元)
1	××电气设备安装工程	211470.97	42500.00	14570.60	11534.38
	合　　计	211470.97	42500.00	114570.60	11534.38

表 3-33   **单项工程投标报价汇总表**

工程名称:××电气设备安装工程   标段: 第 页共 页

序号	单位工程名称	金额(元)	其 中		
			暂估价(元)	安全文明施工费(元)	规费(元)
1	××电气设备安装工程	211470.97	42500.00	14570.60	11534.38
	合　计	211470.97	42500.00	14570.60	11534.38

表 3-34   **单位工程投标报价汇总表**

工程名称:××电气设备安装工程   标段: 第 页共 页

序号	汇总内容	金额(元)	其中:暂估价(元)
1	分部分项	145705.98	42500.00
1.1	D. 电气设备安装工程	145705.98	42500.00
2	措施项目	33553.61	—
2.1	安全文明施工费	14570.60	—
3	其他项目	13697.70	—
3.1	暂列金额	10000.00	—
3.2	计日工	3697.70	—
3.3	总承包服务费	0.00	—
4	规　费	11534.38	—
5	税　金	6979.30	—
	投标报价合计＝1＋2＋3＋4＋5	211470.97	42500.00

表 3-35   分部分项工程量清单与计价表

工程名称：××电气设备安装工程   标段：   第 页共 页

序号	项目编码	项目名称	项目特征描述	计量单位	工程量	金额（元）		
						综合单价	合价	其中：暂估价
1	030401001001	油浸式电力变压器	油浸式电力变压器安装 SL₁−1000kV·A/10kV	台	1	8340.35	8340.35	
2	030401001002	油浸式电力变压器	油浸式电力变压器安装 SL₁−500kV·A/10kV	台	1	2956.04	2956.04	1000.00
3	030401002001	干式电力变压器	2500kV·A 干式电力变压器安装	台	2	2262.10	4524.20	2500.00
4	030404004001	低压开关柜	低压配电盘 基础槽钢[10 手工除锈 红丹防锈漆两遍	台	11	503.17	5534.83	3300.00
5	030404018001	配电箱	总照明配电箱 OAP/XL−21	台	1	3244.92	3244.92	2000.00
6	030404018002	配电箱	总照明配电箱 1AL/kV4224/3	台	2	710.39	1420.78	1000.00
7	030404018003	配电箱	总照明配电箱 2AL/kV4224/4	台	1	710.39	710.39	500.00
8	030404031001	小电器	板式暗开关 单控双联	套	4	9.07	36.28	
9	030404031002	小电器	板式暗开关 单控单联	套	7	17.54	122.78	
10	030404031003	小电器	板式暗开关 单控三联	套	8	12.38	99.04	
11	030404031004	小电器	板式暗开关 声控节能开关 单控单联	套	4	7.54	30.16	
12	030404031005	小电器	单相暗插座 15A 5孔	套	33	15.39	507.87	
13	030404031006	小电器	单相暗插座 15A 3孔	套	8	19.60	156.80	
14	030404031007	小电器	三相暗插座 15A 4孔	套	5	36.40	182.00	
15	030404031008	小电器	防爆带表按钮 LA53—2A	台	6	137.59	825.54	
16	030404031009	小电器	防爆按钮	个	22	47.12	1036.57	
17	030404031010	小电器	单相暗插座 20A 5孔	套	33	15.39	507.87	

表 3-35   **分部分项工程量清单与计价表**

工程名称:××电气设备安装工程   标段: 第 页共 页

序号	项目编码	项目名称	项目特征描述	计量单位	工程量	金额(元)		
						综合单价	合 价	其中:暂估价
18	030406005001	普通交流同步电动机	防爆电机检查接线 3kW	台	1	556.98	556.98	
19	030406005002	普通交流同步电动机	防爆电机检查接线 13kW	台	6	856.32	5137.92	
20	030406005003	普通交流同步电动机	防爆电机检查接线 30kW	台	6	1185.83	7114.98	
21	030406005004	普通交流同步电动机	防爆电机检查接线 55kW	台	3	1710.21	5130.63	
22	030408001001	电力电缆	敷设 35mm² 以内热缩铜芯电力电缆头	km	3.280	7933.22	26020.95	14000.00
23	030408001002	电力电缆	敷设 120mm² 以内热缩铜芯电力电缆头	km	0.341	18025.91	6146.84	4000.00
24	030408001003	电力电缆	敷设 240mm² 以内热缩铜芯电力电缆头	km	0.370	24937.41	9226.84	5200.00
25	030408001004	电力电缆	五芯电缆	m	7.300	165.75	1209.98	
26	030408002001	控制电缆	控制电缆敷设 6 芯以内	km	2.760	4186.31	11554.20	8000.00
27	030408002002	控制电缆	控制电缆敷设 14 芯以内	km	0.210	9058.85	1902.36	1000.00
28	030411008001	接地装置	送配电装置系统 接地网	系统	1.000	714.24	714.24	
29	030411001001	电气配管	钢管	m	7.300	30.00	219.00	
30	030411001002	电气配管	硬质阻燃管 Dg25	m	227.60	7.89	1796.76	
31	030411001003	电气配管	硬质阻燃管 Dg15	m	211.70	5.28	1117.78	
32	030411001004	电气配管	硬质阻燃管 Dg20	m	61.50	6.54	402.21	
33	030411004001	电气配线	铜芯线 6mm	m	111.60	2.56	285.70	
34	030411004002	电气配线	铜芯线 7mm	m	746.50	2.56	1911.04	
35	030411004003	电气配线	铜芯线 8mm	m	116.40	1.83	213.01	

表 3-35　　　　　　　　分部分项工程量清单与计价表

工程名称：××电气设备安装工程　　　　　标段：　　　　　第　页共　页

序号	项目编码	项目名称	项目特征描述	计量单位	工程量	金额（元）		
						综合单价	合价	其中：暂估价
36	030411004004	电气配线	铜芯线 9mm	m	476.000	1.51	718.76	
37	030409002001	接地母线	40×4 母线	m	700.000	19.43	13601.00	
38	030409002002	接地母线	25×4 母线	m	220.000	19.43	4274.60	
39	030412001001	普通吸顶灯及其他灯具	单管吸顶灯	套	10	58.57	585.70	
40	030412001002	普通灯具	半圆球吸顶灯直径 300mm	套	15	64.09	961.35	
41	030412001003	普通灯具	半圆球吸顶灯直径 250mm	套	2	64.09	128.18	
42	030412001004	普通灯具	软线吊灯	套	2	9.18	18.36	
43	030412002001	工厂灯	圆球形工厂灯（吊管）	套	9	18.08	162.72	
44	030412004001	装饰灯	LED 装饰灯 10mm×300cm	套	5	102.44	512.20	
45	030412004002	装饰灯	LED 装饰灯 10mm×500cm	套	10	53.57	535.70	
46	030412005001	荧光灯	吊链式简式荧光灯 YG2-1	套	10	47.10	471.00	
47	030412005002	荧光灯	吊链式简式荧光灯 YG2-2	套	26	58.45	1519.70	
48	030412005003	荧光灯	吊链式荧光灯 YG16-3	套	4	66.26	265.04	
49	030412002002	工厂灯	高压水银荧光灯（带整流器）	套	108	56.60	6112.80	
50	030412002003	工厂灯	直杆式隔爆型防爆安全灯	套	114	43.35	4941.90	
51	011701001001	综合脚手架	测试电动装置、安全锁等	m²	400	24.63	9851.95	
52	011701007001	整体提升架	测试电动装置、安全锁等	m²	100	26.74	2674.00	
合　　计							158231.93	42500.00

表 3-36 综合单价分析表

工程名称:××电气设备安装工程　　　　标段:　　　　　　　　　　第　页共　页

项目编码	030412004001	项目名称	装饰灯	计量单位	套	工程量	5

清单综合单价组成明细

定额编号	定额名称	定额单位	数量	单价				合价			
				人工费	材料费	机械费	管理费和利润	人工费	材料费	机械费	管理费和利润
2—1403	LED装饰灯	10套	0.1	31.02	19.88		51.534	31.02	19.88		51.534
人工单价			小　计					31.02	19.88		51.534
54元/工日			未计价材料费								
清单项目综合单价								102.44			

	主要材料名称、规格、型号	单位	数量	单价(元)	合价(元)	暂估单价(元)	暂估合价(元)
材料明细	成套灯具	套	(1.01)	14.91	(15.06)		
	塑料绝缘 BV—105℃—2.5mm²	m	0.610	1.08	0.66		
	花线 2×23/0.15	m	0.519	2.01	1.04		
	铜接线端子20A	个	0.102	0.31	0.03		
	圆木台150~250	块	0.105	9.13	0.96		
	圆钢 $\phi 5.5 \sim \phi 9$	kg	0.208	2.86	0.59		
	瓷接头(双)	个	0.154	0.46	0.07		
	精制六角带帽螺栓带垫 M10×80~130	套	0.306	0.75	0.23		
	膨胀螺栓 M12	套	0.183	2.08	0.38		
	冲击钻头 $\phi 12$	只	0.050	5.43	0.27		
	其他材料费			—	0.58	—	
	材料费小计			—	19.88	—	

表 3-37   **总价措施项目清单与计价表**

工程名称：   标段：   第 页共 页

序号	项目编码	项目名称	计算基础	费率（%）	金额（元）	调整费率（%）	调整后金额(元)	备注
1		安全文明施工费	定额人工费	25	14570.60			
2		夜间施工增加费	定额人工费	1.5	874.24			
3		二次搬运费	定额人工费	1.0	582.82			
4		冬雨季施工增加费			3000			
5		已完工程及设备保护费			2000			
		合计			21027.66			

编制人(造价人员)：   复核人(造价工程师)：

表 3-38   **其他项目清单与计价汇总表**

工程名称：××电气设备安装工程   标段：   第 页共 页

序号	项目名称	计量单位	金额（元）	备注
1	暂列金额	项	10000.00	明细详见表 3-39
2	暂估价		0.00	
2.1	材料暂估价		—	明细详见表 3-40
2.2	专业工程暂估价	项	0.00	
3	计日工		3697.70	明细详见表 3-41
4	总承包服务费		0.00	
	合 计		13697.70	

表 3-39   **暂列金额明细表**

工程名称:××电气设备安装工程   标段: 第 页共 页

序号	项目名称	计量单位	暂列金额(元)	备 注
1	政策性调整和材料价格风险	项	7500.00	
2	其 他	项	2500.00	
	合 计		10000.00	—

表 3-40   **材料暂估单价表**

工程名称:××电气设备安装工程   标段: 第 页共 页

序号	材料(工程设备)名称、规格、型号	计量单位	数量		暂估(元)		确认(元)		差额(元)		备注
			暂估	确认	单价	合价	单价	合价	单价	合价	
1	槽钢	t	0.2		5000.00	1000.00					用于 500kV·A 油浸式电力变压器安装
2	槽钢	t	0.5		5000.00	2500.00					用于 2500kV·A 干式电力变压器安装
3	低压配电盘(落地式)	台	11		300.00	3300.00					用于低压开关柜
	(其他略)										
	合 计					42500.00					

表 3-41

计 日 工 表

工程名称:××电气设备安装工程　　　　标段:　　　　　　第 页共 页

编号	项目名称	单位	暂定数量	综合单价	合　价
一	人　工				
1	高级技术工人	工时	10	150.00	1500.00
2	技术工人	工时	12	120.00	1440.00
	人 工 小 计				2940.00
二	材　料				
1	电焊条结 422	kg	3.00	5.50	16.50
2	型　材	kg	10.00	4.70	47.00
	材 料 小 计				63.50
三	施工机械				
1	直流电焊机 20kW	台班	3	35.00	105.00
2	交流电焊机 1kV·A	台班	2	30.00	60.00
	施工机械小计				165.00
四、企业管理费和利润　按人工费的18%计					529.20
总　　　计					3697.70

表 3-42 规费、税金项目计价表

工程名称： 标段： 第 页共 页

序号	项目名称	计算基础	计算基数	计算费率(%)	金额(元)
1	规费	定额人工费			11534.38
1.1	社会保险费	定额人工费	(1)+(2)+(3)+(4)+(5)		7751.55
(1)	养老保险费	定额人工费	人工费	3.5	2039.88
(2)	失业保险费	定额人工费	人工费	2	1165.65
(3)	医疗保险费	定额人工费	人工费	6	3496.94
(4)	工伤保险费	定额人工费	人工费	1.0	582.82
(5)	生育保险费	定额人工费	人工费	0.8	466.26
1.2	住房公积金	定额人工费	人工费	6	3496.94
1.3	工程排污费	按工程所在地环境保护部门收取标准,按实计入	税前工程造价	0.14	285.89
2	税金	分部分项工程费+措施项目费+其他项目费+规费—按规定不计税的工程设备金额	分部分项和单价措施项目工程费+总价措施项目费+其他项目费+规费	3.413	6979.30
	合计				18513.68

编制人： 复核人(造价工程师)：

本章思考重点

1. 工程量清单编制的内容是什么？
2. 工程量清单的编制程序是怎样的？
3. 如何编制安装工程工程量清单？
4. 安装工程工程量清单计价方法及程序是怎样的？

第四章　安装工程工程量计算

工程量计算是编制工程量清单的重要组成部分,同时也是确定建筑安装工程费用,编制施工规划,安排工程施工进度,编制材料供应计划,进行工程统计和经济核算的重要依据。本章工程量计算规则是按照《通用安装工程工程量计算规范》(GB 50856－2013)编写的。

第一节　电气设备安装工程

电气设备安装工程清单项目划分为变压器安装,配电装置安装,母线安装,控制设备及低压电器安装,蓄电池安装,电机检查接线及调试,滑触线装置安装,电缆安装,防雷及接地装置,10kV 以下架空配电线路,配管、配线,照明器具安装,附属工程电气调整试验共十四部分,适用于10kV 以下变配电设备及线路的安装工程。

一、变压器安装(编码:030401)

1. 油浸电力变压器工程量计算

油浸电力变压器依靠油作冷却介质,如油浸自冷、油浸风冷、油浸水冷及强迫油循环等。一般升压站的主变都是油浸式的,变比是 20kV/500kV 或 20kV/220kV,一般发电厂用于带动带自身负载(比如磨煤机、引风机、送风机、循环水泵等)的厂用变压器也是油浸式变压器,它的变比是20kV/6kV。其工作内容包括:本体安装,基础型钢制作、安装,油过滤,干燥,接地,网门和保护门制作、安装,补刷(喷)油漆。

油浸电力变压器安装工程计量单位为"台"。按设计图示数量,区别不同容量以"台"计算。

2. 干式变压器工程量计算

干式变压器是铁芯和绕组均不浸于绝缘液体中的变压器。一般公共配电网或工业电网中的变压器,其绝缘水平应符合表 4-1 的规定。

表 4-1　　　　干式变压器的绝缘水平

标称系统电压 (方均根值)	设备最高电压 U_m (方均根值)	额定短时外施耐受电压 (方均根值)	额定雷电冲击耐受电压(峰值)	
			组Ⅰ	组Ⅱ
≤1	≤1.1	3	—	—
3	3.6	10	20	40
6	7.2	20	40	60
10	12	35	60	75
15	17.5	38	75	95
20	24	50	95	125
35	40.5	70	145	170

干式变压器应区分全封闭干式变压器、封闭干式变压器和非封闭干式变压器。其工作内容包

括:本体安装,基础型钢制作、安装,温控箱安装,接地,网门和保护门制作、安装,补刷(喷)油漆。

干式变压器工程量以"台"为计量单位,按设计图示数量计算。

3. 整流变压器工程量计算

整流变压器是整流设备的电源变压器,其功能为供给整流系统适当的电压,减小因整流系统造成的波形畸变对电网的污染。其工作内容包括:本体安装,基础型钢制作、安装,油过滤,干燥,网门和保护门制作、安装,补刷(喷)油漆。

整流变压器工程量以"台"为计量单位,按设计图示数量计算。

4. 自耦变压器工程量计算

自耦变压器是指它的绕组一部分是高压边和低压边共用的,另一部分只属于高压边。根据结构一般有可调压式和固定式两种。其工作内容包括:本体安装,基础型钢制作、安装,油过滤,干燥,网门和保护门制作、安装,补刷(喷)油漆。

自耦式变压器工程量计算以"台"为计量单位,按设计图示数量计算。

5. 有载调压变压器工程量计算

有载调压变压器利用分接开关改变一次侧或二次侧绕组函数来实现电压的调整。其工作内容及工程量计算规则同自耦变压器。

6. 电炉变压器工程量计算

电炉变压器是作为各种电炉的电源用的变压器。电炉变压器按不同用途可分为电弧炉变压器、工频感应器、工频感应炉变压器、电阻炉变压器、矿热炉变压器、盐浴炉变压器。电炉变压器具有损耗低、噪声小、维护简便、节能效果显著等特点。电炉变压器的容量一般为 $1800 \sim 12500kV \cdot A$。其工作内容包括:本体安装,基础型钢制作、安装,网门和保护门制作、安装,补刷(喷)油漆。

电炉变压器工程量计算以"台"为计量单位,按设计图示数量计算。

7. 消弧线圈工程量计算

消弧线圈是一种绕组带有多个分接头、铁芯带有气隙的电抗器。消弧线圈的作用是当电网发生单相接地故障后,提供一电感电流,补偿接地电容电流,使接地电流减小,也使得故障相接地电弧两端的恢复电压速度降低,达到熄灭电弧的目的。当消弧线圈正确调谐时,不仅可以有效地减少产生弧光接地过电压的几率,还可以有效地抑制过电压的辐值,同时也最大限度地减小了故障点热破坏作用及接地网的电压等。其工作内容包括:本体安装,基础型钢制作、安装,油过滤,干燥,补刷(喷)油漆。

消弧线圈工程量计算以"台"为计量单位,按设计图示数量计算。

二、配电装置安装(编码:030402)

1. 油断路器工程量计算

油断路器是指以密封的绝缘油作为开断故障的灭弧介质的一种开关设备,有多油断路器和少油断路器两种形式。

(1)油断路器的工作原理。当油断路器开断电路时,只要电路中的电流超过 0.1A,电压超过几十伏,在断路器的动触头和静触头之间就会出现电弧,而且电流可以通过电弧继续流通,只有当触头之间分开足够的距离时,电弧熄灭后电路才断开。10kV 少油断路器开断 20kA 时的电弧功率可达一万千瓦以上,断路器触头之间产生的电弧弧柱温度可达六七千摄氏度,甚至超过 1 万摄氏度。

（2）电弧熄灭过程。当断路器的动触头和静触头互相分离的时候产生电弧，电弧高温使其附近的绝缘油蒸发气化和发生热分解，形成灭弧能力很强的气体（主要是氢气）和压力较高的气泡，使电弧很快熄灭。

油断路器工作内容包括：本体安装、调试，基础型钢制作、安装，油过滤，补刷（喷）油漆，接地。其工程量以"台"为计量单位，按设计图示数量计算。

2. 真空断路器工程量计算

（1）真空断路器因其灭弧介质和灭弧后触头间隙的绝缘介质都是高真空而得名。其具有体积小、重量轻、适用于频繁操作、灭弧不用检修的优点，在配电网中应用较为普及。

（2）真空断路器主要包含三大部分：真空灭弧室、电磁或弹簧操纵机构、支架及其他部件。

（3）真空断路器在电路中作接通、分断和承载额定工作电流和短路、过载等故障电流，并能在线路和负载发生过载、短路、欠压等情况下，迅速分断电路，进行可靠的保护。真空断路器的动、静触头及触杆设计形式多样，但提高断路器的分断能力是主要目的。目前，利用一定的触头结构，限制分断时短路电流峰值的限流原理，对提高断路器的分断能力有明显的作用，而被广泛采用。

真空断路器其工作内容包括：本体安装、调试，基础型钢制作、安装，补刷（喷）油漆，接地。其工程量以"台"为计量单位，按设计图示数量计算。

3. SF_6 断路器工程量计算

SF_6 高压断路器的额定压力一般是 0.4～0.6MPa（表压），通常这时是指环境温度为 20℃时的压力值。温度不同时，SF_6 气体的压力也不同，充气或检查时，必须查对 SF_6 气体温度压力曲线，同时要比对产品说明书。其工作内容包括：本体安装、调试，基础型钢制作、安装，补刷（喷）油漆，接地。

SF_6 高压断路器工程量以"台"为计量单位，按设计图示数量计算。

4. 空气断路器工程量计算

空气断路器是利用高压空气灭弧的一种断路器，压缩空气压力可分为 1.5MPa、2.0MPa、2.5MPa 等，造价为油断路器的 1.5～2 倍，而且要有压缩空气设备。其工作内容包括：本体安装、调试，基础型钢制作、安装，补刷（喷）油漆，接地。

空气断路器工程量以"台"为计量单位，按设计图示数量计算。

5. 真空接触器工程量计算

真空接触器的组成部分与一般空气接触器相似，不同的是真空接触器的触头密封在真空灭弧中，其特点是接通和分断电流大，额定操作电压较高。

真空接触器用于交流 50Hz，主回路额定工作电压 1140V、660V、380V 的配电系统，供频繁操作较大的负荷电流用，在工业企业被广泛选用，特别适用于环境恶劣和易燃易爆危险场所。其工作内容包括：本体安装、调试，补刷（喷）油漆，接地。

真空接触器工程量以"台"为计量单位，按设计图示数量计算。

6. 隔离开关工程量计算

隔离开关是将电气设备与电源进行电气隔离或连接的设备。开关无论垂直或水平安装，刀片均应垂直板面上；在混凝土基础上时，刀片底部与基础间应有不小于 50mm 的距离。开关动触片与两侧压板的距离应调整均匀。合闸后，接触面应充分压紧，刀片不得摆动。刀片与母线直接连接时，母线固定端必须牢固。

隔离开关工作内容同真空接触器。其工程量以"组"为计量单位,按设计图示数量计算。

7. 负荷开关工程量计算

负荷开关是一种介于隔离开关与断路器之间的电气设备,负荷开关比普通隔离开关多了一套灭弧装置和快速分断机构。其工作内容包括本体安装、调试,补刷(喷)油漆,接地。

负荷开头安装时手柄向上合闸,不得倒装或平装,以防止闸刀在切断电流时,刀片和夹座间产生电弧。并应使刀片和夹座成直线接触,且应接触紧密,支座应有足够压力,刀片或夹座不应歪扭。接线时,应把电源接在开关的上方进线接线座上,电动机的引线接下方的出线座。

负荷开关工作内容同真空接触器。其工程量以"组"为计量单位,按设计图示数量计算。

8. 互感器工程量计算

互感器是一种特种变压器,按用途不同分为电压互感器和电流互感器。互感器的功能是将高电压或大电流按比例变换成标准低电压(100V)或标准小电流(5A 或 10A,均指额定值),以便实现测量仪表、保护设备及自动控制设备的标准化、小型化。互感器还可用来隔开高电压系统,以保证人身和设备的安全。其安装后还需干燥。互感器工作内容包括:本体安装、调试,干燥,油过滤,接地。

互感器工程量以"台"为计量单位,按设计图示数量计算。

9. 高压熔断器工程量计算

高压熔断器主要用于高压输电线路、电压变压器、电压互感器等电器设备的过载和短路保护。高压熔断器的结构一般包括熔丝管、接触导电部分、支持绝缘子和底座等部分,熔丝管中填充用于灭弧的石英砂细粒。熔件是利用熔点较低的金属材料制成的金属丝或金属片,串联在被保护电路中,当电路或电路中的设备过载或发生故障时,熔件发热而熔化,从而切断电路,达到保护电路或设备的目的。熔断器安装时,安装位置及相互间距离应便于更换熔体;更换熔丝时,应切断电源,更不允许带负荷换熔丝,并应换上相同额定电流的熔丝;有熔断指示的熔芯,其指示器的方向应装在便于观察侧;瓷质熔断器在金属底板上安装时,其底座应垫软绝缘衬垫。安装螺旋式熔断器时,应将电源线接至瓷底座的接线端,以保证安全。如是管式熔断器应垂直安装;安装应保证熔体和插刀以及插刀和刀座接触良好,以免因熔体温度升高发生误动作。安装熔体时,必须注意不要使它受机械损伤,以免减少熔体截面积,产生局部发热而造成误动作。其工作内容包括:本体安装、调试,接地。

高压熔断器工程量以"组"为计量单位,按设计图示数量计算。

10. 避雷器工程量计算

避雷器是能释放雷电或兼能释放电力系统操作过电压能量,保护电工设备免受瞬时过电压危害,又能截断续流,不致引起系统接地短路的电器装置。避雷器通常接于带电导线与地之间,且与被保护设备并联。当过电压值达到规定的动作电压时,避雷器立即动作,流过电荷,限制过电压幅值,保护设备绝缘;电压值正常后,避雷器又迅速恢复原状,以保证系统正常供电。其工作内容包括:本体安装,接地。

避雷器工程量以"组"为计量单位,按设计图示数量计算。

11. 干式电抗器工程量计算

干式电抗器是绕组和铁芯(如果有)不浸于液体绝缘介质中的电抗器。

电抗器的作用主要如下:

(1)轻空载或轻负荷线路上的电容效应,以降低工频暂态过电压。

（2）改善长输电线路上的电压分布。

（3）使用轻负荷时,线路中的无功功率尽可能就地平衡,防止无功功率不合理流动,同时,也减轻了线路上的功率损失。

（4）在大机组与系统并列时,降低高压母线上工频稳态电压,便于发电机同期并列。

（5）防止发电机带长线路可能出现的自励磁谐振现象。

（6）当采用电抗器中性点经小电抗接地装置时,还可用小电抗器补偿线路相间及相地电容,以加速潜供电流自动熄灭,便于采用。

干式电抗器工作内容包括:本体安装,干燥。其工程量以"组"为计量单位,按设计图示数量计算。

12. 油浸电抗器工程量计算

油浸电抗器是绕组和铁芯(如果有)均浸渍于液体绝缘介质中的电抗器。其工作内容包括:本体安装,油过滤,干燥。

油浸电抗器工程量以"台"为计量单位,按设计图示数量计算。

13. 移相及串联电容器工程量计算

电容器有并联电容器、串联电容器及集合式电容器。并联电容器指并联连接于电力网中,主要用来补偿感性无功功率以改善功率因数的电容器;串联电容器是串联连接于电力线路中,主要用来补偿电力线路感抗的电容器。其工作内容包括:本体安装,接地。

移相及串联电容器工程量以"个"为计量单位,按设计图示数量计算。

14. 集合式并联电容器工程量计算

集合式电容器是将电容器单元集中装于一个容器(或油箱)中的电容器。其工作内容包括:本体安装,接地。

集合式并联电容器以"个"为计量单位,按设计图示数量计算。

15. 并联补偿电容器组架工程量计算

并联补偿电容器组架一般是以金属薄膜为电极,以绝缘纸或其他绝缘材料制成的薄膜为介质,再由多个电容元件串联和并联组成的电容部件。

并联电容器是一种无功补偿设备,通常(集中补偿式)接在变电站的低压母线上,其主要作用是补偿系统的无功功率,提高功率因数,从而降低电能损耗,提高电压质量和设备利用率。并联补偿电容器组架常与有载调压变压器配合使用。其工作内容包括:本体安装,接地。

并联补偿电容器组架工程量以"台"为计量单位,按设计图示数量计算。

16. 交流滤波装置组架工程量计算

交流滤波装置组架由电感、电容和电阻适当组合而成。交流滤波装置组架用来滤除电源里除 $50Hz$ 交流电之外其他频率的杂波、尖峰、浪涌干扰,使下游设备得到较纯净的 $50Hz$ 交流电。其工作内容包括:本体安装,接地。

交流滤波装置组架工程量以"台"为计量单位,按设计图示数量计算。

17. 高压成套配电柜工程量计算

高压成套配电柜是指按电气主要接线的要求,按一定顺序将电气设备成套布置在一个或多个金属柜内的配电装置。

配电柜安装的工作内容包括:本体安装,基础型钢制作、安装,补刷(喷)油漆,接地。其工程量以"台"为计量单位,按设计图示数量计算。

18. 组合型成套箱式变电站工程量计算

组合型成套箱式变电站是把所有的电气设备按配电要求组成电路,集中装于一个或数个箱子内构成的变电站。其工作内容包括:本体安装,基础浇筑,进箱母线安装,补刷(喷)油漆,接地。

组合型成套箱式变电站工程量以"台"为计量单位,按设计图示数量计算。

三、母线安装(编码:030403)

1. 软母线工程量计算

软母线是指在发电厂和变电所的各级电压配电装置中,将发动机、变压器与各种电器连接的导线。软母线一般用于室外,因空间大,导线有所摆动也不至于造成线间距离不够。

软母线截面为圆形,容易弯曲,制作方便,造价低廉。

常用的软母线采用的是铝绞线(由很多铝丝缠绕而成),有的为了加大强度,采用钢芯铝绞线。按软母线的截面面积分类,有50mm、70mm、95mm、120mm、150mm、240mm等。

软母线工作内容包括:母线安装,绝缘子耐压试验,跳线安装,绝缘子安装。其工程量以"m"为计量单位,按设计图示尺寸以单相长度计算(含预留长度)。软母线安装预留长度见表4-2;硬母线配置安装预留长度见表4-3;盘、箱、柜的外部进出线预留长度见表4-4。

表4-2 软母线安装预留长度 （单位:m/根）

项 目	耐 张	跳 线	引下线、设备连接线
预留长度	2.5	0.8	0.6

表4-3 硬母线配置安装预留长度 （单位:m/根）

序号	项 目	预留长度	说 明
1	带形、槽形母线终端	0.3	从最后一个支持点算起
2	带形、槽形母线与分支线连接	0.5	分支线预留
3	带形母线与设备连接	0.5	从设备端子接口算起
4	多片重型母线与设备连接	1.0	从设备端子接口算起
5	槽形母线与设备连接	0.5	从设备端子接口算起

表4-4 盘、箱、柜的外部进出线预留长度 （单位:m/根）

序号	项 目	预留长度	说 明
1	各种箱、柜、盘、板、盒	高+宽	盘面尺寸
2	单独安装的铁壳开关、自动开关、刀开关、启动器、箱式电阻器、变阻器	0.5	从安装对象中心算起
3	继电器、控制开关、信号灯、按钮、熔断器等小电器	0.3	从安装对象中心算起
4	分支接头	0.2	分支线预留

2. 组合软母线工程量计算

组合软母线安装,按三相为一组计算,跨距(包括水平悬挂部分和两端引下部分之和)是按45m内考虑,跨度的长与短不得调整。其工作内容包括:母线安装,绝缘子耐压试验,跳线安装,绝缘子安装。

组合软母线工程量以"m"为计量单位,按设计图示尺寸以单相长度计算(含预留长度)。

3. 带形母线工程量计算

带形母线散热条件较好,集肤效应较小,在容许发热温度下通过的允许工作电流大。

带形母线工程量以"m"为计量单位,按设计图示尺寸以单相长度计算(含预留长度)。其工作内容包括:母线安装,穿通板制作、安装,支持绝缘子、穿墙套管的耐压试验、安装,引下线安装,伸缩节安装,过渡板安装,刷分相漆。

4. 槽形母线工程量计算

槽形母线机械强度较好,载流量较大,集肤效应系数也较小。槽形母线一般用于 4000～8000A 的配电装置中。其工作内容包括:母线制作、安装,与发电机、变压器连接,与断路器、隔离开关连接,刷分相漆。

槽形母线工程量以"m"为计量单位,按设计图示尺寸以单相长度计算(含预留长度)。

5. 共箱母线工程量计算

共箱母线是指将多片标准型铝母线(铜母线)装设在支柱式绝缘子上,外用金属(一般为铝)薄板制成罩箱用于保护多相导体的一种电力传输装置。其工作内容包括:母线安装,补刷(喷)油漆。

共箱母线工程量以"m"为计量单位,按设计图示尺寸以中心线长度计算。

6. 低压封闭式插接母线槽工程量计算

低压封闭式插接母线槽质量应符合下列要求:

(1)每一相母线组件在外壳上应有明显标志,表明所属相段、编号及安装方向。

(2)母线和外壳不应有裂纹、裂口和严重锤痕和凹凸不平现象。

(3)母线与外壳的不同心度,允许偏差为±5mm。

(4)外壳法兰端面应与外壳轴线垂直,法兰盘不变形,法兰加工精度良好。

(5)螺栓连接的接触面加工后镀锡,锡层要求平整、均匀、光洁,不允许有麻面、起皮及未覆盖部分。

(6)外壳内表面及母线外表面涂无光泽黑漆,漆层应良好,需要现场焊接或螺栓连接的部分不涂。

低压封闭式插接母线槽工作内容包括:母线安装,补刷(喷)油漆。其工程量以"m"为计量单位,按设计图示尺寸以中心线长度计算。

7. 始端箱、分线箱工程量计算

母线始端箱就是插接母线的进线箱,即是在插接母线的始端(电源进线起点安装的母线插接进线箱)。

母线分线箱就是插接母线的中间或者末端进行分线出线的母线分支插接箱。

两者的区别在于:始端箱是电源总进箱,负荷功率比较大;分线箱是属于分支箱,负荷功率比较小。

始端箱、分线箱工作内容包括:本体安装,补刷(喷)油漆。其工程量以"台"为计量单位,按设计图示数量计算。

8. 重型母线工程量计算

重型母线安装时,母线与设备连接处宜采用软连接,连接线的截面不应小于母线截面;母线的紧固螺栓、铝母线宜用铝合金螺栓,铜母线宜用铜螺栓,紧固螺栓时应用力矩扳手;在运行温度高的场所,母线不应有铜铝过渡接头;母线在固定点的活动滚杆应无卡阻,部位的机械强度及绝缘电阻值应符合设计要求。

其工作内容包括:母线制作、安装,伸缩器及导板制作、安装,支持绝缘子安装,补刷(喷)油漆。

重型母线工程以"t"为计量单位,按设计图示尺寸以质量计算。

四、控制设备及低压电器安装(编码:030404)

1. 控制屏工程量计算

控制屏是装有控制和显示变电站运行或系统运行所需设备的屏。其工作内容包括:本体安装,基础型钢制作、安装,端子板安装,焊、压接线端子,盘、柜配线,端子接线,小母线安装,屏边安装,补刷(喷)油漆,接地。

控制屏工程量以"台"为计量单位,按设计图示数量计算。

2. 继电、信号屏工程量计算

信号屏分事故信号和预告信号两种,具有灯光、音响报警功能,有事故信号、预告信号的试验按钮和解除按钮。信号屏有带冲击继电器和不带冲击继电器两种。

信号屏技术要求如下:

(1)环境条件。

1)海拔高度:≤1000m;

2)环境温度:-5~+40℃;

3)日温度:20℃;

4)相对湿度:≤90%[相对环境温度(20±5)℃];

5)抗震能力:地面水平加速度0.38g;地面垂直加速度0.15g;同时作用持续三个正弦波,安全系数≥1.67;

6)室内垂直安装。

(2)基本参数。

1)直流系统电压、电流:额定电压220V;额定电流10A;单模块额定电流10A;

2)模块数量:2只;

3)充电屏型号:100AH/220V;

控制馈出回路数:2路   20A

合闸馈出回路数:4路   20A

4)交流电流:额定电压380V;工作频率:(50±1)Hz;

5)绝缘和耐压:直流母线对地绝缘电阻应小于10MΩ,所有二次回路对地绝缘电阻应小于2MΩ。整流模块和直流母线的绝缘强度,应能承受工频2kV试验电压,耐压1min,无绝缘击穿和闪络现象;

6)蓄电池:电池类型为阀控式密封铅酸蓄电池。

工作内容同控制屏。其工程量以"台"为计量单位,按设计图示数量计算。

3. 模拟屏工程量计算

模拟屏对使用场所的要求如下:

(1)使用场所不允许有超过产品标准规定的振动和冲击。

（2）使用场所不得有爆炸危险的介质，周围介质中不应含有腐蚀性和破坏电气绝缘的气体及导电介质，不允许充满水蒸气及有较严重的真菌。

（3）使用场所不允许有较强的外磁场感应强度，其任一方向不超过 0.5mT。

模拟屏工作内容同控制屏。其工程量以"台"为计量单位，按设计图示数量计算。

4. 低压开关柜（屏）工程量计算

低压开关柜（屏）适用于发电厂、石油、化工、冶金、纺织、高层建筑等行业，作为输电、配电及电能转换之用。其工作内容包括：本体安装，基础型钢制作、安装，端子板安装，焊、压接线端子，盘、柜配线，端子接线，屏边安装，补刷（喷）油漆，接地。

低压开关柜工程量以"台"为计量单位，按设计图示数量计算。

5. 弱电控制返回屏工程量计算

弱电控制返回屏具有设备小型化，控制屏面积较小，监视面集中，便于操作的优点。其工作内容同控制屏。

弱电控制返回屏工程量以"台"为计量单位，按设计图示数量计算。

6. 箱式配电室工程量计算

箱式配电室使用条件如下：

（1）周围空气温度不高于＋40℃，不低于－25℃，24h平均温度不高于＋35℃。

（2）户外安装使用，使用地点的海拔高度不超过 2000m。

（3）周围空气相对湿度在最高温度为＋50℃时不超过 50%；在较低温度时允许有较大的相对湿度（例如＋20℃时为 90%），但应考虑到温度的变化可能会偶然产生凝露影响。

（4）配电室安装时与垂直面的倾斜度不超过 10°。

（5）配电室应安装在无剧烈振动和冲击的地方。

箱式配电室工作内容包括：本体安装，基础型钢制作、安装，基础浇筑，补刷（喷）油漆，接地。其工程量以"套"为计量单位，按设计图示数量计算。

7. 硅整流柜工程量计算

硅整流柜指柜内的硅整流器已由厂家安装好，柜的安装为整体吊装，柜的名字由其内装设备而得名。硅整流柜的使用环境要求如下：

（1）海拔高度不超过 2000m。

（2）环境温度户内不低于＋5℃，不高于＋45℃；户外不低于－30℃，不高于＋45℃。

（3）冷却水温度：主冷却水进口水温不低于＋5℃，不高于＋35℃。

（4）周围空气最大相对湿度不超过 90%。

（5）无剧烈振动冲击以及安装垂直斜度不超过 5°的场所。

硅整流柜工作内容包括：本体安装，基础型钢制作、安装，补刷（喷）油漆，接地。其工程量以"台"为计量单位，按设计图示数量计算。

8. 可控硅柜工程量计算

可控硅柜指柜内的可控硅整流器已由厂家安装好了，柜的安装为整体吊装，柜的名字由其内装设备而得名。

可控硅整流柜是一种大功率直流输出装置，可以用于给发电机的转子提供励磁电压和电流，其输出的直流电压和直流电流是可以调节的。其内部基本原理是将输入的交流电源经过由可控硅组成的全波桥式整流电路，通过移相触发改变可控硅导通角大小的方式控制输出的直流电的大小。

可控硅柜工作内容包括:本体安装,基础型钢制作、安装,补刷(喷)油漆,接地。其工程量以"台"为计量单位,按设计图示数量计算。

9. 低压电容器柜工程量计算

低压电容器柜是在变压器的低压侧运行,一般它受功率因数控制而自动运行。因所带负载的种类不同而确定电容的容量及电容组的数量,当供用电系统正常时,由控制器捕捉功率因数来控制投入的电容组的数量。其工作内容包括:本体安装,基础型钢制作、安装,端子板安装,焊、压接线端子,盘、柜配线、端子接线,屏边安装,小母线安装,补刷(喷)油漆,接地。

低压电容器柜工程量以"台"为计量单位,按设计图示数量计算。

10. 自动调节励磁屏工程量计算

自动调节励磁屏主要用于励磁机励磁回路中,用于对励磁调节器的控制。励磁调节器其实是一个滑动变阻器,用来改变回路中电阻的大小,从而改变回路的电流大小。其工作内容同低压电容器柜。

11. 励磁灭磁屏工程量计算

励磁装置是指同步发电机的励磁系统中除励磁电源以外的对励磁电流能起控制和调节作用的电气调控装置。励磁系统是电站设备中不可缺少的部分。励磁系统包括励磁电源和励磁装置,其中励磁电源的主体是励磁机或励磁变压器;励磁装置则根据不同的规格、型号和使用要求,分别由调节屏、控制屏、灭磁屏和整流屏几部分组合而成。其工作内容同低压电容器柜。

励磁灭磁屏工程量以"台"为计量单位,按设计图示数量计算。

12. 蓄电池屏(柜)工程量计算

蓄电池屏(柜)采用反电势充电法实现其整流充电功能。

蓄电池屏(柜)的主要特性为:额定容量50kV·A,输入三相交流,输出脉动直流,最大充电电流100A,充电电压250~350V可调,具有缺相保护、输出短路保护、蓄电池充满转浮充限流等保护功能。其工作内容同低压电容器柜。

蓄电池屏(柜)工程量以"台"为计量单位,按设计图示数量计算。

13. 直流馈电屏工程量计算

直流馈电屏作为操作电源和信号显示报警,为较大较复杂的高低压(高压更常用)配电系统的自动或电动操作提供电能源,还可以与中央信号屏综合设计在一起。

直流馈电屏由交流电源、整流装置、充电(稳流+稳压)机、蓄电池组、直流配电系统组成。其工作内容同低压电容器柜。

直流馈电屏工程量以"台"为计量单位,按设计图示数量计算。

14. 事故照明切换屏工程量计算

事故照明切换屏指当正常照明电源出现故障时,由事故照明电源来继续供电,以保证发电厂、变电所和配电室等重要部门的照明。因正常照明电源转换为事故照明电源的切换装置安装在一个屏内,故该屏叫事故照明切换屏。其工作内容同低压电容器柜。

事故照明切换屏工程量以"台"为计量单位,按设计图示数量计算。

15. 控制台工程量计算

控制台是指自调光器输出控制信号,进行调光控制的工作台。控制台安装应符合下列要求:
(1)控制台位置应符合设计要求。
(2)控制台应安放竖直,台面水平。

（3）附件完整，无损伤，螺钉紧固，台面整洁无划痕。

（4）台内接插件和设备接触应可靠，安装应牢固；内部接线应符合设计要求，无扭曲脱落现象。

控制台工作内容包括：本体安装，基础型钢制作、安装，端子板安装，焊、压接线端子，盘、柜配线，端子接线，小母线安装，补刷（喷）油漆，接地。其工程量以"台"为计量单位，按设计图示数量计算。

16. 控制箱工程量计算

控制箱是指包含电源开关、保险装置、继电器（或者接触器）等装置，可以用于指定的设备控制的装置。其工作内容包括：本体安装，基础型钢制作、安装，焊、压接线端子，补刷（喷）油漆，接地。

控制箱工程量以"台"为计量单位，按设计图示数量计算。

17. 配电箱工程量计算

配电箱是指专为供电用的箱，内装断路器、隔离开关、空气开关或刀开关、保险器以及检测仪表等设备元件。

配电箱根据用途不同可分为电力配电箱和照明配电箱两种：

（1）电力配电箱。电力配电箱过去被称为动力配电箱，由于后一种名称不太确切，所以在新编制的各种国家标准和规范中，统一称为电力配电箱。

电力配电箱型号很多，XL-3 型、XL-4 型、XL-10 型、XL-11 型、XL-12 型、XL-14 型和 XL-15 型均属于老产品，目前仍在继续生产和使用，其型号含义如图 4-1 所示。

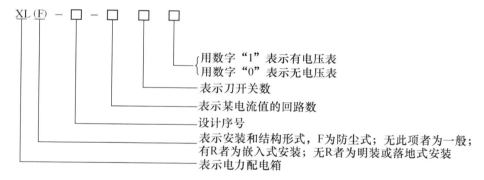

图 4-1 电力配电箱的型号含义

（2）照明配电箱。照明配电箱适用于工业及民用建筑在交流 50 Hz、额定电压 500 V 以下的照明和小动力控制回路中作线路的过载、短路保护以及线路的正常转换之用。

配电箱工作内容包括：本体安装，基础型钢制作、安装，焊、压接线端子，补刷（喷）油漆，接地。其工程量以"台"为计量单位，按设计图示数量计算。

18. 插座箱工程量计算

插座箱用于检修电源箱配电箱。非标准插座箱主要由工程塑料箱体、工业插头、工业插座、防水保护窗口、电器元组成，适用于电力行业、铁路工业、化学工业、煤炭工业、汽车工业、造船工业、集装箱码头、飞机场、大型游乐场、钢铁工业、电气工业、建筑业、食品行业等。

插座箱的产品特性如下：

（1）造型美观、结构新颖、高防护等级。

（2）具有过载、短路、漏电保护等功能。

(3)箱体带有观察窗的保护开关室,便于操作观察。

(4)箱体材料阻燃、自熄、耐老化、热稳定性好。

(5)耐化学介质、大气介质,耐冲击。

(6)电气方案灵活,组合方便。

(7)安装简便,性能稳定。

插座箱工作内容包括:本体安装,接地。其以"台"为计量单位,按设计图示数量计算。

19. 控制开关工程量计算

控制电路闭合和断开的开关称为控制开关,主要包括刀开关、铁壳开关等。

(1)刀开关安装。刀开关应垂直安装在开关板上(或控制屏、箱上),并要使夹座位于上方。如夹座位于下方,则在刀开关打开时,如果支座松动,闸刀在自重作用下向下掉落而发生错误动作,会造成严重事故。刀开关用作隔离开关时,合闸顺序为先合上刀开关,再合上其他用以控制负载的开关;分闸顺序则相反。严格按照产品说明书规定的分断能力来分断负荷,无灭弧罩的刀开关一般不允许分断负载,否则,有可能导致稳定持续燃弧,使刀开关寿命缩短,严重的还会造成电源短路,开关烧毁,甚至发生火灾。刀片与固定触头的接触良好,大电流的触头或刀片可适量加润滑油(脂);有消弧触头的刀开关,各相的分闸动作应迅速一致。双掷刀开关在分闸位置时,刀片应能可靠地接地固定,不得使刀片有自行合闸的可能。

(2)铁壳开关安装。铁壳开关应垂直安装。安装的位置应以便于操作和安全为原则。铁壳开关外壳应做可靠接地和接零。铁壳开关进出线孔均应有绝缘垫圈或护帽。接线时将电源线与开关的静触头相连,电动机的引出线与负荷开关熔丝的下桩头相连,开关拉断后,闸刀与熔丝不带电,便于维修和更换熔丝。

控制开关工作内容包括:本体安装,焊、压接线端子,接线。其工程量以"个"为计量单位,按设计图示数量计算。

20. 低压熔断器工程量计算

当电流超过一定限度时,熔断器中的熔丝(又名保险丝)就会熔化甚至烧断,将电路切断以保护电器装置的安全。

熔断器大致可分为插入式熔断器、螺旋式熔断器、封闭式熔断器、快速熔断器、管式熔断器、高分断力熔断器和限流线等。

熔断器的技术参数如下:

(1)额定电压:熔断器的额定电压取决于线路的额定电压,其值一般等于或大于电气设备的额定电压。

(2)额定电流:熔断器的额定电流等级比较少,而熔体的额定电流等级比较多,即在一个额定电流等级的熔断管内可以分装不同额定电流等级的熔体。

(3)安秒特性:安秒特性也称保护特性,它表征了流过熔体的电流大小与熔断时间的关系。

低压熔断器工作内容包括:本体安装,焊、压接线端子,接线。其工程量以"个"为计量单位,按设计图示数量计算。

21. 限位开关工程量计算

限位开关上装有一弹簧"碰臂",当机械碰到它时,开关就会断开,主要用于刨床的台面行走极限和桥式起重机的大车行走极限,当机械运动到一定位置时,开关就会断开,使机器停下来,故限位开关又名极限开关。

按结构分类,限位开关大致可分为按钮式、滚轮式、微动式和组合式等,具体特点见表4-5。

表 4-5　　　　　　　　　　　限位开关的分类及特点

序 号	类 别	特 点	序 号	类 别	特 点
1	按钮式	结构与按钮相仿 优点:结构简单,价格便宜 缺点:通断速度受操作速度影响	3	微动式	由微动开关组成 优点:体积小,重量轻,动作灵敏 缺点:寿命较短
2	滚轮式	挡块撞击滚轮,常动触点瞬时动作 优点:开断电流大,动作可靠 缺点:体积大,结构复杂,价格高	4	组合式	几个行程开关组装在一起 优点:结构紧凑,接线集中,安装方便 缺点:专用性强

选择限位开关时首先要考虑使用场合,才能确定限位开关的形式,然后再根据外界环境选择防护形式。选择触头数量的时候,如果触头数量不够,可采用中间断电器加以扩展,切忌过负荷使用。使用时,安装应该牢固,位置要准确,最好安装位置可以调节,以免活动部分锈死。应该指出的是,在设计时应该注意,平时限位开关不可处于受外力作用的动作状态,而应处于释放状态。

限位开关工作内容包括:本体安装,焊、压接线端子,接线。其工程量以"个"为计量单位,按设计图示数量计算。

22. 控制器工程量计算

控制器是一种具有多种切换线路的控制元件,目前应用最普遍的有主令控制器和凸轮控制器。

(1)主令控制器。主令控制器型号意义如图4-2所示。

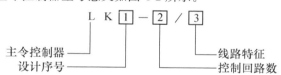

图 4-2　主令控制器型号意义

(2)凸轮控制器。凸轮控制器是一种大型手动控制器,主要用于起重设备中直接控制中小型绕线式异步电动机的启动、停止、调速、换向和制动,也适用于有相同要求的其他电力拖动场合。凸轮控制器主要由触头、转轴、凸轮、杠杆、手柄、灭弧罩及定位机构等组成。凸轮控制器中有多组触点,并由多个凸轮分别控制,以实现对一个较复杂电路中的多个触点进行同时控制。由于凸轮控制器可直接控制电动机工作,所以其触头容量大并有灭弧装置。凸轮控制器的优点为控制线路简单、开关元件少、维修方便等;其缺点为体积较大、操作笨重,不能实现远距离控制。

控制器工作内容包括:本体安装,焊、压接线端子,接线。其工程量以"台"为计量单位,按设计图示数量计算。

23. 接触器工程量计算

接触器是指工业电中利用线圈流过电流产生磁场,使触头闭合,以达到控制负载的电器。

接触器具有操作频率高、使用寿命长、工作可靠、性能稳定、成本低廉、维修简便等优点,主要用于控制电动机、电热设备、电焊机、电容器组等,是电力拖动自动控制线路中应用广泛的控制电器之一。

接触器按其触头通过电流的种类可分为交流接触器和直流接触器。其工作内容包括:本体安装,焊、压接线端子,接线。

接触器工程量以"台"为计量单位,按设计图示数量计算。

24. 磁力启动器工程量计算

磁力启动器是产生开关电动机的力(电磁力)的启动装置。其工作内容包括:本体安装,焊、压接线端子,接线。

磁力启动器工程量以"台"为计量单位,按设计图示数量计算。

25. Y-△自耦减压启动器工程量计算

Y-△自耦减压启动器是一种电器开关,一般由变压器,开关的静、动触头,热继电器,欠压继电器及启动按钮构成。其工作内容包括:本体安装,焊、压接线端子,接线。

Y-△自耦减压启动器工程量以"台"为计量单位,按设计图示数量计算。

26. 电磁铁(电磁制动器)工程量计算

接通电源能产生电磁力的装置称为电磁铁。电磁铁通常制成条形或蹄形。电磁铁有许多优点:电磁铁磁性的有无可以用通、断电流控制;磁性的大小可以用电流的强弱或线圈的匝数来控制,也可通过改变电阻控制电流大小来控制磁性大小。其工作内容包括:本体安装,焊、压接线端子,接线。

电磁铁(电磁制动器)工程量以"台"为计量单位,按设计图示数量计算。

27. 快速自动开关工程量计算

快速自动开关也是自动开关的一种,其特点是:切断电流的容量大,其规格为1000~4000A,带有分项隔离的消弧罩。切断电流的速度比一般自动开关快,故称快速自动开关。

快速自动空气开关的分类及用途见表4-6。

表 4-6 快速自动空气开关的分类及用途

序 号	分类方法	种 类	主 要 用 途
1	按用途分	保护配电线路自动开关	做电源点开关和各支路开关
		保护电动机自动开关	可装在近电源端,保护电动机
		保护照明线路自动开关	用于生活建筑内电气设备和信号二次线路
		漏电保护自动开关	防止因漏电造成的火灾和人身伤害
2	按结构分	框架式自动开关	开断电流大,保护种类齐全
		塑料外壳自动开关	开断电流相对较小,结构简单
3	按极数分	单极自动开关	用于照明回路
		两极自动开关	用于照明回路或直流回路
		三极自动开关	用于电动机控制保护
		四极自动开关	用于三相四线制线路控制
4	按限流性能分	一般型不限流自动开关	用于一般场合
		快速型限流自动开关	用于需要限流的场合
5	按操作方式分	直接手柄操作自动开关	用于一般场合
		杠杆操作自动开关	用于大电流分断
		电磁铁操作自动开关	用于自动化程度较高的电路控制
		电动机操作自动开关	用于自动化程度较高的电路控制

快速自动开关工作内容包括:本体安装,焊、压接线端子,接线。其工程量以"台"为计量单位,按设计图示数量计算。

28. 电阻器工程量计算

电阻器是一个限流元件，将电阻接在电路中后，它可限制通过它所连支路的电流大小。如果一个电阻器的电阻值接近零欧姆(如两个点之间的大截面道线)，则该电阻器对电流没有阻碍作用，串接这种电阻器的回路被短路，电流无限大。如果一个电阻器具有无限大的或很大的电阻，则串接该电阻器的回路可看作开路，电流为零。工业中常用的电阻器介于两种极端情况之间，它具有一定的电阻，可通过一定的电流，但电流不像短路时那样大。电阻器的限流作用类似于接在两根大直径管子之间的小直径管子限制水流量的作用。其工作内容包括：本体安装，焊、压接线端子，接线。

电阻器工程量以"箱"为计量单位，按设计图示数量计算。

29. 油浸频敏变阻器工程量计算

油浸频敏变阻器是可以调节电阻大小的装置，接在电路中能调整电流的大小。一般的油浸频敏变阻器用电阻较大的导线和可以改变接触点以调节电阻线有效长度的装置构成。其工作内容包括：本体安装，焊、压接线端子，接线。

油浸频敏变阻器工程量以"台"为计量单位，按设计图示数量计算。

30. 分流器工程量计算

分流器根据直流电流通过电阻时在电阻两端产生电压的原理制成。

分流器广泛用于扩大仪表测量电流范围，有固定式定值分流器和精密合金电阻器，均可用于通信系统、电子整机、自动化控制的电源等回路作限流、均流取样检测。

用于直流电流测量的分流器有插槽式和非插槽式。分流器有锰镍铜合金电阻棒和铜带，并镀有镍层。其额定压降是 60mV，但也可被用作 75V、100V、120V、150V 及 300mV。

插槽式分流器额定电流有以下几种：5A、10A、15A、20A 和 25A。

非插槽式分流器的额定电流从 30A～15kA 标准间隔均有。

分流器工作内容包括：本体安装，焊、压接线端子，接线。其工程量以"个"为计量单位，按设计图示数量计算。

31. 小电器工程量计算

小电器包括按钮、电笛、电铃、水位电气信号装置、测量表计、继电器、电磁锁、屏上辅助设备、辅助电压互感器、小型安全变压器等，在设置清单项目时，按具体名称设置，如电视插座、延时开关、吊扇等。其工作内容包括：本体安装，焊、压接线端子，接线。

小电器工程量以"个(套、台)"为计量单位，按设计图示数量计算。

32. 端子箱工程量计算

端子箱是一种转接施工线路，对分支线路进行标注，为布线和查线提供方便的一种接口装置。在某些情况下，为便于施工及调试，可将一些较为特殊且安装设置较为有规律的产品安装在端子箱内。其工作内容包括：本体安装，接线。

端子箱以"台"为计量单位，按设计图示数量计算。

33. 风扇工程量计算

风扇是一种用于散热的电器，主要由定子、转子和控制电路构成。其工作内容包括：本体安装，调速开关安装。

风扇工程量以"台"为计量单位，按设计图示数量计算。

34. 照明开关工程量计算

照明开关是为家庭、办公室、公共娱乐场所等设计的,用来隔离电源或按规定能在电路中接通或断开电流或改变电路接法的一种装置。其工作内容包括:本体安装,接线。

照明开关工程量以"个"为计量单位,按设计图示数量计算。

35. 插座工程量计算

插座(又称电源插座、开关插座)是指有一个或一个以上电路接线可插入的座,通过它可插入各种接线,便于与其他电路接通。插座是为家用电器提供电源接口的电气设备,也是住宅电气设计中使用较多的电气附件,与人们生活有着十分密切的关系。其工作内容包括:本体安装,接线。

插座以"个"为计量单位,按设计图示数量计算。

36. 其他电器工程量计算

其他电器是指本节中未列出的电器项目。其工作内容包括:安装,接线。

其他电器工程量以"个(套、台)"为计量单位,按设计图示数量计算。

五、蓄电池安装(编码:030405)

1. 蓄电池工程量计算

蓄电池是电池中的一种,它的作用是能把有限的电能储存起来,在合适的地方使用。它的工作原理就是把化学能转化为电能。

蓄电池用填满海绵状铅的铅板作负极,填满二氧化铅的铅板作正极,并用 $22\% \sim 28\%$ 的稀硫酸作电解质。在充电时,电能转化为化学能,放电时化学能又转化为电能。电池在放电时,金属铅是负极,发生氧化反应,被氧化为硫酸铅;二氧化铅是正极,发生还原反应,被还原为硫酸铅。电池在用直流电充电时,两极分别生成铅和二氧化铅。移去电源后,它又恢复到放电前的状态,组成化学电池。铅蓄电池是能反复充电、放电的电池,叫做二次电池。它的电压是 2V,通常把三个铅蓄电池串联起来使用,电压是 6V。其工作内容包括:本体安装,防震支架安装,充放电。

蓄电池工程量以"个(组件)"为计量单位,按设计图示数量计算。

2. 太阳能电池工程量计算

太阳能电池又称为"太阳能芯片"或"光电池",是通过光电效应或者光化学效应直接把光能转化成电能的装置。其工作内容包括:安装,电池方阵铁架安装,联调。

太阳能电池工程量以"组"为计量单位,按设计图示数量计算。

六、电机检查接线及调试(编码:030406)

1. 发电机工程量计算

发电机是指将机械能转变成电能的电机。通常由汽轮机、水轮机或内燃机驱动。小型发电机也有用风车或其他机械经齿轮或皮带驱动的。发电机工程量以"台"为计量单位,按设计图示数量计算。其工作内容包括:检查接线,接地,干燥,调试。

发电机分为直流发电机和交流发电机两大类。交流发电机又可分为同步发电机和异步发电机两种。

(1)现代发电站中最常用的是同步发电机。这种发电机的特点是由直流电流励磁,既能提供有功功率,也能提供无功功率,可满足各种负载的需要。同步发电机按所用原动机的不同分为汽轮发电机、水轮发电机和柴油发电机三种。

（2）异步发电机由于没有独立的励磁绕组，其结构简单，操作方便，但是不能向负载提供无功功率，而且还需要从所接电网中汲取滞后的磁化电流。因此异步发电机运行时必须与其他同步电机并联，或者并接相当数量的电容器。这限制了异步发电机的应用范围，只能较多地应用于小型自动化水电站。

2. 调相机工程量计算

同步调相机运行于电动机状态，但不带机械负载，只向电力系统提供无功功率的同步电机，又称同步补偿机。用于改善电网功率因数，维持电网电压水平。

由于同步调相机不带机械负载，所以其转轴可以细些。如果同步调相机具有自启动能力，则其转子可以做成没有轴伸，便于密封。同步调相机经常运行在过励状态，励磁电流较大，损耗也比较大，发热比较严重。容量较大的同步调相机常采用氢气冷却。随着电力电子技术的发展和静止无功补偿器（SVC）的推广使用，调相机现已很少使用。

调相机工作内容包括：检查接线，接地，干燥，调试。其工程量以"台"为计量单位，按设计图示数量计算。

3. 普通小型直流电动机工程量计算

普通小型直流电动机是将直流电能转换成机械能的电机。

普通小型直流电动机分为两部分：定子与转子。定子包括主磁极、机座、换向极、电刷装置等；转子包括电枢铁芯、电枢绕组、换向器、轴和风扇等。其工作内容包括：检查接线，接地，干燥，调试。

普通小型直流电动机工程量以"台"为计量单位，按设计图示数量计算。

4. 可控硅调速直流电动机工程量计算

可控硅调速直流电动机是将直流电能转换成机械能的电机。

可控硅调速直流电动机的特点如下：

（1）调速性能好。所谓"调速性能"，是指电动机在一定负载的条件下，根据需要，人为地改变电动机的转速。直流电动机可以在重负载条件下，实现均匀、平滑的无级调速，而且调速范围较宽。

（2）启动力矩大。可以均匀而经济地实现转速调节。因此，凡是在重负载下启动或要求均匀调节转速的机械，如大型可逆轧钢机、卷扬机、电力机车、电车等，都用直流电动机拖动。

可控硅调速直流电动机工作内容包括：检查接线，接地，干燥，调试。其工程量以"台"为计量单位，按设计图示数量计算。

5. 普通交流同步电动机工程量计算

普通交流同步电动机一般包括永磁同步电动机、磁阻同步电动机和磁滞同步电动机三种。

（1）永磁同步电动机。能够在石油、煤矿、大型工程机械等比较恶劣的工作环境下运行，这不仅加速了永磁同步电动机取代异步电动机的速度，同时，也为永磁同步电动机专用变频器的发展提供了广阔的空间。

（2）磁阻同步电动机。也称反应式同步电动机，是利用转子交轴和直轴磁阻不等而产生磁阻转矩的同步电动机。磁阻同步电动机有单相电容运转式、单相电容启动式、单相双值电容式等多种类型。

（3）磁滞同步电动机。是利用磁滞材料产生磁滞转矩而工作的同步电动机。它分为内转子式磁滞同步电动机、外转子式磁滞同步电动机和单相罩极式磁滞同步电动机。

普通交流同步电动机工作内容包括：检查接线，接地，干燥，调试。其工程量以"台"为计量单位，按设计图示数量计算。

6. 低压交流异步电动机工程量计算

低压交流异步电动机由定子、转子、轴承、机壳、端盖等构成。

定子由机座和带绕组的铁芯组成。铁芯由硅钢片冲槽叠压而成,槽内嵌装两套空间互隔900电角度的主绕组(也称运行绕组)和辅绕组(也称启动绕组或副绕组)。主绕组接交流电源,辅绕组串接离心开关或启动电容、运行电容等之后,再接入电源。转子为笼形铸铝转子,它是将铁芯叠压后用铝铸入铁芯的槽中,并一起铸出端环,使转子导条短路成笼形。其工作内容包括:检查接线,接地,干燥,调试。

低压交流异步电动机工作量以"台"为计量单位,按设计图示数量计算。

7. 高压交流异步电动机工程量计算

高压交流异步电动机的结构与低压交流异步电动机相似,其定子绕组接入三相交流电源后,绕组电流产生的旋转磁场,在转子导体中产生感应电流,转子在感应电流和气隙旋转磁场的相互作用下,又产生电磁转矩(即异步转矩),使电动机旋转。其工作内容包括:检查接线,接地,干燥,调试。

高压交流异步电动机工程量以"台"为计量单位,按设计图示数量计算。

8. 交流变频调速电动机工程量计算

交流变频调速电动机通过改变电源的频率来达到改变交流电动机转速的目的。其基本原理是:先将原来的交流电源整流为直流,然后利用具有自关断能力的功率开关元件在控制电路的控制下高频率依次导通或关断,从而输出一组脉宽不同的脉冲波。通过改变脉冲的占空比,可以改变输出电压;改变脉冲序列则可改变频率。最后通过一些惯性环节和修正电路,即可把这种脉冲波转换为正弦波输出。其工作内容包括:检查接线,接地,干燥,调试。

交流变频调速电动机工程量以"台"为计量单位,按设计图示数量计算。

9. 微型电机、电加热器工程量计算

(1)微型电机。微型电机全称微型特种电机,简称微电机,指的是体积、容量较小,输出功率一般在数百瓦以下的电机和用途、性能及环境条件要求特殊的电机。微型电机常用于控制系统中,实现机电信号或能量的检测、解算、放大、执行或转换等功能,或用于传动机械负载,也可作为设备的交、直流电源。

微型电机门类繁多,大体可分为直流电动机、交流电动机、自态角电机、步进电动机、旋转变压器、轴角编码器、交直流两用电动机、测速发电机、感应同步器、直线电机、压电电动机、电机机组、其他特种电机等。

(2)电加热器。电加热器是指通过电阻元件将电能转换为热能的空气加热设备。电加热器的安装应符合下列要求:

1)电加热器与钢构架间的绝热层必须为不燃材料;接线柱外露的应加设安全防护罩;

2)电加热器的金属外壳接地必须良好;

3)连接电加热器的风管的法兰垫片,应采用耐热不燃材料。

微型电机、电加热器工作内容包括:检查接线,接地,干燥,调试。其工程量以"台"为计量单位,按设计图示数量计算。

10. 电动机组工程量计算

电动机组是指承担不同工艺任务且具有连锁关系的多台电动机的组合。不同的电动机应按其要求进行检查与调试。其工作内容包括:检查接线,接地,干燥,调试。

电动机组工程量以"组"为计量单位,按设计图示数量计算。

11. 备用励磁机组工程量计算

直流励磁机故障较多,为了在发生故障时能保证正常运行,通常都设有备用励磁机。

备用励磁机组工作内容包括:检查接线,接地,干燥,调试。其工程量以"组"为计量单位,按设计图示数量计算。

12. 励磁电阻器工程量计算

励磁电阻器是连接在发电机或电动机的励磁电路内,用以控制或限制其电流的电阻器。

励磁电阻器工作内容包括:本体安装,检查接线,干燥。其工程量以"台"为计量单位,按设计图示数量计算。

七、滑触线装置安装(编码:030407)

滑触线安装应符合下列要求:

(1)滑触线进入现场,应保证接触面无锈蚀,外观无损坏变形,技术文件齐全。

(2)滑触线安装应在土建工程结束、起重机梁安装到位时进行,且应保证顶棚不漏水。

(3)滑触线距离地面的高度不得低于3.5m,与设备及氧气管道的距离不小于1.5m,与易燃气、液体管道距离不小于3m,与一般管道距离不小于1m。

(4)滑触线吊装时,如使用起重机,要保证起重机排放符合要求,机容整洁。

(5)悬吊软式电缆要保证绝缘完好,长度足够,悬挂装置移动灵活。

(6)滑触线应尽量减少接头,接头处应平整。

(7)机动车通行处,出入口处滑触线距地面高度不得低于6m,不足上述距离时应采取保护措施。

滑触线工作内容包括:滑触线安装,滑触线支架制作、安装,拉紧装置及挂式支持器制作、安装,移动软电缆安装,伸缩接头制作、安装。其工程量以"m"为计量单位,按设计图示尺寸以单相长度计算(含预留长度)。滑触线安装预留长度见表4-7。

表4-7   滑触线安装预留长度   (单位:m/根)

序号	项 目	预留长度	说 明
1	圆钢、铜母线与设备连接	0.2	从设备接线端子接口算起
2	圆钢、铜滑触线终端	0.5	从最后一个固定点算起
3	角钢滑触线终端	1.0	从最后一个支持点算起
4	扁钢滑触线终端	1.3	从最后一个固定点算起
5	扁钢母线分支	0.5	分支线预留
6	扁钢母线与设备连接	0.5	从设备接线端子接口算起
7	轻轨滑触线终端	0.8	从最后一个支持点算起
8	安全节能及其他滑触线终端	0.5	从最后一个固定点算起

八、电缆安装(编码:030408)

1. 电力电缆工程量计算

电力电缆一般包括油浸纸绝缘电力电缆、聚氯乙烯绝缘及护套电力电缆、橡胶绝缘电力电缆和交联聚乙烯绝缘聚氯乙烯护套电力电缆。

(1)油浸纸绝缘电力电缆。耐热能力强,允许运行温度较高,介质损耗低,耐电压强度高,使用寿命长,但绝缘材料弯曲性能较差,不能在低温时敷设,否则易损伤绝缘。由于绝缘层内油的流淌,电缆两端水平高差不宜过大。油浸纸绝缘电力电缆有铅、铝两种护套。铅护套质软、韧性好,不影响电缆的弯曲性能,化学性能稳定,熔点低,便于加工制造。但它价贵质重,且膨胀系数小于浸渍纸,线芯发热时,电缆内部产生的应力可能使铅包变形。铝护套重量轻,成本低,但加工困难。

(2)聚氯乙烯绝缘及护套电力电缆。制造工艺简便,没有敷设高差限制,可以在很大范围内代替油浸纸绝缘电缆、滴干绝缘和不滴流油浸渍纸绝缘电缆。主要优点是重量轻,弯曲性能好,接头制作简便,耐油,耐酸碱腐蚀,不延燃,具有内铠装结构,使钢带或钢丝免受腐蚀,价格便宜;缺点是绝缘电阻较油浸纸绝缘电缆低,介质损失大,耐腐蚀性能尚不完善,在含有三氧乙烯、三氯甲烷、四氯化碳、二硫化碳、醋酸酐、冰醋酸苯、苯胺、丙酮、吡啶的场所不宜采用。

(3)橡胶绝缘电力电缆。弯曲性能较好,能够在严寒气候下敷设,特别适用于水平高差大和垂直敷设的场合。它不仅适用于固定敷设线路,还可用于连接移动式电气设备。但橡胶耐热性能差,允许运行温度较低,普通橡胶遇到油类及其化合物时很快就被损坏。

(4)交联聚乙烯绝缘聚氯乙烯护套电力电缆。性能优良,结构简单,制造方便,外径小,重量轻,载流量大,敷设水平高差不受限制,但它有延燃的缺点,且价格也较高。

电力电缆工作内容包括:电缆敷设,揭(盖)盖板。其工程量以"m"为计量单位,按设计图示尺寸以长度计算(含预留长度及附加长度)。电缆敷设预留长度及附加长度见表4-8。

表 4-8　　　　　　　　　　　　　　　　电缆敷设预留及附加长度

序号	项　　目	预留(附加)长度	说　　明
1	电缆敷设弛度、波形弯度、交叉	2.5%	按电缆全长计算
2	电缆进入建筑物	2.0m	规范规定最小值
3	电缆进入沟内或吊架时引上(下)预留	1.5m	规范规定最小值
4	变电所进线、出线	1.5m	规范规定最小值
5	电力电缆终端头	1.5m	检修余量最小值
6	电缆中间接头盒	两端各留 2.0m	检修余量最小值
7	电缆进控制、保护屏及模拟盘、配电箱等	高+宽	按盘面尺寸
8	高压开关柜及低压配电盘、箱	2.0m	盘下进出线
9	电缆至电动机	0.5m	从电动机接线盒算起
10	厂用变压器	3.0m	从地坪算起
11	电缆绕过梁柱等增加长度	按实计算	按被绕物的断面情况计算增加长度
12	电梯电缆与电缆架固定点	每处 0.5m	规范规定最小值

2. 控制电缆工程量计算

控制电缆用于连接电气仪表、继电保护和自动控制等回路,属低压电缆,运行电压一般为交流 500V 或直流 1000V 以下,电流不大,而且是间断性负荷,均为多芯电缆。其型号表示方法和电力电缆相同,只是在电力电缆前加上 K 字。如 KZQ 为铜芯裸铅包纸绝缘控制电缆。其工作内容包括:电缆敷设,揭(盖)盖板。

控制电缆工程量以"m"为计量单位,按设计图示尺寸以长度计算(含预留长度及附加长度)。

3. 电缆保护管工程量计算

电缆保护管种类有钢管、铸铁管、硬质聚氯乙烯管、陶土管、混凝土管、石棉水泥管等。电缆保护管一般用金属管者较多,其中镀锌钢管防腐性能好,因而被普遍用作电缆保护管。

在建筑电气工程中,电缆保护管的使用范围如下:

(1)电缆进入建筑物、隧道,穿过楼板或墙壁的地方及电缆埋设在室内地下时需穿保护管。

(2)电缆从沟道引至电杆、设备,或者室内行人容易接近的地方、距地面高度 2m 以下的一段电缆需装设保护管。

(3)电缆敷设于道路下面或横穿道路时需穿管敷设。

(4)从桥架上引出的电缆,或者装设桥架有困难及电缆比较分散的地方,均采用在保护管内敷设电缆。

电缆保护管工作内容包括:保护管敷设。其工程量以"m"为计量单位,按设计图示尺寸以长度计算。

4. 电缆槽盒工程量计算

电缆槽盒是一种新型的电缆敷设配套设施,具有耐火、耐高温等保护功能。电缆槽盒一般由盒体、隔热垫块、盒体外围捆扎带等组成,新型的电缆槽盒侧板或盖板上还带有扣夹。其工作内容包括:槽盒安装。

电缆槽盒工程量以"m"为计量单位,按设计图示尺寸以长度计算。

5. 铺砂、盖保护板(砖)工程量计算

铺砂、盖板(砖)是直埋电缆敷设不可缺少的工艺流程,直埋电缆敷设工艺流程:测量放线→电缆沟开挖→电缆敷设→覆软土或细砂→盖电缆保护盖板→回填土→设电缆标志桩。

由于电缆沟的地质不均匀,铺砂是为了使电缆在砂上均匀受力,以免在地基下沉时受到集中应力,盖砖的目的是让电缆沟增加承受地面上对电缆沟的压力。总之,电缆沟铺砂盖砖可以保护电缆不受各种不均匀的外力作用,延长电缆的使用寿命。

铺砂、盖保护板(砖)工作内容包括:铺砂,盖板(砖)。其工程量以"m"为计量单位,按设计图示尺寸以长度计算。

6. 电缆头工程量计算

电缆头指的是电缆线路两端与其他电气设备连接的装置,集防水、应力控制、屏蔽、绝缘于一体,具有良好的电气性能和机械性能,能在各种恶劣的环境条件下长期使用。电缆终端头广泛应用于电力、石油化工、冶金、铁路港口和建筑各个领域。电力电缆头、控制电缆头工作内容包括:电力电缆头制作,电力电缆头安装,接地。

电力电缆头、控制电缆头工程量以"个"为计量单位,按设计图示数量计算。

7. 防火堵洞工程量计算

防火堵洞是指电缆在电缆沟进出变电所、配电间等场所用防火材料(防火包、防火泥等)进行封堵,防止外部火灾蔓延至变电所、配电间等场所,引起更大的灾情。其工作内容包括:安装。

防火堵洞工程量以"处"为计量单位,按设计图示数量计算。

8. 防火隔板工程量计算

防火隔板也称不燃阻火板,是由多种不燃材料经科学调配压制而成,具有阻燃性能好,遇火不燃烧时间可达 3 小时以上,机械强度高,不爆、耐水、油、耐化学防腐蚀性强、无毒等特点。其工作内容包括:安装。

防火隔板工程量以"m²"为计量单位,按设计图示尺寸以面积计算。

9. 防火涂料工程量计算

防火涂料是用于可燃性基材表面,能降低被涂材料表面的可燃性、阻滞火灾的迅速蔓延,用以提高被涂材料耐火极限的一种特种涂料。其工作内容包括:安装。

防火涂料工程量以"kg"为计量单位,按设计图示尺寸以质量计算。

10. 电缆分支箱工程量计算

随着配电网电缆化进程的发展,当容量不大的独立负荷分布较集中时,可使用电缆分支箱进行电缆多分支的连接,因为分支箱不能直接对每路进行操作,仅作为电缆分支使用,电缆分支箱的主要作用是将电缆分接或转接,具体解释见表4-9。

表 4-9   电缆分支箱的作用

序号	项目	解释内容
1	分接	在一条距离比较长的线路上有多根小面积电缆往往会造成电缆使用浪费,于是在出线到用电负荷中,往往使用主干大电缆出线,然后在接近负荷的时候,使用电缆分支箱将主干电缆分成若干小面积电缆,由小面积电缆接入负荷。这样的接线方式广泛用于城市电网中的路灯等供电、小用户供电
2	转接	在一条比较长的线路上,电缆的长度无法满足线路的要求,那就必须使用电缆接头或者电缆转接箱,通常短距离时候采用电缆中间接头,但线路比较长的时候,根据经验在 1000m 以上的电缆线路上,如果电缆中间有多中间接头,为了确保安全,会在其中考虑电缆分支箱进行转接

电缆分支箱广泛用于户外,随着技术的进步,现在带开关的电缆分支箱也不断增加,而城市电缆往往都采用双回路供电方式,于是有人直接把带开关的分支箱称为户外环网柜,但目前这样的环网柜大部分无法实现配网自动化,不过已经厂家推出可以配网自动化的户外环网柜了,这也使得电缆分支箱和环网柜的界限开始模糊了。其工作内容包括:本体安装,基础制作、安装。

电力电缆工程量以"台"为计量单位,按设计图示数量计算。

九、防雷及接地装置(编码:030409)

1. 接地极工程量计算

接地极也称为接地体,指的是埋入大地以便与大地连接的导体或几个导体的组合。接地极就是与大地充分接触,实现与大地连接的电极,在电气工程中接地极是用多条 2.5m 长、45×45mm 镀锌角钢,钉于 800mm 深的沟底,再用引出线引出。

接地极工作内容包括:接地极(板、桩)制作、安装,基础接地网安装,补刷(喷)油漆。其工程量以"根(块)"为计量单位,按设计图示数量计算。

2. 接地母线工程量计算

接地母线指的是与主接地极连接,供井下主变电所、主水泵房等所用电气设备外壳连接的母线。

接地母线也称层接地端子,从其名字也可以看出,它是一条专门用于楼层内的公用接地端子。它的一端要直接与后面将要介绍的接地干线连接,另一端当然是与本楼层配线架、配线柜、钢管或金属线槽等设施所连接的接地线连接。它属于一个中间层次,比上面介绍的接地线高一个层次,而比下面介绍的接地干线又要低一个层次。

接地母线工作内容包括:接地母线制作、安装,补刷(喷)油漆。其工程量以"m"为计量单位,按设计图示尺寸以长度计算(含附加长度)。附加长度见表 4-10。

表 4-10　　　　　　　　　　接地母线、引下线、避雷网附加长度　　　　　　　　(单位:m)

项　　目	附加长度	说明
接地母线、引下线、避雷网附加长度	3.9%	按接地母线、引下线、避雷网全长计算

3. 避雷引下线工程量计算

避雷引下线是将避雷针接收的雷电流引向接地装置的导体,按照材料可以分为:镀锌接地引下线和镀铜接地引下线、超绝缘引下线。

(1)镀锌引下线常用的有镀锌圆钢(直径 8mm 以上)、镀锌扁钢(3×30mm 或 4×40mm),建议采用镀锌圆钢。

(2)镀铜引下线常用的有镀铜圆钢、镀铜钢绞线(也叫铜覆钢绞线),这种材料成本比镀锌的高,但导电性和抗腐蚀性都比镀锌材料好很多,现在是比较常用的。

(3)超绝缘引下线的绝缘性能比较好,超绝缘引下线采用多层特殊材质的绝缘材料,保证了它强大的绝缘性能,满足了产品设计要求的相当于 0.75m 空气的绝缘距离。产品外部设计特殊的防紫外线和抗老化层,有效地提高了产品抗老化性能,使用寿命大大提高。此种产品适用于安全要求比较高的场所,成本比铜材贵一些。

避雷引下线工作内容包括:避雷引下线制作、安装,断接卡子、箱制作、安装,利用主钢筋焊接,补刷(喷)油漆。其工程量以"m"为计量单位,按设计图示尺寸以长度计算(含附加长度)。

4. 均压环工程量计算

均压环指的是改善绝缘子串上电压分布的圆环状金具。

均压环按用处不同,可分为避雷器均压环、防雷均压环、绝缘子均压环、互感器均压环、高压试验设备均压环、输变电线路均压环等;均压环按材质不同,可分为铝制均压环、不锈钢均压环、铁制均压环等。

均压环工作内容包括:均压环敷设,钢铝窗接地,柱主筋与圈梁焊接,利用圈梁钢筋焊接,补刷(喷)油漆。其工程量以"m"为计量单位,按设计图示尺寸以长度计算(含附加长度)。

5. 避雷网工程量计算

避雷网是指利用钢筋混凝土结构中的钢筋网作为雷电保护的方法(必要时还可以辅助避雷网),也叫做暗装避雷网。

避雷网工作内容包括:避雷网制作、安装,跨接,混凝土块制作,补刷(喷)油漆。其工程量以"m"为计量单位,按设计图示尺寸以长度计算(含附加长度)。

6. 避雷针工程量计算

避雷针,又名防雷针,是用来保护建筑物等避免雷击的装置。在高大建筑物顶端安装一根金属棒,用金属线与埋在地下的一块金属板连接起来,利用金属棒的尖端放电,使云层所带的电和地上的电逐渐中和,从而不会引发事故。

避雷针工作内容包括:避雷针制作、安装,跨接,补刷(喷)油漆。其工程量以"根"为计量单位,按设计图示数量计算。

7. 半导体少长针消雷装置工程量计算

半导体少长针消雷装置是半导体少针消雷针组、引下线、接地装置的总和。其工作内容包括:本体安装。

半导体少长针消雷装置工程量以"套"为计量单位,按设计图示数量计算。

8. 等电位端子箱、测试板工程量计算

等电位端子箱是将建筑物内的保护干线,水煤气金属管道,采暖和冷冻、冷却系统,建筑物金属构件等部位进行联结,以满足规范要求的接触电压小于50V的防电击保护电器。是现代建筑电器的一个重要组成部分,被广泛应用于高层建筑。其工作内容包括:制作,安装。

等电位端子箱、测试板工程量以"台(快)"为计量单位,按设计图示数量计算。

9. 绝缘垫工程量计算

绝缘垫是指用于防雷接地工程中的台面或铺地绝缘材料。其工作内容包括:制作,安装。

绝缘垫是以"m^2"为计量单位,按设计图示尺寸以展开面积计算。

10. 浪涌保护器工程量计算

浪涌保护器,也叫防雷器,是一种为各种电子设备、仪器仪表、通信线路提供安全防护的电子装置。当电气回路或者通信线路中因为外界的干扰突然产生尖峰电流或者电压时,浪涌保护器能在极短的时间内导通分流,从而避免浪涌对回路中其他设备的损害。其工作内容包括:本体安装,接线,接地。

浪涌保护器工程量以"个"为计量单位,按设计图示数量计算。

11. 降阻剂工程量计算

降阻剂指的是人工配置的用于降低接地电阻的制剂。降阻剂用途十分广泛,用于国民经济的各个领域中。它用于电力、电信、建筑、广播、电视、铁路、公路、航空、水运、国防军工、冶金矿山、煤炭、石油、化工、纺织、医药卫生、文化教育等行业中的电气接地装置中。其工作内容包括:挖土,施放降阻剂,回填土,运输。

降阻剂工程量以"kg"为计量单位,按设计图示以质量计算。

十、10kV以下架空配电线路(编码:030410)

1. 电杆组立工程量计算

电杆组立是电力线路架设中的关键环节,电杆组立的形式有两种,一种是整体起立;另一种是分解起立。整体起立是大部分组装工作可在地面进行,高空作业量相对较少;分解起立一般先立杆,再登杆进行铁件等的组装。其工作内容包括:施工定位,电杆组立,土(石)方填挖,底盘、拉盘、卡盘安装,电杆防腐,拉线制作、安装,现浇基础、基础垫层,工地运输。

电杆组立工程量以"根(基)"为计量单位,按设计图示数量计算。

2. 横担组装工程量计算

横担指的是电线杆顶部横向固定的角铁,上面有瓷瓶,用来支撑架空电线的。横担是杆塔中重要的组成部分,它的作用是用来安装绝缘子及金具,以支承导线、避雷线,并使之按规定保持一定的安全距离。

横担一般安装在距杆顶300mm处,直线横担应装在受电侧,转角杆、终端杆、分支杆的横担应装在拉线侧。

横担组装工作内容包括:横担安装,瓷瓶、金具组装。其工程量以"组"为计量单位,按设计图示数量计算。

3. 导线架设工程量计算

导线架设就是将金属导线按设计要求,敷设在已组立好的线路杆塔上。主要有放线前的准备工作、放线、连接、紧线等工序。

（1）放线前的准备工作内容包括根据现场调查制定放、紧线措施；修好放线通道和放置线盘的场地，并进行合理布线；对重要的交叉跨越应与有关部门联系，取得支持，并搭好跨越架等相关安全措施；需要拆迁的房屋及其他障碍物，应全部拆除完毕；需要装临时拉线的杆塔，必须做好临时拉线，并安装就位；将悬垂绝缘子串及放线滑轮，提前做好准备，符合数量充足、留有备品、质量全部合乎标准等要求。

（2）放线即沿着线路方向把导线、避雷线从线盘上放开。常用的方法有拖放法、展放法和张力放线法。

（3）连接即将各个分段导线可靠、牢固地连接起来。一般有线夹连接、钳压连接、液压连接和爆炸压接等。

（4）紧线一般有单线紧线、双线紧线和三线紧线三种。

导线架设工作内容包括：导线架设，导线跨越及进户线架设，工地运输。其工程量以"km"为计量单位，按设计图示尺寸以单线长度计算（含预留长度）。预留长度见表4-11。

表4-11　　　　　　　　　　　　架空导线预留长度　　　　　　　　　　（单位：m/根）

项　　目		预留长度
高压	转角	2.5
	分支、终端	2.0
低压	分支、终端	0.5
	交叉跳线转角	1.5
与设备连线		0.5
进户线		2.5

4. 杆上设备工程量计算

杆上设备主要包括绝缘子、拉线盘、高压瓷件等。杆上设备安装所采用的设备、器材及材料应符合国家相应标准，并应有合格证件，设备应有铭牌。设备安装应牢固可靠。电气连接应接触紧密，不同金属连接应有过渡措施，瓷件表面光滑、无裂缝、破损等现象。其工作内容包括：支撑架安装，本体安装，焊压接线端子、接线，补刷（喷）油漆，接地。

杆上设备工程量以"台（组）"为计量单位，按设计图示数量计算。

十一、配管、配线（编码：030411）

1. 配管工程量计算

配管工作内容包括：电线管路敷设，钢索架设（拉紧装置安装），预留沟槽，接地。其工程量以"m"为计量单位，按设计图示尺寸以长度计算。

2. 线槽工程量计算

在建筑电气工程中，常用的线槽有金属线槽和塑料线槽。

（1）金属线槽。金属线槽配线一般适用于正常环境的室内场所明敷。由于金属线槽多由厚度为0.4～1.5mm的钢板制成，在对金属线槽有严重腐蚀的场所不宜采用金属线槽配线。具有槽盖的封闭式金属线槽，有与金属导管相当的耐火性能，可用在建筑物顶棚内敷设。

为适应现代化建筑物电气线路复杂多变的需要，金属线槽也可采取地面内暗装的布线方式。

它是将电线或电缆穿在经过特制的壁厚为 2mm 的封闭式矩形金属线槽内,直接敷设在混凝土地面、现浇钢筋混凝土楼板或预制混凝土楼板的垫层内。

(2)塑料线槽。塑料线槽由槽底、槽盖及附件组成,是由难燃型硬质聚氯乙烯工程塑料挤压成型的,规格较多,外形美观,可起到装饰建筑物的作用。塑料线槽一般适用于正常环境的室内场所明敷设,也用于科研实验室或预制板结构而无法暗敷设的工程,还适用于旧工程改造更换线路,同时也用于弱电线路吊顶内暗敷设场所。在高温和易受机械损伤的场所不宜采用塑料线槽布线。

线槽工作内容包括:本地安装,补刷(喷)油漆。其工程量以"m"为计量单位,按设计图示尺寸以长度计算。

3. 桥架工程量计算

桥架是一个支撑和放电缆的支架。桥架在工程上用得很普遍,只要铺设电缆就要用桥架,电缆桥架作为布线工程的一个配套项目,具有品种全、应用广、强度大、结构轻、造价低、施工简单、配线灵活、安装标准、外形美观等特点。其工作内容包括:本体安装,接地。

桥架工程量以"m"为计量单位,按设计图示尺寸以长度计算。

4. 配线工程量计算

配线工作内容包括:钢索架设(拉紧装置安装),配线,支持体(夹板、绝缘子、槽板等)安装。

室内布线用电线、电缆应按低压配电系统的额定电压、电力负荷、敷设环境及其与附近电气装置、设施之间能否产生有害的电磁感应等要求,选择合适的型号和截面。其导线最小截面应满足机械强度的要求,不同敷设方式导线线芯的最小截面不应小于表 4-12 的规定。当 PE 线所用材质与相线相同时,按热稳定要求,截面不应小于表 4-13 所列规定。

表 4-12   不同敷设方式导线线芯的最小截面

敷 设 方 式			线芯最小截面(mm²)		
			铜芯软线	铜 线	铝 线
敷设在室内绝缘支持件上的裸导线			—	2.5	4.0
敷设在室内绝缘支持件上的绝缘导线其支持点间距 L(m)	$L \leqslant 2$	室 内	—	1.0	2.5
		室 外	—	1.5	2.5
	$2 < L \leqslant 6$		—	2.5	4.0
	$6 < L \leqslant 12$		—	2.5	6.0
穿管敷设的绝缘导线			1.0	1.0	2.5
槽板内敷设的绝缘导线			—	1.0	2.5
塑料护套线明敷			—	1.0	2.5

表 4-13   保护线的最小截面   (单位:mm²)

装置的相线截面 S	$S \leqslant 16$	$16 < S \leqslant 35$	$S > 35$
接地线及保护线最小截面	S	16	$S/2$

当室内布线若采用单芯道线作固定装置的 PEN 干线时,其截面对铜材不应小于 10mm^2,对铝材不应小于 16mm^2;当用多芯电缆的线芯作 PEN 线时,其最小截面可为 4mm^2。

配线工程量以"m"为计量单位,按设计图示尺寸以单线长度计算(含预留长度)。预留长度见表 4-14。

表 4-14　　　　　　　　　配线进入箱、柜、板的预留长度　　　　　　　　(单位:m/根)

序号	项　　目	预留长度(m)	说　　明
1	各种开关箱、柜、板	高+宽	盘面尺寸
2	单独安装(无箱、盘)的铁壳开关、闸刀开关、启动器、线槽进出线盒等	0.3	从安装对象中心算起
3	由地面管子出口引至动力接线箱	1.0	从管口计算
4	电源与管内导线连接(管内穿线与软、硬母线接点)	1.5	从管口计算
5	出户线	1.5	从管口计算

在室内布线中,为了保证某一区域内的线路和各类器具整齐美观,施工前必须设立统一的标高,以适应使用的需要。

室内布线与各种管道的最小距离不能小于表 4-15 的规定。

表 4-15　　　　　　　　　电气线路与管道间的最小距离　　　　　　　　(单位:mm)

管道名称	配线方式		穿管配线	绝缘导线明配线	裸导线配线
蒸汽管	平　行	管道上	1000	1000	1500
		管道下	500	500	1500
	交　叉		300	300	1500
暖气管、热水管	平　行	管道上	300	300	1500
		管道下	200	200	1500
	交　叉		100	100	1500
通风、给水排水及压缩空气管	平　行		100	200	1500
	交　叉		50	100	1500

注:1. 对蒸汽管道,当在管外包隔热层后,上下平行距离可减至 200mm。

　　2. 暖气管、热水管应设隔热层。

　　3. 对裸导线,应在裸导线处加装保护网。

5. 接线箱、接线盒工程量计算

接线箱和接线盒都是电工辅料之一′,电气工程中电线是穿过电线管的,而在电线的接头部位(比如线路比较长,或者电线管要转角)就采用接线箱、接线盒作为过渡用,电线管与接线箱、接线盒连接,线管里面的电线在接线箱、接线盒中连接起来,起到保护电线和连接电线的作用。其工作内容包括:本体安装。

接线箱、接线盒工程量以"个"为计量单位,均按设计图示数量计算。

十二、照明器具安装(编码:030412)

1. 普通灯具工程量计算

吸顶花灯组装时,首先将灯具的托板放平,确定出线和走线的位置,量取各段导线的长度,剪断并剥出线芯,盘好圈后挂锡。然后连接好各个灯座,理顺各灯座的相线和工作零线,用线卡子分别固定,并按要求分别压入端子板(或瓷接头)。安装灯具时,可根据预埋的螺栓和灯位盒的位置,在灯具的托板上用电钻开好安装孔和出线孔。准备工作就绪后,将灯具托板托起,把盒内电源线和从灯具出线孔甩出的导线连接并包扎严密,并尽可能地把导线塞入灯位盒内,然后把托板的安装孔对准预埋螺栓(或射钉螺栓),使托板四周和顶棚贴紧,用螺母将其拧紧。

调整好各个灯座,悬挂好灯具的各种装饰物,并安装好灯泡或灯管。

吸顶花灯的安装要特别注意灯具与屋顶安装面连接的可靠性,连接处必须能承受相当于灯具 4 倍重力的悬挂而不变形。

普通灯具工作内容包括:本体安装。其工程量以"套"为计量单位,按设计图示数量计算。

2. 工厂灯工程量计算

通常工厂灯包括工厂罩灯、防水灯、防尘灯、碘钨灯、投光灯、泛水灯、混光灯、密闭灯等。其中日光灯作为办公照明,其效率比较高,光线比较柔和;太阳灯价格便宜,亮度高,但效率低,一般作为临时照明;高压水银灯、高压钠灯亮度高,效率高,但价格较贵,电压要求比较高,可作为车间照明和场地照明。工厂灯还包括工地上用的镝灯(3.5kW,380V)及机场停机坪用的氙灯。其工作内容包括:本体安装。

工厂灯工程量以"套"为计量单位,按设计图示数量计算。

3. 高度标志(障碍)灯工程量计算

高度标志(障碍)灯是按国家标准,顶部高出其地面 45m 以上的高层建筑必须设置航标灯。包括烟囱标志灯、高塔标志灯、高层建筑屋顶障碍指示等。

为了与一般用途的照明灯有所区别,航标灯不是长亮着而是闪亮,闪光频率不低于每分钟 20 次,不高于每分钟 70 次。高度标志(障碍)灯包括烟囱标志灯、高塔标志灯、高程建筑屋顶障碍指示灯等。其工作内容包括:本体安装。

高度标志(障碍)灯工程量以"套"为计量单位,按设计图示数量计算。

4. 装饰灯工程量计算

装饰灯用于室内外的美化、装饰、点缀等,室内装饰灯一般包括艺术装饰灯、吸顶式艺术装饰灯、荧光艺术装饰灯、几何型组合艺术装饰灯、标志灯、诱导装饰灯、水下(上)艺术装饰灯、点光源艺术灯、歌舞灯具、草坪灯具等。

(1)壁灯。安装壁灯如需要设置绝缘台时,应根据灯具底座的外形选择或制作合适的绝缘台,把灯具底座摆放在上面,四周留出的余量要对称,确定好出线孔和安装孔的位置,再用电钻在绝缘台上钻孔。当安装壁灯数量较多时,可按底座形状及出线孔和安装孔的位置,预先做一个样板,集中在绝缘台上定好眼位,再统一钻孔。同一工程中成排安装的壁灯,安装高度应一致,高低差不应大于 5mm。

(2)组合式吸顶花灯。组合式吸顶花灯的安装要特别注意灯具与屋顶安装面连接的可靠性,连接处必须能承受相当于灯具 4 倍重力的悬挂而不变形。

(3)吊式花灯。花灯要根据灯具的设计要求和灯具说明书和样本,清点各部件数量后进行组装,花灯内的接线一般使用单路或双路瓷接头进行连接。

(4)霓虹灯。霓虹灯托架及其附着基面要用难燃或不燃物质制作,如型钢、不锈钢、铝材、玻璃钢等。安装应牢靠,尤其室外大型牌匾、广告等应耐风压和其他外力,不得脱落。

(5)彩灯。安装彩灯时,应使用钢管敷设,严禁使用非金属管作敷设支架。

(6)庭院灯。为了节约用电,庭院灯和杆上路灯通常根据自然光的亮度而自动启闭,所以要进行调试,不像以前只要装好后,用人工开断试亮即可。由于庭院灯的作用除照亮人们使行动方便或点缀园艺外,实则还有夜间安全警卫的作用,所以每套灯具的熔丝要适配,否则某套灯具的故障会造成整个回路停电。较大面积没有照明,是对人们行动和安全不利的。

装饰灯工作内容包括:本体安装。其工程量以"套"为计量单位,按设计图示数量计算。

5. 荧光灯工程量计算

荧光灯灯具组装时,先把管座、镇流器和启辉器座安装在灯架的相应位置上,安装好吊链。连接镇流器到一侧管座的接线,再连接启辉器座到两侧管座的接线,用软线再连接好镇流器及管座另一接线管,并由灯架出线孔穿出灯架,与吊链编在一起穿入上法兰,应注意这两根导线中间不应有接头。各导线连接处均应挂锡。组装式荧光灯应在组装后安装前集中加工,安装好灯管经通电试验后再进行现场安装,避免安装后再修理的麻烦。

在灯具安装时,由于此种灯具法兰有大小之分,法兰小的应先将电源线接头放在灯头盒内而后固定木台及灯具法兰。法兰大的可以先固定木台接线后再固定灯具法兰。需要安装电容器时,把电容器两接点分别接在经灯具开关控制后的电源相线和电源零线上。应注意吊链灯双链平行,不使之出现梯形。

荧光灯工作内容包括:本体安装。其工程量以"套"为计量单位,按设计图示数量计算。

6. 医疗专用灯工程量计算

医疗专用灯安装一般包括病房指示灯、暗脚灯、紫外线杀菌灯、无影灯等的安装。以无影灯的安装为例,手术台上无影灯质量较大,使用中根据需要经常调节移动,子母式的更是如此,所以必须注意其固定和防松。

医疗专用灯工作内容包括:本体安装。其工程量以"套"为计量单位,按设计图示数量计算。

7. 一般路灯工程量计算

路灯是城市环境中反映道路特征的照明装置,它排列于城市广场、街道、高速公路、住宅区以及园林绿地中的主干园路旁,为夜晚交通提供照明之便。其工作内容包括基础制作、安装,立灯杆,杆座安装,灯架及灯具附件安装,焊、压接线端子,补刷(喷)油漆,灯杆编号,接地。

路灯一般分为低位置灯柱、步行街路灯、停车场和干道路灯及专用灯和高柱灯等。

(1)低位置灯柱。这种路灯所处的空间环境,表现出一种亲切温馨的气氛,以较小间距为行人照明。

(2)步行街路灯。这种路灯一般设置于道路的一侧,可等距离排列,也可自由布置。灯具和灯柱造型突出个性,并注重细部处理,以配合人们中近距离观赏。

(3)停车场和干道路灯。这种路灯灯柱的高度为 4～12m,通常采用较强的光源和较远的距离(10～50m)。

(4)专用灯和高柱灯。专用灯指设置于具有一定规模的区域空间,高度为 6～10m 之间的照明装置,它的照明不局限于交通路面,还包括场所中的相关设施及晚间活动场地。高柱灯也属于区域照明装置,高度一般为 20～40m,组合了多个灯管,可代替多个路灯使用,高柱灯亮度高,光照覆盖面广,能使应用场所的各个空间获得充分的光照,起到良好的照明效果。

一般路灯工程量以"套"为计量单位,按设计图示数量计算。

8. 中杆灯工程量计算

中杆灯是指安装在高度小于或等于 19m 的灯杆上的照明器具。其工作内容包括:基础浇筑,立灯杆,杆座安装,灯架及灯具附件安装,焊、压接线端子,铁构件安装,补刷(喷)油漆,灯杆编号,接地。

中杆灯以"套"为计量单位,按设计图示数量计算。

9. 高杆灯安装工程量计算

高杆灯是指安装在高度大于 19m 的灯杆上的照明器具。高杆灯灯具由吊杆、法兰、灯座或灯架组成,白炽灯出厂前已是组装好的成品,而荧光吊杆灯需进行组装。采用钢管做灯具的吊杆时,钢管内径一般不小于 10mm。

白炽吊杆灯在软线加工后,与灯座连接好(荧光灯接线同上述有关内容),将另一端穿入吊杆内,由法兰(或管口)穿出(导线露出吊杆管口的长度不应小于 150mm),准备到现场安装。

灯具安装时先固定木台,然后把灯具用木螺丝固定在木台上。也可以把灯具吊杆与木台固定好再一并安装。超过 3kg 的灯具,吊杆应吊挂在预埋的吊钩上。灯具固定牢固后再拧好法兰顶丝,应使法兰在木台中心,偏差不应大于 2mm,安装好后吊杆应垂直。双杆吊杆荧光灯安装后双杆应平行。

高杆灯工作内容包括:基础浇筑,立灯杆,杆座安装,灯架及灯具附件安装,焊、压接线端子,铁构件安装,补刷(喷)油漆,灯杆编号,升降机构接线调试,接地。

高杆灯工程量以"套"为计量单位,按设计图示数量计算。

10. 桥栏杆灯安装工程量计算

桥栏杆灯属于区域照明装置,亮度高、覆盖面广,能使应用场所的各个空间获得充分照明,一般可代替路灯使用。桥栏杆灯占地面积小,可避免灯杆林立的杂乱现象,同时桥栏杆灯可节约投资,具有经济性。其工作内容包括:灯具安装,补刷(喷)油漆。

桥栏杆灯工程量以"套"为计量单位,按设计图示数量计算。

11. 地道涵洞灯工程量计算

地道涵洞灯是地道涵的灯光设备,设在地道涵洞的通航桥孔迎车辆(船只)一面的上方中央和两侧桥柱上,夜间发出灯光信号,用于标示地道涵洞的通航孔位置,指引船舶驾驶员确认地道涵洞的通航孔位置,安全通过桥区航道,保障地道涵洞的安全和车辆(船只)的航行安全。其工作内容包括:灯具安装,补刷(喷)油漆。

地道涵洞灯工程量以"套"为计量单位,按设计图示数量计算。

十三、附属工程(编号:030413)

1. 铁构件工程量计算

铁构件指的是有钢铁或者不锈钢经过切割、焊接、除锈刷漆等工艺人工制作出来的加工件。一般是电气设备的架子等,也就是现场施工时用槽钢或者角钢、扁钢制作出来的各种构件。其工作内容包括:制作,安装,补刷(喷)油漆。

铁构件工程量以"kg"为计量单位,按设计图示尺寸以质量计算。

2. 凿(压)槽、打洞(孔)工程量计算

凿(压)槽与打洞(孔)一般是在装修过程中,地面已做好的情况下,电气配管、配线所需工序,施工完毕后需要对槽、洞(孔)进行恢复处理。

凿(压)槽工作内容包括:开槽,恢复处理;打洞(孔)工作内容包括:开孔、洞,恢复处理。

凿(压)槽工程量以"m"为计量单位,按设计图示尺寸以长度计算。

打洞(孔)工程量以"个"为计量单位,按设计图示数量计算。

3. 管道包封工程量计算

管道包封即混凝土包封,就是指将管道顶部和左右两侧使用规定强度等级的混凝土全部密封。其工作内容包括:灌注,养护。

管道包封工程量以"m"为计量单位,按设计图示长度计算。

4. 人(手)孔砌筑与防水工程量计算

人(手)孔是组成通信管道的配套设施,按容量分为大、中、小号人孔(手)孔;按用途分为直通、三通、四通。

人(手)孔砌筑工作内容包括:砌筑;人(手)孔防水工作内容包括:防水。

人(手)孔砌筑工程量以"个"为计量单位,按设计图示数量计算;人(手)孔防水工程量以"m²"为计量单位,按设计图示防水面积计算。

十四、电气调整试验(编码:030414)

1. 电力变压器系统工程量计算

电力变压器系统调试一般包括变压器、断路器、互感器、隔离开关、风冷及油循环冷却系统电气装置、常规保护装置等一、二次回路的调试及空投试验等。其工作内容包括:系统调试。

电力变压器系统工程量以"系统"为计量单位,按设计图示系统计算。

2. 送配电装置系统工程量计算

送配电装置系统调试一般包括自动开关或断路器、隔离开关、常规保护装置、电测量仪表、电力电缆等一、二次回路系统等的调试。其工作内容包括:系统调试。

送配电装置系统工程量以"系统"为计量单位,按设计图示系统计算。

3. 特殊保护装置工程量计算

特殊保护装置调试一般包括保护装置本体及二次回路的调整试验。其工作内容包括:调试。

特殊保护装置工程量以"台(套)"为计量单位,按设计图示数量计算。

4. 自动投入装置工程量计算

自动投入装置调试一般包括自动装置、继电器及拉制回路的调整试验。其工作内容包括:调试。

自动投入装置工程量以"系统(台、套)"为计量单位,按设计图示数量计算。

5. 中央信号装置、事故照明切换装置、不间断电源工程量计算

中央信号装置、事故照明切换装置、不间断电源调试一般包括装置本体及控制回路的调整试验。其工作内容包括:调试。

中央信号装置工程量以"系统(台)"为计量单位,按设计图示数量计算;事故照明切换装置、不间断电源工程量以"系统"为计量单位,均按设计图示系统计算。

6. 母线工程量计算

母线是将电气装置中各截流分支回路连接在一起的导体。它是汇集和分配电力的载体,又称汇流母线。习惯上把各个配电单元中截流分支回路的导体均泛称为母线。母线的作用是汇集、分配和传送电能。由于母线在运行中,有巨大的电能通过,短路时,承受着很大的发热和电动力效应,因此,必须合理地选用母线材料、截面形状和截面面积,以符合安全、经济运行的要求。其工作内容包括:调试。

母线工程量以"段"为计量单位,按设计图示数量计算。

7. 避雷器、电容器工程量计算

避雷、电容器调试一般包括母线耐压试验,接触电阻测量,避雷器、母线绝缘监视装置、电

测量仪表及一、二次回路的调试,接地电阻测试等。其工作内容包括:调试。

避雷器、电容器工程量以"组"为计量单位,均按设计图示数量计算。

8. 接地装置工程量计算

接地装置是指埋设在地下的接地电极以及与该接地电极到设备间的连接导线的总称。其工作内容包括:接地电阻测试。

接地装置工程量以"系统、组"为计量单位,以系统计量,按设计图示系统计算;以组计量,按设计图示数量计算。

9. 电抗器、消弧线圈、电除尘器工程量计算

电抗器、消弧线圈、电除尘器调试一般包括电抗器、消弧圈的直流电阻测试、耐压试验,高压静电除尘装置本体及一、二次回路的测试等。其工作内容包括:调试。

电抗器、消弧线圈以"台"为计量单位,电除尘器工程量以"组"为计量单位,均按设计图示数量计算。

10. 硅整流设备、可控硅整流装置工程量计算

硅整流设备、可控硅整流装置调试一般包括开关、调压设备、整流变压器、硅整流设备及一、二次回路的调试,可控硅控制系统调试等。其工作内容包括:调试。

硅整流设备、可控硅整流装置工程量以"系统"为计量单位,按设计图示系统计算。

11. 电缆试验工程量计算

电缆试验检测电缆质量、绝缘状况和对电缆线路所做的各种测试。其工作内容包括:试验。

电缆试验以"次(根、点)"为计量单位,按设计图示数量计算。

第二节 给排水、采暖、燃气工程

一、给排水、采暖、燃气管道(编码:031001)

1. 镀锌钢管工程量计算

镀锌钢管是一般钢筋的冷镀管,采用电镀工艺制成,只在钢管外壁镀锌,钢管的内壁没有镀锌。镀锌钢管的安装应符合下列要求:

(1)镀锌钢管安装要全部采用镀锌配件变径和变向,不能用加热的方法制成管件,加热会使镀锌层遭到破坏而影响防腐能力;也不能以黑铁管零件代替。

(2)铸铁管承口与镀锌钢管连接时,镀锌钢管插入的一端要翻边防止水压试验或运行时脱出。另一端要将螺纹套好。简单的翻边方法可将管端等分锯几个口,用钳子逐个将它翻成相同的角度即可。

(3)管道接口法兰应安装在检查井内,不得埋在土壤中;如必须将法兰埋在土壤中,应采取防腐蚀措施。

镀锌钢管工作内容包括:管道安装,管件制作、安装,压力试验,吹扫、冲洗,警示带铺设。其工程量以"m"为计量单位,按设计图示管道中心线以长度计算。

2. 钢管工程量计算

钢管有以下几种分类方法:

(1)按生产方法分类,钢管可分为无缝钢管和焊接钢管两大类。

1)无缝钢管。无缝钢管包括热轧钢管、冷轧钢管、冷拔钢管、挤压钢管等几种。

2)焊接钢管。按工艺,焊接钢管可分为电弧焊管、电阻焊管(高频、低频)、气焊管、炉焊管等;按焊缝,焊接钢管可分为直缝焊管、螺旋焊管等。

(2)按断面形状分类,钢管可分为简单断面钢管和复杂断面钢管两大类。

1)简单断面钢管主要有圆形钢管、方形钢管、椭圆形钢管、三角形钢管、六角形钢管、菱形钢管、八角形钢管、半圆形钢管及其他;

2)复杂断面钢管主要有不等边六角形钢管、五瓣梅花形钢管、双凸形钢管、双凹形钢管、瓜子形钢管、圆锥形钢管、波纹形钢管、表壳钢管及其他。

(3)按壁厚分类,钢管可分为薄壁钢管和厚壁钢管。

(4)按用途分类,钢管可分为管道用钢管、热工设备用钢管、机械工业用钢管、石油地质勘探用钢管、容器钢管、化学工业用钢管、特殊用途钢管等几种。

钢管工作内容包括:管道安装,管件制作、安装,压力试验,吹扫、冲洗,警示带铺设。其工程量以"m"为计量单位,按设计图示管道中心线以长度计算。

3. 不锈钢管工程量计算

不锈钢管的安装应符合下列要求:

(1)不锈钢管安装前应进行清洗,并应吹干或擦干,除去油渍及其他污物。管子表面有机械损伤时,必须加以修整,使其光滑,并应进行酸洗或钝化处理。

(2)不锈钢管不允许与碳钢支架接触,应在支架与管道之间垫入不锈钢片以及不含氯离子的塑料或橡胶垫片。

(3)不锈钢管路较长或输送介质温度较高时,在管路上应设不锈钢补偿器。常用的补偿器有方形和波形两种,采用哪一种补偿器,要视管径大小和工作压力的高低而定。

(4)当采用碳钢松套法兰连接时,由于碳钢法兰锈蚀后铁锈与不锈钢表面接触,在长期接触情况下,会产生分子扩散,使不锈钢发生锈蚀现象。为了防腐绝缘,应在松套法兰与不锈钢管之间衬垫绝缘物,绝缘物可采用不含氯离子的塑料、橡皮或石棉橡胶板。

(5)不锈钢管穿过墙壁或楼板时,均应加装套管。套管与管道之间的间隙不应小于10mm,并在空隙里填充绝缘物。绝缘物内不得含有铁屑、铁锈等杂物,绝缘物可采用石棉绳。

(6)根据输送的介质与工作温度和压力的不同,法兰垫片可采用软垫片或金属垫片。

(7)不锈钢管焊接时,一般用手工氩弧焊或手工电弧焊。所用焊条应在150~200℃温度下干燥0.5~1h,焊接环境温度不得低于−5℃,如果温度偏低,应采取预热措施。

(8)如果用水作不锈钢管道压力试验时,水的氯离子含量不得超过25mg/kg。

不锈钢管工作内容包括:管道安装,管件制作、安装,压力试验,吹扫、冲洗,警示带铺设。其工程量以"m"为计量单位,按设计图示管道中心线以长度计算。

4. 铜管工程量计算

铜管重量较轻,导热性好,低温强度高。常用于制造换热设备(如冷凝器等),也用于制氧设备中装配低温管路。直径小的铜管常用于输送有压力的液体(如润滑系统、油压系统等)和用作仪表的测压管等。

铜管工作内容同不锈钢管。其工程量以"m"为计量单位,按设计图示管道中心线以长度计算。

铜管的安装应符合下列要求:

(1)在同一施工现场有两种或两种以上不同牌号的铜及铜合金管道时,管子、管件验收合格后应做好涂色标记,分开存放,防止混淆。

(2)在装卸、搬运和安装的过程中,应轻拿轻放,防止碰撞及表面被硬物划伤。

(3)支、吊架间距应符合设计文件的规定。当设计文件无规定时,可按同规格钢管支、吊架间距的 4/5 采用。

(4)弯管的管口至起弯点的距离应不小于管径,且不小于 30mm。

(5)安装铜波形补偿器时,其直管长度不得小于 100mm。

(6)采用螺纹连接时,其螺纹部分应涂以石墨甘油。

(7)法兰连接有平焊法兰、对焊法兰、焊环松套法兰和翻边松套法兰四种类型。平焊法兰、对焊法兰及松套法兰的焊环或翻边肩材料应与管子材料牌号相同。松套法兰用碳素钢制造。法兰垫片一般采用橡胶石棉板等软垫片。采用翻边松套法兰连接时,应保持同轴。公称直径小于或等于 50mm 时,其偏差应不大于 1mm;公称直径大于 50mm 时,其偏差应不大于 2mm。

5. 铸铁管工程量计算

铸铁管是指用铸铁浇铸成型的管子。铸铁管用于给水、排水和煤气输送管线,它包括铸铁直管和管件。铸铁管安装适用于承插铸铁管、球墨铸铁管、柔性抗震铸铁管等。

铸铁管分为以下几类:

(1)按铸造方法不同,分为连续铸铁管和离心铸铁管,其中离心铸铁管又分为砂型和金属型两种。

(2)按材质不同,分为灰口铸铁管和球墨铸铁管。

(3)按接口形式不同,分为柔性接口、法兰接口、自锚式接口、刚性接口等。其中,柔性铸铁管用橡胶圈密封;法兰接口铸铁管用法兰固定,内垫橡胶法兰垫片密封;刚性接口一般铸铁管承口较大,直管插入后,用水泥密封,此工艺现已基本淘汰。

铸铁管工作内容包括:管道安装,管件安装,压力试验,吹扫、冲洗,警示带铺设。其工程量以"m"为计量单位,按设计图示管道中心线以长度计算。

6. 塑料管工程量计算

塑料管安装适用于 UPVC、PVC、PP-C、PP-R、PE、PB 管等塑料管材。其工作内容包括:管道安装,管件安装,塑料卡固定,阻火圈安装,压力试验,吹扫、冲洗,警示带铺设。

塑料管的优点有:质量轻,搬运装卸便利,耐化学药品性优良,流体阻力小,施工简易,节约能源,保护环境。

缺点如下:

(1)塑料管容易老化,特别是室外受紫外线强光的照射,可导致塑料变脆、老化,使用寿命大大降低,仅为 10 年左右。

(2)承压能力较弱,塑料管承压能力不足 0.4MPa。

(3)在建筑防火问题方面阻燃性差。

(4)耐热性差,软化温度低,低温性能差。

(5)排水噪声大。由于塑料管内壁较为光滑,水流不易形成水膜沿管壁流动,在管道中呈混乱状态撞击管壁。

(6)抗机械冲击性差,膨胀系数大。

塑料管工程量以"m"为计量单位,按设计图示管道中心线以长度计算。

7. 复合管工程量计算

在一个电子管的壳内装有两个以上电极系统,每个电极系统各自独立通过电子流,实现各自的功能,这种电子管称为复合管。复合管安装适用于钢塑复合管、铝塑复合管、钢骨架复合管等复合型管道安装。其工作内容包括:管道安装,管件安装,塑料卡固定,压力试验,吹扫、冲洗,警示带铺设。

复合管工程量以"m"为计量单位,按设计图示管道中心线以长度计算。

8. 直埋式预制保温管工程量计算

直埋式预制保温管是由输送介质的钢管(工作管)、聚氨酯硬质泡沫塑料(保温层)、高密度聚乙烯外套管(保护层)紧密结合而成。直埋式预制保温管包括直埋保温管件安装和接口保温。其工作内容包括:管道安装,管件安装,接口保温,压力试验,吹扫、冲洗,警示带铺设。

直埋式预制保温管工程量以"m"为计量单位,按设计图示管道中心线以长度计算。

9. 承插陶瓷缸瓦管工程量计算

承插陶瓷缸瓦管由塑性耐火黏土烧制而成,缸瓦管比铸铁下水管的耐腐蚀能力更强,且价格便宜,但缸瓦管不够结实,在装运时需特别小心,不要碰坏,即使装好后也要加强维护。承插缸瓦管的直径一般不超过 500～600mm,有效长度为 400～800mm。能满足污水管道在技术方面的一般要求,被广泛应用于排除酸碱废水系统中。其工作内容包括:管道安装,管件安装,压力试验,吹扫、冲洗,警示带铺设。

承插缸瓦管工程量以"m"为计量单位,按设计图示管道中心线以长度计算。

10. 承插水泥管工程量计算

常用水泥管包括混凝土管和钢筋混凝土管。其工作内容包括:管道安装,管件安装,压力试验,吹扫、冲洗,警示带铺设。

承插水泥管工程量以"m"为计量单位,按设计图示管道中心线以长度计算。

11. 室外管道碰头工程量计算

管道碰头是指管道与管道之间的连接。室外管道碰头适用于新建或扩建工程热源、水源、气源管道与原(旧)有管道碰头;室外管道碰头包括工作坑、土方回填或暖气沟局部拆除及修复;带介质管道碰头包括开关闸、临时放水管线铺设等费用;热源管道碰头每处包括供、回水两个接口;碰头形式包括介质碰头、不带介质碰头。其工作内容包括:挖填工作坑或暖气沟拆除及修复,碰头,接口处防腐,接口处绝热及保护层。

室外管道碰头工程量以"处"为计量单位,按设计图示以处计算。

二、支架与其他(编码:031002)

1. 管道支架工程量计算

管道支架也称管架,它的作用是支撑管道,限制管道变形和位移,承受从管道传来的内压力、外荷载及温度变形的弹性力,通过它将这些力传递到支承结构上或地上。

管道支架制作工作内容包括:制作,安装。其工程量以"kg、套"为计量单位,以千克计量,按设计图示质量计算;以套计量,按设计图示数量计算。

管道工程中,管道支架有以下两种形式:

(1)架空敷设的水平管道支架。当水平管道沿柱或墙架空敷设时,可根据荷载的大小、管道的根数、所需管架的长度及安装方式等分别采用各种形式的生根在柱上的支架(简称柱架),或生根在墙上的支架(简称墙架),如图 4-3 所示。这些形式的柱架或墙架均可根据需要设计成活动支架、固定支架、导向支架,也可组装成弹簧支架。

(2)地上平管和垂直弯管支架。一些管道离地面较近或离墙、柱、梁、楼板底等的距离较大，不便于在上述结构上生根，则可采用生根在地上的平管支架，如图4-4所示。图4-5所示则为地上垂直弯管支架。这种支架因易形成"冷桥"，故不宜用作冷冻管支架。若需采用时，高度也应很小，并将金属支架包在管道的热绝缘结构内，且需在下面垫以木块，以免形成"冷桥"。

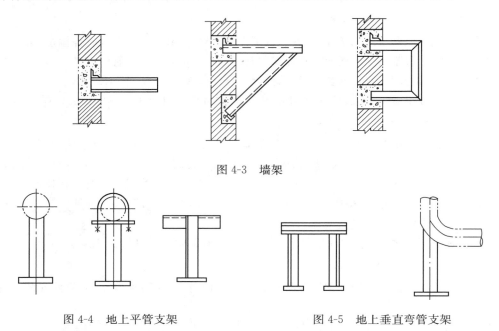

图 4-3 墙架

图 4-4 地上平管支架   图 4-5 地上垂直弯管支架

2. 设备支架工程量计算

设备支架是承托管道等设备用的，是管道安装中的重要构件之一。根据作用特点分为活动式和固定式两种；从形式可分为托架、吊架和管卡三种。根据沿墙、沿建筑物和构筑物不同管道支架可分为以下几种：

(1)埋入式支架。一次埋入或预留孔洞，支架埋入深度不少于20mm或按照设计及有关标准图确定。

(2)焊接式支架。在钢筋混凝土构件上预埋钢板，然后将支架焊在上面。

(3)射钉和膨胀螺栓固定支架。在没有预留孔洞和预埋钢板的砖墙或混凝土墙上，用射钉枪将射钉射入墙内，然后用螺母将支架固定在射钉上，此法用于安装负荷不大的支架。用膨胀螺栓时，墙上应先按支架螺孔的位置钻孔，然后将套管套在螺栓上，带上螺母一起打入孔内，用扳手拧紧螺母，使螺栓的锥形尾部把开口管尾胀开，使支架固定于墙上。

(4)包柱式支架。沿柱子敷设管道可采用包柱式支架。放线后，用长杆螺栓将支架角钢把紧即可。

设备支架工作内容包括：制作，安装。其工程量以"kg、套"为计量单位，以千克计量，按设计图示质量计算；以套计量，按设计图示数量计算。

3. 套管工程量计算

为防止管道受荷载被压坏，而在管道外部设置保护性套管，作用在管道外壁防止管道破损。套管制作安装，适用于穿基础、墙、楼板等部位的防水套管、填料套管、无填料套管及防火套管等，应分别列项。其工作内容包括：制作，安装，除锈，刷油。

套管工程量以"个"为计量单位,按设计图示数量计算。

三、管道附件(编码:031003)

1. 螺纹阀门工程量计算

螺纹阀门是指阀体带有内螺纹或外螺纹,与管道螺纹连接的阀门。管径小于或等于32mm宜采用螺纹连接。其工作内容包括:安装,电气接线,调试。

螺纹阀门工程量以"个"为计量单位,按设计图示数量计算。

螺纹阀门有内螺纹连接和外螺纹连接两种,内螺纹阀门安装时,应符合下列要求:

(1)把选配好的螺纹短管卡在台钳上,往螺纹上抹一层铅油,顺着螺纹方向缠麻丝(当螺纹沿旋紧方向转动时,麻丝越缠越紧),缠4~5圈麻丝即可。

(2)手拿阀门往螺纹短管上拧2~3扣螺纹,当用手拧不动时,再用管钳子紧。使用管钳子上阀门时,要注意管钳子和阀件的规格相适应。

(3)使用管钳子操作时,一手握钳子把,另一手按在钳头上,让管钳子后部牙口吃劲,使钳口咬牢管子不致打滑。扳转钳时要用劲平稳,不能贸然用力,以防钳口打滑落空而伤人。

(4)阀门和螺纹短管上好之后,用锯条剔去留在螺纹外面的多余麻丝,用抹布擦去铅油。

外螺纹阀门的连接方法与内螺纹阀门连接方法一样,所不同的是铅油和麻丝缠在阀门的外螺纹上,再和内螺纹短管连接。

2. 螺纹法兰阀门工程量计算

螺纹法兰即以螺纹方式连接的法兰。这种法兰与管道不直接焊接在一起,而是以管口翻边为密封接触面,套法兰起紧固作用,多用于铜、铅等有色金属及不锈耐酸管道上。其最大优点是法兰穿螺栓时非常方便;缺点是不能承受较大的压力。也有的是用螺纹与管端连接起来,有高压和低压两种。其安装执行活头连接项目。其工作内容包括:安装,电气接线,调试。

螺纹法兰工程量以"个"为计量单位,按设计图示数量计算。

3. 焊接法兰阀门工程量计算

焊接法兰阀门的阀体带有焊接坡口,与管道焊接连接。其工作内容包括:安装,电气接线,调试。

焊接法兰阀门工程量以"个"为计量单位,按设计图示数量计算。

4. 带短管甲乙阀门工程量计算

带短管甲乙阀门中的"短管甲"是带承插口管段加法兰,用于阀门进水管侧;"短管乙"是直管段加法兰,用于阀门出口侧。带短管甲乙的法兰阀门一般用于承插接口的管道工程中。其工作内容包括:安装,电气接线,调试。

带短管甲乙阀工程量以"个"为计量单位,按设计图示数量计算。

5. 塑料阀门工程量计算

国际上塑料阀门的类型主要有球阀、蝶阀、止回阀、隔膜阀、闸阀和截止阀等,结构形式主要有二通、三通和多通阀门,原料主要有 ABS、PVC-U、PVC-C、PB、PE、PP 和 PVDF 等。其工作内容包括:安装、调试。

塑料阀门工程量以"个"为计量单位,按设计图示数量计算。

6. 减压器工程量计算

减压器的结构形式常见的有活塞式、波纹管式,此外,还有膜片式、外弹簧薄膜式等。在供热管网中,减压器靠启闭阀孔对蒸汽进行节流达到减压的目的。减压器应能自动地将阀后压力维持在一定范围内,工作时无振动,完全关闭后不漏气。其工作内容包括:组装。

减压器工程量以"组"为计量单位,按设计图示数量计算。

7. 疏水器工程量计算

疏水器的作用是自动而且迅速地排出用热设备及管道中的凝水,并能阻止蒸汽逸漏。在排出凝水的同时,排除系统中积留的空气和其他非凝性气体。疏水器的工作状况对蒸汽供热系统运行的可靠性与经济性有很大影响。根据疏水器作用原理的不同,把疏水器分为机械型、热动力型和热静力型三大类。

疏水装置一般靠墙布置,安装时先在疏水器两侧阀门以外适当处设置型钢托架,托架栽入墙内的深度不得小于120mm。经找平找正,待支架埋设牢固后,将疏水装置搁在托架上就位。有旁通管时,旁通管朝室内侧卡在支架上。疏水器中心离墙不应小于150mm。

疏水器安装时,应根据设计图纸要求的规格组配后再进行安装。组配时,其阀体应与水平回水干管相垂直,不得倾斜,以利于排水;其介质流向与阀体标志应一致;同时,安排好旁通管、冲洗管、检查管、止回阀、过滤器等部件的位置,并设置必要的法兰、活接头等零件,以便于检修拆卸。其工作内容包括:组装。

疏水器工程量以"组"为计量单位,按设计图示数量计算。

8. 除污器(过滤器)工程量计算

除污器(过滤器)作用是防止管道介质中的杂质进入传动设备或精密部位,使生产发生故障或影响产品的质量。除污器安装在用户入口供水总管上,以及热源(冷源)、用热(冷)设备、水泵、调节阀入口处。其工作内容包括:安装。

除污器(过滤器)以"组"为计量单位,按设计图示数量计算。

9. 补偿器工程量计算

补偿器习惯上也叫膨胀节,或伸缩节。由构成其工作主体的波纹管(一种弹性元件)和端管、支架、法兰、导管等附件组成。其工作内容包括:安装。

补偿器以"个"为计量单位,按设计图示数量计算。

10. 软接头(软管)工程量计算

软接头又叫橡胶管软接头、橡胶接头、橡胶软接头、可曲绕接头、高压橡胶接头、橡胶减震器等软接头,是用于金属管道之间起挠性连接作用的中空橡胶制品,此产品可降低振动及噪声,并可对因温度变化引起的热胀冷缩起补偿作用,广泛应用于各种管道系统。其工作内容包括:安装。

软接头(软管)以"个(组)"为计量单位,按设计图示数量计算。

11. 法兰工程量计算

法兰是用钢、铸铁、热塑性或热固性增强塑料制成的空心环状圆盘,盘上开一定数量的螺栓孔。法兰可安装或浇铸在管端上,两法兰间用螺栓连接。法兰通常有固定法兰、接合法兰、带帽法兰、对接法兰、栓接法兰、突面法兰等类型。

安装法兰时,应将两法兰盘对平找正,先在法兰盘螺孔中顶穿几根螺栓(四孔法兰可先穿三根,六孔法兰可先穿四根),将制备好的垫插入两法兰之间后,再穿好余下的螺栓。把衬垫找正后,即可用扳手拧紧螺钉。拧紧顺序应按对角顺序进行,不应将某一螺钉一次拧到底,而应分成3~4次拧到底。这样可使法兰衬垫受力均匀,保证法兰的严密性。其工作内容包括:安装。

法兰工程量以"副(片)"为计量单位,按设计图示数量计算。

12. 倒流防止器工程量计算

倒流防止器根据我国目前的供水管网,尤其是生活饮用水管道回流污染严重,又无有效防止回流污染装置的情况下,研制的一种严格限定管道中水只能单向流动的水力控制组合装置,它的功能是在任何工况下防止管道中的介质倒流,以达到避免倒流污染的目的。同时倒流防止器,也称为防污隔断阀。其工作内容包括:安装。

倒流防止器以"套"为计量单位,按设计图示数量计算。

13. 水表工程量计算

用来计量液体流量的仪表称为流量计,通常把室内给水系统中用的流量计叫做水表,它是一种计量用水量的工具。室内给水系统广泛采用流速式水表,它主要由表壳、翼轮测量机构、减速指示机构等部分组成。其工作内容包括:组装。

水表工程量以"组(个)"为计量单位,按设计图示数量计算。

常用水表有旋翼式水表($DN15\sim DN150$)和螺翼式水表($DN100\sim DN400$)及翼轮复式水表(主表 $DN50\sim DN400$,副表 $DN15\sim DN40$)三种。

(1)旋翼式水表。旋翼式水表的翼轮转轴与水流方向垂直,装有平直叶片,流动阻力较大,适于测小的流量,多用于小直径管道上。按计数机构是否浸于水中,又分为湿式和干式两种。湿式水表的计数机构浸于水中,装在度盘上的厚玻璃可承受水压,其结构较简单,密封性好,计量准确,价格便宜,故应用广泛,适用于不超过 40℃,不含杂质的净水管道上。干式水表的计数机构用金属圆盘与水隔开,结构较复杂,适用于 90℃以下的热水管道上。

(2)螺翼式水表。螺翼式水表的翼轮转轴与水流方向平行,装有螺旋叶片,流动阻力小,适于测大的流量,多用在较大直径(大于 $DN80$)的管道上。

(3)翼轮复式水表。翼轮复式水表同时配有主表和副表,主表前面设有开闭器,当通过流量小时,开闭器自闭,水流经旁路通过副水表计量;通过流量大时,靠水力顶开开闭器,水流同时从主、副水表通过,两表同时计量。主、副水表均属叶轮式水表,能同时记录大小流量,因此,在建筑物内用水量变化幅度较大时,可采用复式水表。

14. 热量表工程量计算

热量表是计算热量的仪表。热量表的工作原理:将一对温度传感器分别安装在通过载热流体的上行管和下行管上,流量计安装在流体入口或回流管上(流量计安装的位置不同,最终的测量结果也不同),流量计发出与流量成正比的脉冲信号,一对温度传感器给出表示温度高低的模拟信号,而积算仪采集来自流量和温度传感器的信号,利用积算公式算出热交换系统获得的热量。其工作内容包括:安装。

热量表工程量以"块"为计量单位,按设计图示数量计算。

15. 塑料排水管消声器工程量计算

塑料排水管消声器是指设置在塑料排水管道上用于减轻或消除噪声的小型设备。其工作内容包括:安装。

塑料排水管消声器工程量以"个"为计量单位,按设计图示数量计算。

16. 浮标液面计工程量计算

液面计又称液位计,是用来测量容器内液面变化情况的一种计量仪表。常用的 UFZ 型浮标液面计是一种简易的直读式液位测量仪表,其结构简单,读数直观,测量范围大,耐腐蚀。其工作内容包括:安装。

浮标液面计工程量以"组"为计量单位,按设计图示数量计算。

17. 浮漂水位标尺工程量计算

浮漂水位标尺适用于一般工业与民用建筑中的各种水塔、蓄水池指示水位。其工作内容包括:安装。

浮漂水位标尺工程量以"套"为计量单位,按设计图示数量计算。

四、卫生器具(编码:031004)

1. 浴缸工程量计算

浴缸有陶瓷、玻璃钢、搪瓷和塑料等多种制品,配水分为冷水、冷热水及冷热水带混合水喷头等几种形式,安装在旅馆及较高档次的卫生间内。其工作内容包括:器具安装,附件安装。

浴缸工程量以"组"为计量单位,按设计图示数量计算。

2. 净身盆工程量计算

净身盆是一种坐在上面专供洗涤妇女下身用的洁具,其外形如图 4-6 所示,一般设在纺织厂的女卫生间或产科医院。在净身盆后装有冷、热水龙头,冷、热水连通管上装有转换开关,使混合水流经盆底的喷嘴向上喷出。其安装形式如图 4-6 所示,规格见表 4-16。

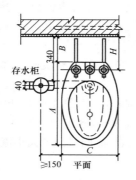 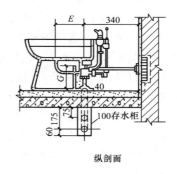

图 4-6 净身盆

表 4-16 净身盆的规格 (单位:mm)

型 号	规 格					
	A	B	C	E	G	H
601	650	105	350	160	165	205
602	650	100	390	170	150	197
6201	585	167	370	170	155	230
6202	600	165	354	160	135	227
7201	568	175	360	150	175	230
7205	570	180	370	160	175	240

净身盆工作内容包括:器具安装,附件安装。其工程量以"组"为计量单位,按设计图示数量

计算。

3. 洗脸盆工程量计算

洗脸盆又称洗面器,其形式较多,可分为挂式、立柱式、台式三类。挂式洗脸盆是指一边靠墙悬挂安装的洗脸盆,它一般适用于家庭;立柱式洗脸盆是指下部为立柱支承安装的洗脸盆,它在较高标准的公共卫生间内常被选用;台式洗脸盆是指脸盆镶于大理石台板上或附设在化妆台的台面上的洗脸盆,它在国内宾馆的卫生间使用最为普遍。其材质以陶瓷为主,也有人造大理石、玻璃钢等。洗脸盆大多用上釉陶瓷制成,形状有长方形、半圆形及三角形等。工作内容包括:器具安装,附件安装。

洗脸盆工程量以"组"为计量单位,按设计图示数量计算。

4. 洗涤盆工程量计算

洗涤盆主要装于住宅或食堂的厨房内,洗涤各种餐具等使用。洗涤盆的上方接有各式水嘴。洗涤盆多为陶瓷制品,其常用规格有8种,具体尺寸见表4-17。

表 4-17　　　　　　　　　　　　　　洗涤盆尺寸表　　　　　　　　　　　（单位:mm）

尺寸部位	1 号	2 号	3 号	4 号	5 号	6 号	7 号	8 号
长	610	610	510	610	410	610	510	410
宽	460	410	360	410	310	460	360	310
高	200	200	200	150	200	150	150	150

洗涤盆工程量以"组"为计量单位,按设计图示数量计算。

5. 化验盆工程量计算

化验盆装置在工厂、科学研究机关、学校化验室或实验室中,通常都是陶瓷制品,盆内已有水封,排水管上不需装存水弯,也不需盆架,用木螺丝固定于实验台上。盆的出口配有橡皮塞头。根据使用要求,化验盆可装置单联、双联、三联的鹅颈龙头。其工作内容包括:器具安装,附件安装。

化验盆工程量以"组"为计量单位,按设计图示数量计算。

6. 大便器工程量计算

大便器主要分坐式和蹲式两种形式,坐式大便器又分为后出水和下出水两种形式。与坐式大便器配套的有低位水箱冲洗设备(图4-7),规格见表4-18。

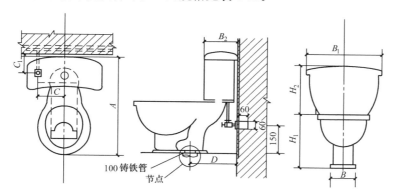

图 4-7　坐式大便器(带低位水箱)

表 4-18 坐式大便器(带低位水箱)规格表 （单位：mm）

尺寸 型号	外形尺寸						上水配管		下水配管 D
	A	B	B_1	B_2	H_1	H_2	C	C_1	
601	711	210	534	222	375	360	165	81	340
602	701	210	534	222	380	360	165	81	340
6201	725	190	480	225	360	335	165	72	470
6202	715	170	450	215	360	350	160	175	460
720	660	160	540	220	359	390	170	50	420
7201	720	186	465	213	370	375	137	90	510
7205	700	180	475	218	380	380	132	109	480

蹲式大便器设有高位水箱冲洗设备(图 4-8)，简易的也有采用节水阀门直接冲洗的。

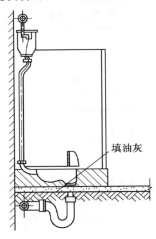

填油灰

图 4-8 蹲式大便器(带高位水箱)

大便器工作内容包括：器具安装，附件安装。其工程量以"组"为计量单位，按设计图示数量计算。

7. 小便器工程量计算

小便器有挂式和立式两种形式，冲洗方式有角型阀、直型阀及自动水箱冲洗，用于单身宿舍、办公楼、旅馆等处的厕所中。材料一般为配套购置，一个自动冲洗挂式小便器的主要配套材料见表 4-19。

表 4-19 一个自动冲洗挂式小便器主要材料表

编号	名称	规格	材质	单位	数量
1	水箱进水阀	DN15	铜	个	1
2	高水箱	1号或2号	陶瓷	个	1
3	自动冲洗阀	DN32	铸铜或铸铁	个	1
4	冲洗管及配件	DN32	铜管配件镀铬	套	1

（续）

编 号	名 称	规 格	材 质	单 位	数 量
5	挂式小便器	3 号	陶瓷	个	1
6	连接管及配件	DN15	铜管配件镀铬	套	1
7	存水弯	DN32	铜、塑料、陶瓷	个	1
8	压 盖	DN32	铜	个	1
9	角式截止阀	DN15	铜	个	1
10	弯 头	DN15	锻 铁	个	1

小便器工作内容包括：器具安装，附件安装。其工程量以"组"为计量单位，按设计图示数量计算。

8. 其他成品卫生器具工程量计算

其他成品卫生器具是指本节中未列出的卫生器具。其工作内容包括：器具安装，附件安装。其他成品卫生器具工程量以"组"为计量单位，按设计图示数量计算。

9. 烘手器工程量计算

烘手器一般装于宾馆、餐馆、科研机构、医院、公共娱乐场所的卫生间等用于干手。其型号、规格多种多样，应根据实际选用。其工作内容包括：安装。

烘手器工程量以"个"为计量单位，按设计图示数量计算。

10. 淋浴器工程量计算

淋浴器多用于公共浴室，与浴盆相比，具有占地面积小、费用低、卫生等优点。大多现场组装，由于管件较多，布置紧凑，配管尺寸要求严格准确，安装时应注意齐整、美观。其工作内容包括：器具安装，附件安装。

淋浴器工程量以"套"为计量单位，按设计图示数量计算。

11. 淋浴间工程量计算

淋浴间主要有单面式和围合式两种，单面式指只有开启门的方向才有屏风，其他三面是建筑墙体；围合式一般两面或两面以上有屏风，包括四面围合的。其工作内容包括：器具安装，附件安装。

淋浴间工程量以"套"为计量单位，按设计图示数量计算。

12. 桑拿浴房工程量计算

桑拿浴房适用于医院、宾馆、饭店、娱乐场所、家庭，根据其功能、用途可分为多种类型，如远红外线桑拿浴房、芬兰桑拿浴房、光波桑拿浴房等，可根据实际需要具体选用。其工作内容包括：器具安装，附件安装。

桑拿浴房工程量以"套"为计量单位，按设计图示数量计算。

13. 大、小便槽自动冲洗水箱工程量计算

大、小便槽自动冲洗水箱是在厕所最常见的上面有个大水箱，当里面的水流超过水浮后就会自动流水的水箱。水箱的安装高度与建筑物高度、配水管道、管径及设计流量有关。水箱的安装高度应满足建筑物内最不利配水点所需的流出水头，并经管道的水力计算确定。根据构造上要求，水箱低距顶层板面的高度最小不得小于 0.4m。其工作内容包括：制作，安装，支架制作、安装，除锈、刷油。

大、小便槽自动冲洗水箱工程量以"套"为计量单位,按设计图示数量计算。

14. 给、排水附(配)件工程量计算

给、排水中有很多附(配)件是指独立安装的水嘴、地漏、地面扫出口。其工作内容包括:安装。

给、排水附(配)件以"个(组)"为计量单位,按设计图示数量计算。

15. 小便槽冲洗管工程量计算

小便槽可用普通阀门控制多孔冲洗管进行冲洗,应尽量采用自动冲洗水箱冲洗。多孔冲洗管安装于距地面1.1m高度处。多孔冲洗管管径≥15mm,管壁上开有2mm小孔,孔间距为10～12mm,安装时应注意使一排小孔与墙面成45°角。小便槽安装如图4-9所示。

小便槽冲洗管工作内容包括:制作,安装。其工程量以"m"为计量单位,按设计图示长度计算。

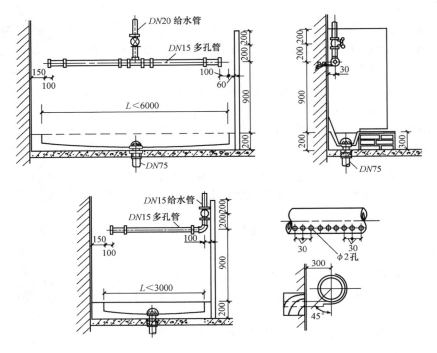

图 4-9　小便槽安装示意图

16. 蒸汽—水加热器工程量计算

蒸汽—水加热器是蒸汽喷射器与汽水混合加热器的有机结合体,是以蒸汽来加热及加压,不需要循环水泵与汽水换热器就可实现热水供暖的联合设置。其工作内容包括:制作,安装。

蒸汽—水加热器工程量以"套"为计量单位,按设计图示数量计算。

17. 冷热水混合器工程量计算

冷热水混合器工作内容包括:安装,制作。其工程量以"套"为计量单位,按设计图示数量计算。

冷热水混合器的类型及构造参数要求见表4-20。

表 4-20   冷热水混合器的类型及构造参数

名　　称	构　造　及　参　数
蒸汽喷射淋浴器	主要部件为热水器。热水器有蒸汽和冷水进口。蒸汽由喷嘴喷出与冷水混合,加热后的水再经管道引至用水设备。热水器主要靠膨胀盒的灵敏胀缩,带动下方实心铜锥体上下移动,控制蒸汽喷嘴的出汽量,以保证所供热水温度。阀瓣可在阀座上口和铜销向控制的位置内上下移动,起止回阀作用。 主要性能: (1)试验压力 0.5MPa; (2)蒸汽最高工作压力 0.3MPa; (3)蒸汽最低工作压力 0.05MPa; (4)冷水压力>0.05MPa; (5)最高出水温度 80℃; (6)最大热水供应量 600kg/h; (7)蒸汽耗量 40kg/h($P=0.2$MPa)
挡板三通汽水混合器	用铜铸挡板三通制成。使用时,每个淋浴器上装一个。 要求蒸汽压力不高于冷水压力,一般蒸汽压力为<0.2MPa。从挡板三通到用水器具的出口管段长度不能太短,一般为>1m,以便于汽水混合
冷热水混合器	用于单管供水系统。达到混合均匀的条件是: (1)冷、热水在混合器中须形成紊流,避免层流; (2)水流速不能过大,避免形成短路

18. 饮水器工程量计算

饮水器是居住区街道及公共场所为满足人的生理卫生要求经常设置的供水设施,同时也是街道上的重要装点之一。饮水器分为悬挂式饮水设备、独立式饮水设备和雕塑式水龙头等。饮水器的高度宜在 800mm 左右,供儿童使用的饮水器高度宜在 650mm 左右,并应安装在高度 100~200mm 的踏台上。同时,饮水器的结构和高度还应考虑轮椅使用者的方便。其工作内容包括:安装。

饮水器工程量以"套"为计量单位,按设计图示数量计算。

19. 隔油器工程量计算

隔油器,就是将含油废水中的杂质、油、水分离的一种专用设备。隔油器广泛应用于大型综合商场、办公写字楼、学校、军队、各类宾馆、饭店、高级招待所及营业性餐厅所属厨房排水管隔油清污之用,是厨房必备的隔油设备,以及车库排水管隔油的理想设备。除此之外,工业涂装废水等含油废水有也运用。其工作内容包括:安装。

隔油器工程量以"套"为计量单位,按设计图示数量计算。

五、供暖器具(编码:031005)

1. 铸铁散热器工程量计算

铸铁散热器根据形状可分为柱型及翼型。而翼型散热器又有圆翼型和长翼型之分。铸铁散热器具有耐腐蚀的优点,但承受压力一般不宜超过 0.4MPa,且质量大,组对时劳动强度大,适用于工作压力小于 0.4MPa 的采暖系统,或不超过 40m 高的建筑物内。

(1)柱型散热器(暖气片)。柱型散热器可以单片拆装,安装和使用都很灵活,而且外形美观,多用于民用建筑及公共场所。其规格见表 4-21。

表 4-21 柱型散热器规格表

名　称	高度 H(mm)		上下孔中心距(mm)	每片厚度(mm)	每片宽度(mm)	每片容量(L)	每片放热面积(m²)	每片质量(kg)	每片实际放热量(W)	最大工作压力(MPa)	接口直径 DN(mm)
	带腿片	中间片									
四柱 760	760	696	614	51	166	0.80	0.235	8(7.3)	207	4	32
四柱 813	813	732	642	57	164	1.37	0.28	7.99(7.55)	—	4	32
五柱 700	700	626	544	50	215	1.22	0.28	1.01(9.2)	208	4	32
五柱 800	800	766	644	50	215	1.34	0.33	11.1(10.2)	251.2	4	32
二柱波利扎 3	—	590	500	80	184	2.8	0.24	7.5	202.4	4	40
二柱洛尔 150	—	390	300	60	150	—	0.13	4.92	—	4	40
二柱波利扎 6	—	1090	1000	80	184	4.9	0.46	15	329.13	4	40
二柱莫斯科 150	—	583	500	82	150	1.25	0.25	7.5	211.67	4	40
二柱莫斯科 132	—	583	500	82	132	1.1	0.25	7	198.87	4	40
二柱伽马—1	—	585	500	80	185	—	0.25	10	—	4	40
二柱伽马—3	—	1185	1100	80	185	—	0.49	19.8	—	4	40

注:括号内数字为无足暖气片质量。

(2)长翼型散热器(暖气片)。长翼型散热器也称大 60 和小 60,以一组为组装单位,用 $\phi 10$ 螺纹左右丝拧紧组对,使用不够灵活,也容易黏附灰土。多用于工厂车间内。其规格见表 4-22。

表 4-22 长翼型暖气片规格表

名　称	高度 H(mm)	上下孔中心距 h(mm)	宽度 B(mm)	翼　数	长度(mm)	每片放热面积(m²)	每片容量(L)
60 大	600	505	115	14	280	1.175	3
60 小	600	505	115	10	200	0.860	5.4
46 大	460	365	115	12	240	—	4.9
46 小	460	365	115	9	180	—	3.8
38 大	380	285	115	15	300	1.000	4.9
38 小	380	285	115	12	240	0.750	3.8

(3)圆翼型暖气片。圆翼型暖气片以"根"为组装单位,能耐高压,可以水平或垂直安装,也可以将两根连接合成。

铸铁散热器工作内容包括:组对、安装,水压试验,托架制作、安装,除锈、刷油。其工程量以"片(组)"为计量单位,按设计图示数量计算。

2. 钢制散热器工程量计算

钢制散热器分为钢制闭式散热器和钢制板式散热器。

(1)钢制闭式散热器是由钢管、钢片、联箱、放气阀及管接头组成。其结构如图 4-10 所示。其散热量随热媒参数、流量和其构造特征(如串片竖放、平放、长度、片距等参数)的改变而改变。

(2)钢制板式散热器由面板、背板、对流片

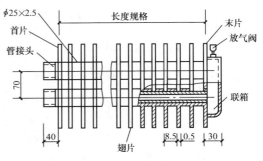

图 4-10 钢制闭式散热器

和水管接头及支架等部件组成,其构造如图 4-11 所示。它外形美观,散热效果好,节省材料,但承压能力低。其型号为 BS60、BS48,高度为 600mm、480mm,长度有 400mm、600mm、800mm、1000mm、1200mm、1400mm、1600mm、1800mm 等多种。与铸铁散热器相比具有金属耗量少、耐压强度高、外形美观整洁、体积小、占地少、易于布置等优点,但宜腐蚀、使用寿命短,多用于高层建筑和高温水采暖系统中,不能用于蒸汽采暖系统中,也不宜用于湿度较大的采暖房间内。

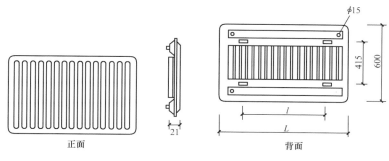

图 4-11　钢制板式散热器

(3)钢制壁板式散热器是一种新型散热器,进行钢制壁板式散热器的布置应力求使室温均匀,使室外渗入的冷空气能较迅速地被加热,并尽量减少占用有效空间和使用面积。

(4)钢制柱式散热器构造与铸铁散热器相似,每片也有几个中空的立柱(图 4-12),用 1.25～1.5mm 厚冷轧钢板压制成单片然后焊接而成。

钢制散热器工作内容包括:安装,托架安装,托架刷油,其工程量以“组(片)”为计量单位,按设计图示数量计算。

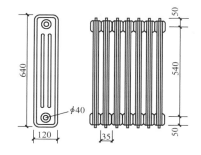

图 4-12　钢制柱式散热器(单位:mm)

3. 其他成品散热器工程量计算

其他成品散热器指本节中未列出的散热器项目。其工作内容包括:安装,托架安装,托架刷油。

其他成品散热器以“组(片)”为计量单位,按设计图示数量计算。

4. 光排管散热器工程量计算

光排管散热器一般分为两种,即 A 型(用于蒸汽)与 B 型(用于热水),其构造如图 4-13 所示。光排管散热器的外形尺寸见表 4-23。其工作内容包括:制作、安装、水压试验、除锈、刷油。

光排管散热器工程量以“m”为计量单位,按设计图示排管长度计算。

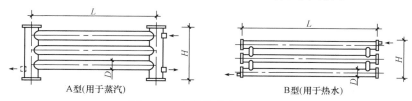

图 4-13　光排管散热器的构造

表 4-23　　　　　　　　　　　　　　光排管散热器的外形尺寸

型式	管径 排数	D76×3.5		D89×3.5		D108×4		D133×4	
		三排	四排	三排	四排	三排	四排	三排	四排
H	A 型	452	578	498	637	556	714	625	809
	B 型	328	454	367	506	424	582	499	682

注:L 为 2000、2500、3000、3500、4000、4500、5000、5500、6000 共 9 种。

5. 暖风机工程量计算

暖风机有台式、立式、壁挂式之分。台式暖风机小巧玲珑;立式暖风机线条流畅;壁挂式暖风机节省空间。暖风机造型美观、考究,颇具时尚感。通常,暖风机的功率在 1kW 左右,一般家庭所使用的暖风机电表宜在 5A 以上,而功率更大的(如 2000W)暖风机,需考虑电路负荷限制的因素。

暖风机工作内容包括:安装,其工程量以"台"为计量单位,按设计图示数量计算。

暖风机除了可提供暖风、热风之外,还添加了许多新功能,比如有的壁挂式浴室暖风机,设计有旋转式毛巾架,可随时烘干毛巾等轻便物品;新型浴室暖风机,能对室内温度进行预设,而后机器会进行自动恒温控制;加湿暖风机,具有活性炭灭菌滤网,能清烟、除尘、灭菌,同时备有加湿功能,使室内空气干湿宜人。

6. 地板辐射采暖工程量计算

地板辐射采暖是以温度不高于 60℃ 的热水作为热源,在埋置于地板下的盘管系统内循环流动,加热整个地板,通过地面均匀地向室内辐射散热的一种供暖方式。其工作内容包括:保温层及钢丝网铺设,管道排布、绑扎、固定,与分集水器连接,水压试验、冲洗、配合地面浇注。

地板辐射采暖工程量以"m²、m"为计量单位。以平方米计量,按设计图示采暖房间净面积计算;以米计量,按设计图示管道长度计算。

7. 热媒集配装置工程量计算

热媒集配装置是由分水器和集水器构成,有一个进口(或出口)和多个进口(或出口)的筒形承压装置,使装置内横断面的水流速限制在一定范围内,可有效调节控制局部系统水力,并配置有排气装置和各通水环路的独立阀门,以控制系统流量及均衡分配各通水环路的水力和流量。

热媒集配装置工作内容包括:制作、安装、附件安装,其工程量以"台"为计量单位,按设计图示数量计算。

8. 集气罐工程量计算

集气罐主要用于热力供暖管道的最高点,与排气阀相连,起到汇气稳定效果。

集气罐工作内容包括:制作、安装,其工程量以"个"为计量单位,按设计图示数量计算。

六、采暖、给排水设备(编号:031006)

1. 变频给水设备工程量计算

变频给水设备通过微机控制变频调速来实现恒压供水。先设定用水点工作压力,并监测市政管网压力,压力低时自动调节水泵转速提高压力,并控制水泵以一恒定转速运行进行恒压供水。当用水量增加时转速提高,当用水量减少时转速降低,时刻保证用户的用水压力恒定。

变频给水设备工作内容包括:设备安装、附件安装、调试、减震装置制作、安装,其工程量以

"套"为计量单位,按设计图示数量计算。

2. 稳压给水设备工程量计算

本文以消防稳压给水设备为例进行介绍。消防稳压给水设备平时由稳压泵维持消防系统压力,火情发生时,自动开启消防泵,保持最不利点所需的消防流量和压力,齐全的故障保护,报警功能,消防泵自动定期巡检功能,并可接收和处理各种消防信号以及发出各种运行工况信号,整套装置性能优异,技术先进,供水稳定可靠。

稳压给水设备工作内容包括:设备安装,附件安装,调试,减震装置制作、安装,其工程量以"套"为计量单位,按设计图示数量计算。

3. 无负压给水设备工程量计算

无负压给水设备是直接利用自来水管网压力的一种叠压式供水方式,卫生、节能、综合投资小。安装调试后,自来水管网的水首先进入稳流补偿器,并通过真空抑制器将罐内的空气自动排除。当安装在设备出口的压力传感器检测到自来水管网压力满足供水要求时,系统不经过加压泵直接供给;当自来水管网压力不能满足供水要求时,检测压力差额,由加压泵差多少、补多少;当自来水管网水量不足时,空气由真空抑制器进入稳流补偿器破坏罐内真空,即可自动抽取稳流补偿器内的水供给,并且管网内不产生负压。

无负压给水设备工作内容包括:设备安装,附件安装,调试,减震装置制作、安装,其工程量以"套"为计量单位,按设计图示数量计算。

4. 气压罐工程量计算

气压罐主要由气门盖、充气口、气囊、碳钢罐体、法兰盘组成,当其连接到水系统上时,主要起一个蓄能器作用,当系统水压力大于膨胀罐碳钢罐体与气囊之间的氮气压力时,系统水会在系统压力的作用下挤入膨胀罐气囊内,这样一是会压缩罐体与气囊之间的氮气,使其体积减小,压力增大;二是会增加系统整个水的容纳空间,使系统压力减小,直到系统水的压力和罐体与气囊之间的氮气压力达到新的平衡才停止进水。当系统水压力小于膨胀罐内气体压力时,气囊内的水会在罐体与气囊之间的氮气压力作用下挤出,补回到系统,系统水容积减小压力上升,罐体与气囊之间的氮气体积增大压力下降,直到两者达到新的平衡,水停止从气囊挤压回系统,压力罐起到调节系统压力波动的作用。

气压罐工作内容包括:安装,调试,其工程量以"台"为计量单位,按设计图示数量计算。

5. 太阳能集热装置工程量计算

太阳能的热利用中,关键是将太阳的辐射能转换为热能。由于太阳能比较分散,必须设法把它集中起来,所以,集热器是各种利用太阳能装置的关键部分。由于用途不同,集热器及其匹配的系统类型分为许多种,名称也不同,如用于炊事的太阳灶、用于产生热水的太阳能热水器、用于干燥物品的太阳能干燥器、用于熔炼金属的太阳能熔炉,以及太阳房、太阳能热电站、太阳能海水淡化器等。

太阳能集热装置工作内容包括:安装,附件安装,其工程量以"套"为计量单位,按设计图示数量计算。

6. 地源(水源、气源)热泵机组工程量计算

作为自然界的现象,正如水由高处流向低处那样,热量也总是从高温流向低温。但人们可以创造机器,如同把水从低处提升到高处而采用水泵那样,采用热泵可以把热量从低温抽吸到高温。所以,热泵实质上是一种热量提升装置,它本身消耗一部分能量,把环境介质中贮存的能量

加以挖掘,提高温位进行利用,而整个热泵装置所消耗的功仅为供热量的 1/3 或更低,这也是热泵的节能特点。热泵与制冷的原理和系统设备组成及功能是一样的,对蒸汽压缩式热泵(制冷)系统主要由压缩机、蒸发器、冷凝器和节流阀组成。

地源(水源、气源)热泵机组工作内容包括:安装,减震装置制作、安装,其工程量以"组"为计量单位,按设计图示数量计算。

7. 除砂器工程量计算

从气、水或废水水流中分离出杂粒的装置。杂粒包括砂粒、石子、煤渣或其他一些重的固体构成的渣滓,其沉降速度和密度远大于水中易于腐烂的有机物。

除砂器工作内容包括:安装,其工程量以"台"为计量单位,按设计图示数量计算。

8. 水处理器工程量计算

水处理器是根据水中普遍存在的结垢、腐蚀、菌藻以及水质恶化等问题进行处理,具有防垢除垢、防腐除锈、杀菌灭藻、超净过滤的综合处理功能。

水处理器工作内容包括:安装,其工程量以"台"为计量单位,按设计图示数量计算。

9. 超声波灭藻设备工程量计算

超声波可能的抑藻杀藻机理有:破坏细胞壁、破坏气胞、破坏活性酶。高强度的超声波能破坏生物细胞壁,使细胞内物质流出,这一点已在工业上运用。藻类细胞的特殊构造是一个占细胞体积 50% 的气胞,气胞控制藻类细胞的升降运动。超声波引起的冲击波、射流、辐射压等可能破坏气胞。在适当的频率下,气胞甚至能成为空化泡而破裂。同时,空化产生的高温高压和大量自由基,可以破坏藻细胞内活性酶和活性物质,从而影响细胞的生理生化活性。此外,超声波引发的化学效应也能分解藻毒素等藻细胞分泌物和代谢产物。

超声波灭藻设备工作内容包括:安装,其工程量以"台"为计量单位,按设计图示数量计算。

10. 水质净化器工程量计算

水质净化器简称净水器,是集混合、反应、沉淀、过滤于一体的一元化设备,具有结构紧凑、体积小、操作管理简便和性能稳定等优点,是一种成功的净水设备。

水质净化器工作内容包括:安装,其工程量以"台"为计量单位,按设计图示数量计算。

11. 紫外线杀菌设备工程量计算

紫外线是一种肉眼看不见的光波,存在于光谱紫射线端的外侧,故称紫外线。紫外线是来自太阳辐射电磁波之一。紫外线杀菌设备杀菌原理是利用紫外线灯管辐照强度,即紫外线杀菌灯所发出之辐照强度,与被照消毒物的距离成反比。当辐照强度一定时,被照消毒物停留时间愈久,离杀菌灯管愈近,其杀菌效果愈好;反之愈差。

紫外线杀菌设备工作内容包括:安装,其工程量以"台"为计量单位,按设计图示数量计算。

12. 热水器、开水炉工程量计算

热水器是指通过各种物理原理,在一定时间内使冷水温度升高变成热水的一种装置。按照原理不同可分为电热水器、燃气热水器、太阳能热水器、空气能热水器、速磁生活热水器五种。

开水炉是为了适应各类人群饮水需求而设计开发的。其容量根据不同群体的需求,可以按照用户要求定做,产品适用于企业单位、酒店、部队、车站、机场、工厂、医院、学校等公共场合。

热水器、开水炉工作内容包括:安装,其工程量以"台"为计量单位,按设计图示数量计算。

13. 消毒器、消毒锅工程量计算

消毒器表面应喷涂均匀,颜色一致,表面应无流痕、起沟、漏漆、剥落现象。外表整齐美观,无明显的锤痕和不平,盘面仪表、开关、指示灯、标牌应安装牢固端正。外壳及骨架的焊接应牢固,无明显变形或烧穿缺陷。

消毒锅属净化、消毒设备。

消毒器、消毒锅工作内容包括:安装,其工程量以"台"为计量单位,按设计图示数量计算。

14. 直饮水设备工程量计算

直饮水是指通过设备对源水进行深度净化,达到人体能直接饮用的水。直饮水主要指通过反渗透系统过滤后的水。

直饮水设备适用范围:办公楼、写字楼、酒店、宾馆、公寓、别墅、学校、医院、水厂、工厂等场所的直饮水供给。

直饮水设备工作内容包括:安装,其工程量以"套"为计量单位,按设计图示数量计算。

15. 水箱工程量计算

水箱按材质分为 SMC 玻璃钢水箱、蓝博不锈钢水箱、不锈钢内胆玻璃钢水箱、海水玻璃钢水箱、搪瓷水箱五种。水箱一般配有 HYFI 远传液位电动阀、HYJK 型水位监控系统和 HYQX-II 水箱自动清洗系统以及 HYZZ-2-A 型水箱自洁消毒器,水箱的溢流管与水箱的排水管阀后连接并设防虫网,水箱应有高低不同的两个通气管(设防虫网),水箱设内外爬梯;水箱一般有进水管、出水管(生活出水管、消防出水管)、溢流管、排水管,水箱按照功能不同分为生活水箱、消防水箱、生产水箱、人防水箱、家用水塔五种。

水箱工作内容包括:制作、安装,其工程量以"台"为计量单位,按设计图示数量计算。

七、燃气器具及其他(编码:031007)

1. 燃气开水炉工程量计算

燃气开水炉使用专用高位不锈钢燃烧器,特制管道吸热方式,热利用率高,产开水量大,全不锈钢制作,干净卫生。

燃气开水炉工作内容包括:安装,附件安装,其工程量以"台"为计量单位,按设计图示数量计算。

2. 燃气采暖炉工程量计算

燃气采暖炉是指通过消耗燃气使其转化为热能而用来采暖的一种设备。常见的燃气采暖炉有燃气室外采暖炉、燃气壁挂式采暖炉等。

燃气采暖炉工作内容包括:安装,附件安装,其工程量以"台"为计量单位,按设计图示数量计算。

3. 燃气沸水器、消毒器工程量计算

燃气沸水器是一种利用煤气、液化气为热源的能连续不断地提供热水或沸水的设备。它由壳体和壳体内的预热器、贮水管、燃烧器、点火器等构成。冷水经预热器预热进入螺旋形的贮水管得到燃烧器直接而又充分的燃烧,水温逐步上升到沸点。具有加热速度快、热效率高、节能、可调温等特点。可广泛应用于家庭、茶馆、饮食店等行业。

燃气沸水器、消毒器工作内容包括:安装,附件安装,其工程量以"台"为计量单位,按设计图示数量计算。

4. 燃气热水器工程量计算

燃气热水器可根据燃气种类、安装位置及排气方式、用途、供暖热水系统结构形式进行分类。

按使用燃气的种类可分为人工煤气热水器、天然气热水器、液化石油气热水器;按安装位置或给气排气方式可分为室内型和室外型;按用途可分为供热水型、供暖型、两用型。

燃气热水器工作内容包括:安装,附件安装,其工程量以"台"为计量单位,按设计图示数量计算。

5. 燃气表工程量计算

燃气表是一种气体流量计,又称煤气表,是列入国家强检目录的强制检定计量器具。用户使用燃气表必须经质量技术监督部门进行首次强检合格。

燃气表是用铝材制造的,重约3kg,放在钢板焊接的仪表箱里,用螺母与两根煤气管道连接。燃气表一般包括工业燃气表、膜式燃气表、IC卡智能燃气表等。

燃气表工作内容包括:安装、托架制作、安装,其工程量以"块(台)"为计量单位,按设计图示数量计算。

6. 燃气灶具工程量计算

燃气灶具按不同方式分类如下:

(1)按燃气类别可分为:人工燃气灶具、天然气灶具、液化石油气灶具。

(2)按灶眼数可分为:单眼灶、双眼灶、多眼灶。

(3)按功能可分为:灶、烤箱灶、烘烤灶、烤箱、烘烤器、饭锅、气电两用灶具。

(4)按结构形式可分为:台式、嵌入式、落地式、组合式、其他形式。

(5)按加热方式可分为:直接式、半直接式、间接式。

燃气灶具工作内容包括:安装,附件安装,其工程量以"台"为计量单位,按设计图示数量计算。

7. 气嘴工程量计算

在燃气管道中,气嘴是用于连接金属管与胶管,并与旋塞阀作用的附件。气嘴与金属管连接,有内螺纹、外螺纹之分。气嘴与胶管连接,有单嘴、双嘴之分。

气嘴工作内容包括:安装,其工程量以"个"为计量单位,按设计图示数量计算。

8. 调压器工程量计算

输配管网系统的压力工况是利用调压器来控制的,调压器的作用是根据燃气的需用情况将燃气调至不同压力。

调压器通常安设在气源厂、燃气压送站、分配站、储罐站、输配管网和用户处。

调压器工作内容包括:安装,工程量以"台"为计量单位,按设计图示数量计算。

9. 燃气抽水缸工程量计算

燃气抽水缸是为了排除燃气管道中的冷凝水和天然气管道中的轻质油而设置的燃气管道附属设备。抽水缸也称排水器,是为了排除燃气管道中的冷凝水和天然气管道中的轻质油而设置的燃气管道附属设备。根据集水器的制造材料的不同,抽水缸可分为铸铁抽水缸或碳钢抽水缸两种。

燃气抽水缸工作内容包括:安装,其工程量以"个"为计量单位,按设计图示数量计算。

10. 燃气管道调长器工程量计算

燃气管道调长器是属于一种补偿元件。燃气管道调长器是利用其工作主体有效伸缩变形,以吸收管线、导管、容器等由热胀冷缩等原因而产生的尺寸变化,或补偿管线、导管、容器等的轴向、横向和角向位移。也可用于降噪减振。在现代工业中用途广泛。

燃气管道调长器工作内容包括:安装,其工程量以"个"为计量单位,按设计图示数量计算。

11. 调压箱、调压装置工程量计算

调压箱是指将调压装置放置于专用箱体,设于建筑物附近,承担用气压力的调节。包括调压装置和箱体。悬挂式和地下式箱称为调压箱,落地式箱称为调压柜。

调压箱、调压装置工作内容包括:安装,其工程量以"台"为计量单位,按设计图示数量计算。

12. 引入口砌筑工程量计算

引入口砌筑工作内容包括:保温(保护)台砌筑,填充保温(保护)材料。引入口砌筑形式应注明地上、地下。

引入口砌筑工程量以"处"为计量单位,按设计图示数量计算。

八、医疗气体设备及附件(编码:031008)

1. 制氧机工程量计算

制氧机包括工业制氧机和家用制氧机。工业制氧机的原理是利用空气分离技术,首先将空气以高密度压缩,再利用空气中各成分的冷凝点的不同使之在一定的温度下进行气液脱离,再进一步精馏而得;家用制氧机工作原理:利用分子筛物理吸附和解吸技术。制氧机内装填分子筛,在加压时可将空气中氮气吸附,剩余的未被吸收的氧气被收集起来,经过净化处理后即成为高纯度的氧气。

制氧机工作内容包括:安装,调试,其工程量以"台"为计量单位,按设计图示数量计算。

2. 液氧罐工程量计算

液氧罐就是把氧气加压降温到零下100多度存放在专门的储罐中,这种罐子一般由不锈钢制造而成。

液氧罐工作内容包括:安装,调试,其工程量以"台"为计量单位,按设计图示数量计算。

3. 二级稳压箱工程量计算

二级减压箱(又叫"二级减压截止阀箱")实际上是串接在气体管路上的一个设备,"截止"的作用就是接通或关闭管道,方便进行检测和维修;一般采用线性球阀。"二级减压"的作用就是进行二次减压(第一次减压在气站处),保证经过减压后的气体压力符合使用标准。同时,二级减压截止箱还可以起到稳压作用,确保工作区域内的压力波动不大,相对稳定,这对使用者而言也是非常有利的。

二级稳压箱工作内容包括:安装,调试,其工程量以"台"为计量单位,按设计图示数量计算。

4. 气体汇流排工程量计算

气体汇流排是为了提高工作效率和安全生产,将单个用气点的单个供气的气源集中在一起,将多个气体盛装的容器(高压钢瓶,低温杜瓦罐等)集合起来实现集中供气的装置。

气体汇流排工作内容包括:安装,调试,其工程量以"组"为计量单位,按设计图示数量计算。

5. 集污罐工程量计算

集污罐是指将过滤器内的分离物收集后在罐内进行可燃物的挥发,挥发的气体通过排空管排入大气,罐内只遗留水合固体杂质,最后通过泵排出。

集污罐工作内容包括:安装,其工程量以"个"为计量单位,按设计图示数量计算。

6. 刷手池工程量计算

手术室专用刷手池,洗手槽采用不锈钢双层制作,中间特殊静音处理。槽身以人体工学设计,洗手时水花不会溅在身上。鹅颈型水龙头,光控感应式出水,安全可靠。

刷手池工作内容包括:器具安装,附件安装,其工程量以"组"为计量单位,按设计图示数量计算。

7. 医用真空罐工程量计算

真空罐是由一罐体及一罐盖组成,罐盖内具有吸气装置及气室,该吸气装置含有柱塞,气室内具数止逆阀;该气室设于罐盖内,罐盖上方凹陷一容纳空间,内可置入杆体,杆体末端枢接于柱塞末端,杆体之预定处枢接于罐盖之容纳空间内,该气室具有数进气孔及阀孔,其内各设置止逆阀,气室内置入弹性元件,弹性元件供柱塞顶压;据此,以旋动杆体,驱使柱塞于气室内往复移动,将罐体内气体由进气孔进入气室,由阀孔排出,并借由弹性元件回复柱塞原状,达到以杠杆省力操作,又具效率地抽出空气。

医用真空罐工作内容包括:本体安装,附件安装,调试,其工程量以"台"为计量单位,按设计图示数量计算。

8. 气水分离器工程量计算

气水分离器是指将气体和液体分离的设备。

气水分离器工作内容包括:安装,其工程量以"台"为计量单位,按设计图示数量计算。

9. 干燥机工程量计算

干燥机是一种利用热能降低物料水分的机械设备,用于对物体进行干燥操作。干燥机通过加热使物料中的湿分(一般指水分或其他可挥发性液体成分)汽化逸出,以获得规定湿含量的固体物料。干燥是为了物料使用或进一步加工的需要。

干燥机工作内容包括:安装,调试,其工程量以"台"为计量单位,按设计图示数量计算。

10. 储气罐工程量计算

储气罐是指储存一部分压缩空气,减缓空压机排出气流脉动的容器。兼有从压缩空气中分出油、水的作用。

储气罐工作内容包括:安装,调试,其工程量以"台"为计量单位,按设计图示数量计算。

11. 空气过滤器工程量计算

空气过滤器是指清除空气中的微粒杂质的装置。

空气过滤器工作内容包括:安装,调试,其工程量以"个"为计量单位,按设计图示数量计算。

12. 集水器工程量计算

集水器是水系统中,用于连接各路加热管供、回水的配、集水装置。按进回水分为分水器、集水器。

集水器工作内容包括:安装,调试,其工程量以"台"为计量单位,按设计图示数量计算。

13. 医疗设备带工程量计算

医疗设备带通常是指医疗机构或医院的中心供氧、中心吸引等设备在病房的一个组成单元。医疗设备带通常是在某工作场所,安装了中心供氧系统(通常有三种形式:集中瓶装氧气、液氧罐、制氧机)、由负压机组构成的中心吸引系统等设施,通过管道,连接到每个病房的床前,那么每个病房在大约1.5m的高度,都有一条由铝合金或其他材料制成的槽带,上面安装有与中心供氧、吸引、呼叫、照明等设备相连的终端,当病人需要吸氧时,只要把吸氧管与终端相连,就可吸氧了。

医疗设备带工作内容包括:安装,调试,其工程量以"m"为计量单位,按设计图示长度计算。

14. 气体终端工程计算

气体终端工作内容包括:安装,调试,其工程量以"个"为计量单位,按设计图示数量计算。

九、采暖、空调水工程系统调试(编码:031009)

1. 采暖工程系统调试工程量计算

系统试运行前,应制定可行性试运行方案,且要有统一指挥,明确分工,并对参与试运行人员进行技术交底。根据试运行方案,做好试运行前的材料、机具和人员的准备工作。水源、电源应能保证运行。通暖一般在冬期进行,对气温突变影响要有充分的估计,加之系统在不断升压、升温条件下,可能发生的突然事故,均应有可行的应急措施。在通暖试运行时,锅炉房内、各用户入口处应有专人负责操作与监控;室内采暖系统应分环路或分片包干负责。在试运行进入正常状态前,工作人员不得擅离岗位,且应不断巡视,发现问题应及时报告并迅速抢修。

通暖后要进行试调,其主要目的是使每个房间达到设计温度,对系统远近的各个环路应达到阻力平衡,即每个小环冷热度均匀,如最近的环路过热,末端环路不热,可用立管阀门进行调整。对单管顺序式的采暖系统,如顶层过热、底层不热或达不到设计温度,可调整顶层闭合管的阀门;如各支路冷热不均匀,可用控制分支路的回水阀门进行调整,最终达到设计要求温度。在调试过程中,应测试热力入口处热媒的温度及压力是否符合设计要求。

采暖工程系统调试工作内容包括:系统调试,其工程量以"系统"为计量单位,按采暖工程系统计算。

2. 空调水工程系统调试工程量计算

空调水工程量系统由空调水管道、阀门及冷水机组组成。由于该项工作未受到业主、设计单位和施工单位的足够重视,现在很多工程各支路水力调节不均衡,导致空调效果不理想,有的工程水泵流量过大,冷水机组进出口冷水温差太小,造成大流量小温差,水力输送能耗过大,甚至发生由超大流量导致的水泵电机超荷烧毁事故。这些现象除设计不匹配外,多与调试的效果有关。

空调水工程系统调试工作内容包括:系统调试,其工程量以"系统"为计量单位,按空调水工程系统计算。

第三节 通风空调工程

一、通风及空调设备及部件制作安装(编码:030701)

1. 空气加热器(冷却器)工程量计算

空气加热器是由金属制成的,分为光管式和肋管式两大类。光管式空气加热器由联箱(较粗的管子)和焊接在联箱间的钢管组成,一般在现场按标准图加工制作。这种加热器的特点是加热面积小,金属消耗多,但表面光滑,易于清灰,不易堵塞,空气阻力小,易于加工,适用于灰尘较大的场合。肋片管式空气加热器根据外肋片加工的方法不同可分为套片式、绕片式、镶片式和轧片式,其结构材料有钢管钢片、钢管铝片和铜管铜片等。

空气加热器(冷却器)工作内容包括:本体安装、调试,设备支架制作、安装,补刷(喷)油漆。其工程量以"台"为计量单位,按设计图示数量计算。

2. 除尘设备工程量计算

除尘设备是净化空气的一种器具。它是一种定型设备,一般由专业工厂制造,有时安装单位也可制造。其工作内容包括:本体安装、调试,设备支架制作、安装,补刷(喷)油漆。

除尘设备工程量以"台"为计量单位,按设计图示数量计算。

3. 空调器工程量计算

空调器是空调系统中的空气处理设备,常用空调器有 39F 型系列空调器、YZ 型系列卧式组装空调器、JW 型系列卧式组装空调器、BWK 型系列玻璃钢卧式组装空调器、JS 型系列卧式组装空调器。其工作内容包括:本体安装或组装、调试,设备支架制作、安装,补刷(喷)油漆。

空调器工程量以"台(组)"为计量单位,按设计图示数量计算。

4. 风机盘管工程量计算

风机盘管机组由箱体、出风格栅、吸声材料、循环风口及过滤器、前向多翼离心风机或轴流风机、冷却加热两用换热盘管、单相电容调速低噪声电机、控制器和凝水盘等组成,如图 4-14 所示。其工作内容包括:本体安装、调试,支架制作、安装,试压,补刷(喷)油漆。

风机盘管工程量以"台"为计量单位,按设计图示数量计算。

5. 表冷器工程量计算

表冷器是风机盘管的换热器,它的性能决定了风机盘管输送冷(热)量的能力和对风量的影响。一般空调里都有这个设备。表冷器是给制冷剂散热的,把热量排到室外,它把压缩机压缩排出高温高压的气体冷却到低温高压的气体。

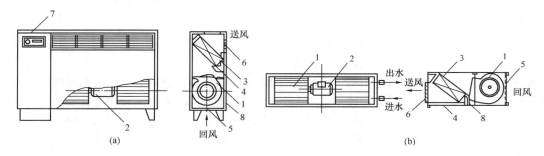

图 4-14 风机盘管机组构造示意图
(a)立式明装;(b)卧式暗装(控制器装在机组外)
1—离心式风机;2—电动机;3—盘管;4—凝水盘;5—空气过滤器;
6—出风格栅;7—控制器(电动阀);8—箱体

空调里的表冷器铝翅片采用二次翻边百叶窗形,保证进行空气热交换的扰动性,使其处于紊流状态下,较大地提高了换热效率。表冷器的铝翅片在工厂内经过严格的三道清洗程序,金属清洗剂、超声波清洗、清水漂洗,保证翅片上无任何残留物,使空气更加顺畅地流通,从根本上保障了换热的可靠性。

空气处理机组的风机盘管表冷器,通过里面流动的空调冷冻水(冷媒水)把流经管外换热翅片的空气冷却,风机将降温后的冷空气送到使用场所供冷,冷媒水从表冷器的回水管道将所吸收的热量带回制冷机组,放出热量、降温后再被送回表冷器吸热、冷却流经的空气,不断循环。

表冷器工作内容包括:本体安装,型钢制作、安装,过滤器安装,挡水板安装,调试及运转,补刷(喷)油漆。其工程量以"台"为计量单位,按设计图示数量计算。

6. 密闭门工程量计算

密闭门常用于净化风管和空气处理设备中,其工作内容包括:本体制作,本体安装,支架制作、安装。

密闭门工程量以"个"为计量单位,按设计图示数量计算。

7. 挡水板工程量计算

挡水板是中央空调末端装置的一个重要部件,与中央空调相配套,具有气水分离功能。其工作内容包括:本体制作,本体安装,支架制作、安装。

挡水板工程量以"个"为计量单位,按设计图示数量计算。

8. 滤水器、溢水盘工程量计算

滤水器分手动滤水器和电动滤水器,结构由转动轴系、进出水口、支架壳体、网芯系、电动减速机、排污口、电器柜等组成。其工作内容包括:本体制作,本体安装,支架制作、安装。

滤水器、溢水盘制作安装工程量以"个"为计量单位,按设计图示数量计算。

9. 金属壳体工程量计算

金属壳体是一种贯流式通风机的壳体,其中安置着风扇并且在通往排气口处有一稳定器,它包括沿同一方向的吸气口和排气口的稳定器,位于该风扇上部存在有涡流部位的涡流室,以及位于稳定器下部的涡流芯体,以便用涡流芯体来稳定主要的涡流,并将位于风扇上部的次级涡流固定在涡流室内,使它对别的流线没有影响。其工作内容包括:本体制作,本体安装,支架制作、安装。

金属壳体工程量以"个"为计量单位,按设计图示数量计算。

10. 过滤器工程量计算

过滤器按使用的不同滤料有聚氨酯泡沫塑料过滤器、无纺布过滤器、金属网格浸油过滤器、自动浸油过滤器等。安装应考虑便于拆卸和更换滤料,并使过滤器与框架、框架与空调器之间保持严密。其工作内容包括:本体安装,框架制作、安装,补刷(喷)油漆。

过滤器工程量以"台,m²"为计量单位,以台计量,按设计图示数量计算;以面积计量,按设计图示尺寸以过滤面积计算。

11. 净化工作台工程量计算

净化工作台是使局部空间形成无尘无菌的操作台,以提高操作环境的洁净程度。净化工作台是造成局部洁净空气区域的设备。净化工作台的种类较多,一般常按气流组织和排风方式来分类。按气流组织,净化工作台可分成垂直单向流和水平单向流两大类。水平单向流净化工作台根据气流的特点,对于小物件操作较为理想;而垂直单向流净化工作台则适合大物件操作。其工作内容包括:本体安装,补刷(喷)油漆。

净化工作台工程量以"台"为计量单位,按设计图示数量计算。

12. 风淋室工程量计算

风淋室的安装应根据设备说明书进行,一般应注意:根据设计的坐标位置或土建施工预留的位置进行就位;设备的地面应水平、平整,并在设备的底部与地面接触的平面根据设计要求垫隔振层,使设备保持纵向垂直、横向水平;设备与围护结构连接的接缝,应配合土建施工做好密封处理;设备的机械、电气连锁装置,应处于正常状态,即风机与电加热、内外门及内门与外门的连锁等;风淋室内的喷嘴的角度,应按要求的角度调整好。其工作内容包括:本体安装,补刷(喷)油漆。

风淋室工程量以"台"为计量单位,按设计图示数量计算。

13. 洁净室工程量计算

洁净室的顶板和壁板(包括夹芯材料)应为不燃材料;洁净室的地面应干燥、平整,平整度允许偏差为 1/1000;壁板的构配件和辅助材料的开箱,应在清洁的室内进行,安装前应严格检查其规格和质量。壁板应垂直安装,底部宜采用圆弧或钝角交接;安装后的壁板之间、壁板与顶板间的拼缝,应平整严密,墙板的垂直允许偏差为 2/1000,顶板水平度的允许偏差与每个单间的几何尺寸的允许偏差均为 2/1000;洁净室吊顶在受荷载后应保持平直,压条全部紧贴。洁净室壁板若为上、下槽形板时,其接头应平整、严密;组装完毕的洁净室所有拼接缝,包括与建筑的接缝,均应采取密封措施,做到不脱落,密封良好。其工作内容包括:本体安装,补刷(喷)油漆。

洁净室工程量以"台"为计量单位,按设计图示数量计算。

14. 除湿机工程量计算

除湿机是指以制冷的方式来降低空气中的相对湿度,保持空间的相对干燥,使容易受潮的物品、家居用品等不被受潮、发霉和对湿度要求高的产品、药品等能在其所要求的湿度范围内制作、生产和贮存。其工作内容包括:本体安装。

除湿机工程量以"台"为计量单位,按设计图示数量计算。

15. 人防过滤吸收器工程量计算

人防过滤吸收器主要用于人防工作涉毒通风系统,能过滤外界污染空气中的毒烟、毒雾、放射性灰尘和化学毒剂,以保证在受到袭击的工事内部能提供清洁的空气。其工作内容包括:过滤吸收器安装,支架制作、安装。

人防过滤吸收器工程量以"台"为计量单位,按设计图示数量计算。

二、通风管道制作安装(编码:030702)

1. 碳钢通风管道工程量计算

碳钢通风管道工作内容包括:风管、管件、法兰、零件、支吊架制作、安装,过跨风管落地支架制作、安装。

碳钢通风管道工程量以"m^2"为计量单位,按设计图示内径尺寸以展开面积计算。风管展开面积不包括风管、管口重叠部分面积。直径和周长以图示尺寸为准展开。对于渐缩管,圆形风管按平均直径,矩形风管按平均周长。

2. 净化通风管道工程量计算

净化通风管道工作内容包括:风管、管件、法兰、零件、支吊架制作、安装,过跨风管落地支架制作、安装。

净化通风管道工程量以"m^2"为计量单位,按设计图示内径尺寸以展开面积计算。

3. 不锈钢板通风管道工程量计算

不锈钢板通风管道工作内容包括:风管、管件、法兰、零件、支吊架制作、安装,过跨风管落地支架制作、安装。

不锈钢板通风管道工程量以"m^2"为计量单位,按设计图示内径尺寸以展开面积计算。

4. 铝板通风管道工程量计算

铝板通风管道工作内容包括:风管、管件、法兰、零件、支吊架制作、安装,过跨风管落地支架制作、安装。

铝板通风管道工程量以"m^2"为计量单位,按设计图示内径尺寸以展开面积计算。

5. 塑料通风管道工程量计算

塑料风管主要是指硬聚氯乙烯风管,是非金属风管的一种。塑料风管的直径或边长大于500mm 时,风管与法兰连接处应设加强板,且间距不得大于450mm。塑料风管的两端面应平行,无明显扭曲,外径或边长的允许偏差为 2mm,表面平整。圆弧均匀,凹凸不应大于 5mm。其工作内容包括:风管、管件、法兰、零件、支吊架制作、安装、过跨风管落地支架制作、安装。

塑料通风管道制作安装工程量以"m²"为计量单位,按设计图示内径尺寸以展开面积计算。

6. 玻璃钢通风管道工程量计算

玻璃钢通风管道包括有机玻璃钢风管和无机玻璃钢风管,是非金属风管的一种。玻璃钢风管的加固应选用与本体材料或防腐性能相同的材料,并与风管成一整体。其工作内容包括:风管、管件安装,支吊架制作、安装,过跨风管落地支架制作、安装。

玻璃钢通风管道工程量以"m²"为计量单位,按设计图示外径尺寸以展开面积计算。

7. 复合型风管工程量计算

复合型风管有复合玻纤板风管和发泡复合材料风管两种。其工作内容包括:风管、管件安装,支吊架制作、安装,过跨风管落地支架制作、安装。

复合型风管工程量以"m²"为计量单位,按设计图示外径尺寸以展开面积计算。

8. 柔性软风管工程量计算

柔性软风管用于不宜设置刚性风管位置的挠性风管,属于通风管道系统,采用镀锌卡子连接,吊托支架固定,一般由金属、涂塑化纤织物、聚酯、聚乙烯、聚氯乙烯薄膜、铝箔等复合材料制成。其工作内容包括:风管安装,风管接头安装,支吊架制作、安装。

柔性软风管工程量以"m、节"为计量单位,以米计量,按设计图示中心线以长度计量;以节计算,按设计图示数量计算。

9. 弯头导流叶片工程量计算

弯头导流叶片是在通风管道的转弯处利用弯头使流体通过,在通风管道转弯处,流体容易发生堵塞,一般在此设置叶轮,加速流体的流速,该叶轮便称弯头导流叶轮。其工作内容包括:制作,组装。

弯头导流叶片以"m²、组"为计量单位,以面积计量,按设计图示以展开面积平方米计算;以组计量,按设计图示数量计算。

10. 风管检查孔工程量计算

在通风工程的风管安装施工中,通顶棚开口孔就可以进行作业,但对于隐蔽在顶棚里的室内风管周围的检查就不方便进行,因此把顶棚打开孔洞,即可作为安装用的开孔,以作为窥视检查风管及其周围的附件,该孔洞常被称作风管检查孔。其工作内容包括:制作,安装。

风管检查孔工程量以"kg、个"为计量单位,以千克计量,按风管检查孔质量计算;以个计量,按设计图示数量计算。

11. 温度、风量测定孔工程量计算

风管测定孔用于风管或设备内的温度、湿度、压力、风速、污染物浓度等的参数的快速检测接口。风管测定孔具有安装省力、快捷、高效、使用方便、安全、减少施工成本,降低人工费用等优点。风管测定孔适用于各种类型的风管测量需要。其工作内容包括:制作,组装。

温度、风量测定孔工程量以"个"为计量单位,按设计图示数量计算。

三、通风管道部件制作安装(编码:030703)

1. 碳钢阀门工程量计算

制作与安装碳钢调节阀时,阀门的制作应牢固,调节和制动装置应准确、灵活、可靠,并标明阀门启闭方向。

碳钢调节阀工程量以"个"为计量单位,按设计图示数量计算。

2. 柔性软风管阀门工程量计算

柔性软风管阀门主要用于调节风量,平衡各支管送、回风口的风量及启动风机等。柔性软风管阀门的结构应牢固,启闭应灵活,阀体与外界相通的缝隙处应有可靠的密封措施。

柔性软风管阀门工作内容包括:阀体安装,其工程量以"个"为计量单位,按设计图示数量计算。

3. 铝蝶阀工程量计算

铝蝶阀是通风系统中最常见的一种风阀。阀体与阀颈铝合金一体化,具有超强的防止结露作用。重量超轻,特殊材料与先进压铸工艺制成的铝压铸蝶阀可有效地防止结露、结灰、电腐蚀。阀座法兰密封面采用大宽边、大圆弧的密封,使阀门适应套合式和焊接式法兰连接,适用任何标准法兰连接要求,使安装密封更简单易行。

铝蝶阀工作内容包括:阀体安装,其工程量以"个"为计量单位,按设计图示数量计算。

4. 不锈钢蝶阀工程量计算

不锈钢蝶阀具有良好的抗氯化性能,阀座可拆卸、免维护。阀体通径与管道内径相等,开启时窄。而呈流线型的阀板与流体方向一致,流量大而阻力小,无物料积聚。

不锈钢蝶阀工作内容包括:阀体安装,其工程量以"个"为计量单位,按设计图示数量计算。

5. 塑料阀门工程量计算

塑料风管阀门安装时应核对阀门的型号规格与设计是否相符;检查外观,查看是否有损坏,阀杆是否歪斜、灵活等;根据管道工程施工规范,对阀门做强度试验和严密性试验。低压阀门抽检 10%(但至少一个),高、中压和有毒、剧毒及甲乙类火灾危险物质的阀门应逐个进行试验。

塑料阀门工作内容包括:阀体安装,其工程量以"个"为计量单位,按设计图示数量计算。

6. 玻璃钢蝶阀工程量计算

玻璃钢蝶阀是把主要易腐蚀部件如阀体、阀板等设计为玻璃钢材料,玻璃钢部件所使用的纤维、纤维织物与树脂类型由蝶阀的工作条件确定。玻璃钢蝶阀的主体形状为直管状,它的结构特点是以一段玻璃钢直管为基础,然后再增加法兰、密封环制造而成。这种蝶阀具有耐腐蚀能力强、成本低廉、制造工艺简单灵活等特点。

玻璃钢蝶阀工作内容包括:阀体安装,其工程量以"个"为计量单位,按设计图示数量计算。

7. 碳钢风口、散流器、百叶窗工程量计算

碳钢风口的形式较多,根据使用对象可分为通风系统风口和空调系统风口两类。

通风系统常用圆形风管插板式送风口,旋转吸风口,单面和双面送、吸风口,矩形空气分布器,塑料插板式侧面送风口等。

碳钢风口、散流器、百叶窗工作内容包括:风口制作、安装、散流器制作、安装,百叶窗安装,其工程量以"个"为计量单位,按设计图示数量计算。

8. 不锈钢风口、塑料风口、散流器、百叶窗工程量计算

空调系统常用百叶送风口(分单层、双层、三层等)、圆形和方形直片式散流器、直片形送吸式散流器、流线型散流器、送风孔板及网式回风口等。

不锈钢风口、塑料风口、散流器、百叶窗工作内容包括:风口制作、安装,散流器制作、安装,百叶窗安装,其工程量以"个"为计量单位,按设计图示数量计算。

9. 玻璃钢风口工程量计算

玻璃钢风口工作内容包括:风口安装。

玻璃钢风口工程量以"个"为计量单位,按设计图示数量计算。

10. 碳钢、不锈钢、塑料风帽工程量计算

风帽是装在排风系统的末端,利用风压的作用,加强排风能力的一种自然通风装置,同时可以防止雨雪流入风管内。在排风系统中一般使用伞形风帽、锥形风帽和筒形风帽。

风帽各部件加工完后,应刷好防锈底漆再进行装配;装配时,必须使风帽形状规整、尺寸准确、不歪斜,旋转风帽重心应平衡,所有部件应牢固。

风帽制作安装工作内容包括:风帽制作、安装,筒形风帽滴水盘制作、安装,风帽筝绳制作、安装,风帽泛水制作、安装。

碳钢、不锈钢、塑料风帽工程量以"个"为计量单位,按设计图示数量计算。

11. 铝板伞形风帽工程量计算

铝板伞形风帽工作内容包括:板伞形风帽制作、安装,风帽筝绳制作、安装,风帽泛水制作、安装。

铝板伞形风帽制作安装工程量以"个"为计量单位,按设计图示数量计算。

12. 玻璃钢风帽工程量计算

玻璃钢风帽工作内容包括:玻璃钢风帽安装,筒形风帽滴水盘安装,风帽筝绳安装,风帽泛水安装。

玻璃钢风帽工程量以"个"为计量单位,按设计图示数量计算。

13. 碳钢罩类工程量计算

排气罩是通风系统的局部排气装置,其形式很多,主要有密闭罩、外部吸气罩、接受式局部排气罩、吹吸式局部排气罩四种基本类型,如图4-15所示。

密闭罩可分为带卷帘密闭罩和热过程密闭罩两种,如图4-16和图4-17所示。通常用来把生产有害物的局部地点完全密闭起来。

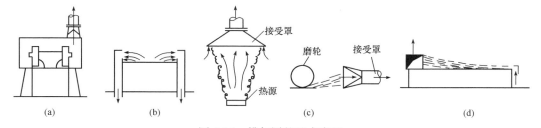

图 4-15　排气罩的基本类型
(a)密闭罩;(b)外部排气罩;(c)接受式局部排气罩;(d)吹吸式局部排气罩

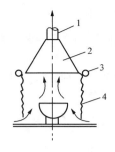

图 4-16　带卷帘密闭罩
1—烟道；2—伞形罩；3—卷绕装置；4—卷帘

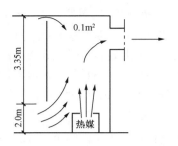

图 4-17　热过程密闭罩

碳钢罩类工作内容包括：罩类制作，罩类安装，其工程量以"个"为计量单位，按设计图示数量计算。

14. 塑料罩类工程量计算

塑料罩类工作内容包括：罩类制作，罩类安装。

塑料罩类工程量以"个"为计量单位，按设计图示数量计算。

15. 柔性接口工程量计算

柔性接口及伸缩节即指柔性短管，为了防止风机的振动通过风管传到室内引起噪声，所以常在通风机的入口和出口处装设柔性短管，长度一般为 150～200mm。柔性短管用来将风管与通风机、空调机、静压箱等相连接，防止设备产生的噪声通过风管传入房间，并起伸缩和隔振的作用。柔性接口包括金属、非金属软接口及伸缩节。

柔性接口工作内容包括：柔性接口制作、柔性接口安装，其工程量以"m^2"为计量单位，按设计图示尺寸以展开面积计算。

16. 消声器工程量计算

消声器有阻性消声器、抗性消声器、共振性消声器、阻抗复合式消声器等。消声器在安装前应检查支、吊架等固定件的位置是否正确，预埋件或膨胀螺栓是否安装牢固、可靠。支、吊架必须保证所承担的荷载。消声器、消声弯管应单独设支架，不得由风管来支承。安装就位后，可用拉线或吊线尺量的方法进行检查，对位置不正、扭曲、接口不齐等不符合要求的部位进行修整，达到设计和使用的要求。

消声器工程量以"个"为计量单位，按设计图示数量计算。

17. 静压箱工程量计算

静压箱是送风系统减少动压、增加静压、稳定气流和减少气流振动的一种必要的配件，它可使送风效果更加理想。其工作内容包括：静压箱制作、安装，支架制作、安装。

静压箱工程量以"个、m^2"为计量单位，以个计量，按设计图示数量计算；以平方米计量，按设计图示尺寸以展开面积计算。

18. 人防超压自动排气阀工程量计算

自动排气阀是用于超压排风的一种通风设备。暖通空调系统在运行过程中，水在加热时释放的气体如氢气、氧气等带来的众多不良影响会损坏系统及降低热效应，这些气体如不能及时排掉会产生很多不良后果。诸如：由氧化导致的腐蚀；散热器里气袋的形成；热水循环不畅通不平衡，使某些散热器局部不热；管道带气运行时的噪声；循环泵的涡空现象。所以，系统中的废气必须及时排出，由此可见运用自动排气阀的重要作用。

人防超压自动排气阀工作内容包括：安装，其工程量以"个"为计量单位，按设计图示数量计算。

19. 人防手动密闭阀工程量计算

人防密闭阀是力图减弱室外压力冲击波对人防密闭防护区内的人员至最小伤及程度，其安装方向就是室外→室内，即与压力冲击波方向是同轴向。

人防手动密闭阀工作内容包括：密闭阀安装，支架制作、安装，其工程量以"个"为计量单位，按设计图示数量计算。

20. 人防其他部件工程量计算

人防其他部件指本节中未列出的人防部件。其工作内容包括：安装，工程量以"个（套）"为计量单位，按设计图示数量计算。

四、通风工程检测、调试（编码：030704）

1. 通风工程检测、调试工程量计算

通风工程检测、调试工作内容包括：通风管道风量测定，风压测定，温度测定，各系统风口、阀门调整。其工程量以"系统"为计量单位，按通风系统计算。

2. 风管漏光试验、漏风试验工程量计算

风管漏光试验是利用光线对小孔的强穿透力，对系统风管严密程度进行检查的方法。检测应采用各有一定强度的安全光源，手持移动光源可采用不低于 100 带保护罩的低压照明灯，或其他低压光源。系统风管漏光检测时，光源可置于风管内侧或外侧，但其相对侧应为暗黑环境。检测光源沿着被检测接口部位与接缝作缓慢移动，在另一侧进行观察，当发现有光线射出，则说明查到明显漏风处，并应做好记录。其工作内容包括：通风管道漏光试验、漏风试验。

风管漏光试验、漏风试验工程量以"m²"为计量单位，按设计图纸或规范要求以展开面积计算。

第四节　建筑智能化工程

一、计算机应用、网络系统工程（编码：030501）

1. 输入设备工程量计算

输入设备是指向计算机输入数据和信息的设备，是计算机与用户或其他设备通信的桥梁。输入设备是用户和计算机系统之间进行信息交换的主要装置之一。键盘、鼠标、摄像头、扫描仪、光笔、手写输入板、游戏杆、语音输入装置等都属于输入设备。

输入设备工作内容包括：本体安装，单体调试，其工程量以"台"为计量单位，按设计图示数量计算。

2. 输出设备工程量计算

输出设备就是用于接收计算机数据的输出显示、打印、声音、控制外围设备操作等，也是把各种计算结果数据或信息以数字、字符、图像、声音等形式表示出来。输出设备有显示器、音响、打印机、投影仪、绘图机等。

输出设备工作内容包括：本体安装，单体调试，其工程量以"台"为计量单位，按设计图示数量计算。

3. 控制设备工程量计算

控制设备工作内容包括:本体安装,单体调试。其工程量以"台"为计量单位,按设计图示数量计算。

4. 存储设备工程量计算

存储设备是用于储存信息的设备,通常是将信息数字化后再以利用电、磁或光学等方式的媒体加以存储。

存储设备工作内容包括:本体安装,单体调试,其工程量以"台"为计量单位,按设计图示数量计算。

5. 插箱、机柜工程量计算

机柜一般是冷轧钢板或合金制作的用来存放计算机和相关控制设备的物件,可以提供对存放设备的保护,屏蔽电磁干扰,有序、整齐地排列设备,方便以后维护设备。机柜一般分为服务器机柜、网络机柜、控制台机柜等。

插箱、机柜工作内容包括:本体安装,接电源线、保护电线、功能地线,其工程量以"台"为计量单位,按设计图示数量计算。

6. 互联电缆工程量计算

电缆通常是由几根或几组导线,每组至少两根绞合而成的类似绳索的电缆,每组导线之间相互绝缘,并常围绕着一根中心扭成,整个外面包有高度绝缘的覆盖层。

互联电缆工作内容包括:制作、安装,其工程量以"条"为计量单位,按设计图示数量计算。

7. 接口卡工程量计算

网络接口卡是网络终端介入计算机网络的连接设备,每个终端必须通过接口卡才能接入局域网,访问网络资源。接口卡的种类很多,取决于所使用的网络交换设备和传输介质。在以太网的接口卡是 10MB/s;在快速以太网中使用 10M/100M 网卡;在千兆以太网和 ATM 网络中,分别选配相应的网卡。

接口卡工作内容包括:本体安装,单体调试,其工程量以"台(套)"为计量单位,按设计图示数量计算。

8. 集线器工程量计算

网络集线器的主要功能是对接收到的信号进行再生整形放大,以扩大网络的传输距离,同时,把所有节点集中在以它为中心的节点上。它工作于 OSI(开放系统互联参考模型)参考模型第二层,即"数据链路层"。集线器与网卡、网线等传输介质一样,属于局域网中的基础设备,采用 CS-MA/CD(一种检测协议)访问方式。

集线器工作内容包括:本体安装,单体调试,其工程量以"台(套)"为计量单位,按设计图示数量计算。

9. 路由器工程量计算

路由器是在多个网络和介质之间实现网络互联的一种设备,是一种比网桥更复杂的网络互联设备。按网络的规模、所支持的协议和实现成本,路由器可有不同的分类,如单协议路由器、多协议路由器、访问路由器、边缘路由器等。路由器的主要功能首先是支持各种局域网和广域网接口,用于局域网和广域网互连,为局域网用户提供访问 Internet 或远程中心的通道;其次路由器还提供分组过滤、分组转发、优先级、复用、加密、压缩和防火墙等功能;同时路由器还提供包括配置管理、性能管理、容错管理和流量控制等网络管理功能。通常路由器用于通过 DDN、X. 25 和帧中继网络接入 Internet 和互连其他网络。其优点是简单易行;缺点是费用较高和传输转发速度受限。

路由器工作内容包括:本体安装,单体测试,其工程量以"台(套)"为计量单位,按设计图示数量计算。

10. 收发器工程量计算

光纤收发器,用于光缆两端的光信号转换为电信号的通信设备。通常为一对,一端为发射器,一端为接收器。

收发器工作内容包括:本体安装,单体测试,其工程量以"台(套)"为计量单位,按设计图示数量计算。

11. 防火墙工程量计算

所谓防火墙指的是一个由软件和硬件设备组合而成,在内部网和外部网之间、专用网与公共网之间的界面上构造的保护屏障,是一种获取安全性方法的形象说法,它是一种计算机硬件和软件的结合,使 Internet 与 Intranet 之间建立起一个安全网关(SecurityGateway),从而保护内部网免受非法用户的侵入,防火墙主要由服务访问政策、验证工具、包过滤和应用网关四部分组成。

防火墙工作内容包括:本体安装,单体测试,其工程量以"台(套)"为计量单位,按设计图示数量计算。

12. 交换机工程量计算

交换机由于使用了虚拟线路交换方式,技术上可在各输入、输出端口之间互不争用带宽,或在不产生传输瓶颈的情况下,完成各端口间数据的高速传输,从而大大提高了网络信息点的数据传输,优化了网络系统。

交换机工程量工作内容包括:本体安装,单体测试,其以"台(套)"为计量单位,按设计图示数量计算。

13. 网络服务器工程量计算

服务器是网络环境下为客户提供某种服务的专用计算机。根据不同的计算能力,服务器又分为工作组级服务器、部门级服务器和企业级服务器。服务器操作系统是指运行在服务器硬件上的操作系统。服务器操作系统需要管理和充分利用服务器硬件的计算能力,并提供给服务器硬件上的软件使用。

网路服务器工作内容包括:本体安装,插件安装,接信号线、电源线、地线,其工程量以"台(套)"为计量单位,按设计图示数量计算。

14. 计算机应用、网络系统接地、网络系统联调、网络系统试运行工程量计算

计算机网络系统就是利用通信设备和线路将地理位置不同、功能独立的多个计算机系统互联起来,以功能完善的网络软件实现网络中资源共享和信息传递的系统。通过计算机的互联,实现计算机之间的通信,从而实现计算机系统之间的信息、软件和设备资源的共享以及协同工作等功能,其本质特征在于提供计算机之间的各类资源的高度共享,实现便捷地交流信息和交换思想。

计算机应用、网络系统接地工作工作内容包括:安装焊接,检测;计算机应用、网络系统系统联调工作内容包括:系统调试、计算机应用、网络系统试运行工作内容包括:试运行。计算机应用、网络系统接地、网络系统联调、网络系统试运行工程量以"系统"为计量单位,按设计图示数量

计算。

15. 软件工程量计算

软件是一系列按照特定顺序组织的计算机数据和指令的集合。一般来讲软件被划分为编程语言、系统软件、应用软件和介于这两者之间的中间件。

软件工作内容包括:安装,调试,试运行,其工程量以"套"为计量单位,按设计图示数量计算。

二、综合布线系统工程(编码:030502)

1. 机柜、机架工程量计算

机架用于固定电信柜内的接插板、外壳和设备,通常宽 19 英寸,高 7 英尺。机柜、机架工作内容包括:本体安装,相关固定件的连接。

机柜、机架工程量以"台"为计量单位,按设计图示数量计算。

2. 抗震底座,分线接线箱(盒),电视、电话插座工程量计算

抗震底座,分线接线箱(盒),电视、电话插座工作内容包括:本体安装,底盒安装。

抗震底座,分线接线箱(盒),电视、电话插座工程量以"个"为计量单位,按设计图示数量计算。

3. 双绞线缆、大对数电缆、光缆工程量计算

(1)双绞线电缆是将一对或一对以上的双绞线封装在一个绝缘外套中而形成的一种传输介质,是目前局域网最常用到的一种布线材料。为了降低信号的干扰程度,电缆中的每一对双绞线一般是由两根绝缘铜导线相互扭绕而成,双绞线也因此而得名。双绞线一般用于星型网的布线连接,两端安装有 RJ-45 头(水晶头),连接网卡与集线器,最大网线长度为 100m,如果要加大网络的范围,在两段双绞线之间可安装中继器,最多可安装 4 个中继器。双绞线分为非屏蔽双绞线(UTP)和屏蔽双绞线(STP)两大类,局域网中非屏蔽双绞线分为 3 类、4 类、5 类和超 5 类四种,屏蔽双绞线分为 3 类和 5 类两种。

(2)大对数电缆是指很多一对一对的电缆组成一小捆,再由很多小捆组成一大捆(更大对数的电缆则再由一大捆一大捆组成一根更大的电缆)。

(3)光缆要是由光导纤维(细如头发的玻璃丝)和塑料保护套管及塑料外皮构成,光缆内没有金、银、铜铝等金属,一般无回收价值。

双绞线缆、大对数电缆、光缆工作内容包括:敷设,标记,卡接。其工程量以"m"为计量单位,按设计图示尺寸以长度计算。

4. 光纤束、光缆外护套工程量计算

外护套的主要作用是加强绝缘性能,同时保护电缆不受机械损伤。其工作内容包括:气流吹放,标记。

光纤束、光缆外护套工程量以"m"为计量单位,按设计图示尺寸以长度计算。

5. 跳线工程量计算

跳线是连接电路板两需求点的金属连接线,其工作内容包括:插接跳线,整理跳线。

跳线工程量以"条"为计量单位,按设计图示数量计算。

6. 配线架、跳线架工程量计算

配线架作为综合布线系统的核心产品,起着传输信号的灵活转接、灵活分配以及综合统一管理的作用,又因为综合布线系统的最大特性就是利用同一接口和同一种传输介质,让各种不同信

息在上面传输,而这一特性的实现主要通过连接不同信息的配线架之间的跳接来完成的。配线架、跳线架工作内容包括:安装、打接。

配线架、跳线架工程量以"个(块)"为计量单位,按设计图示数量计算。

7. 信息插座工程量计算

信息插座一般是安装在墙面上的,也有桌面型和地面型的,主要是为了方便计算机等设备的移动,并且保持整个布线的美观。其工作内容包括:端接模块,安装面板。

信息插座工程量以"个(块)"为计量单位,按设计图示数量计算。

8. 光纤盒工程量计算

光纤盒也叫光纤配线架,应用于利用光纤技术传输数字和类似语音、视频和数据信号。

光纤盒工作内容包括:端接模块,安装面板,其工程量以"个(块)"为计量单位,按设计图示数量计算。

9. 光纤连接、光缆终端盒工程量计算

(1)光纤的连接方法主要有永久性连接、应急连接、活动连接。

1)永久性光纤连接是用放电的方法将连根光纤的连接点融化并连接在一起,一般用在长途连续、永久或半永久规定连接。

2)应急连接是用机械和化学的方法,将两根光纤固定并粘结在一起。

3)活动连接是利用各种光纤连接器件(插头或插座),将站点与站或站点与光缆连接起来的一种方法。

(2)光缆终端盒主要用于光缆终端的固定,光缆与尾纤的熔接及余纤的收容和保护。

光纤连接、光缆终端盒工作内容包括:接续测试。光纤连接工程量以"芯(端口)"为计量单位;光缆终端盒工程量以"个"为计量单位,均按设计图示数量计算。

10. 布放尾纤工程量计算

尾纤又叫猪尾线,只有一端有连接头,而另一端是一根光缆纤芯的断头,通过熔接与其他光缆纤芯相连,常出现在光纤终端盒内,用于连接光缆与光纤收发器(之间还用到耦合器、跳线等)。

布放尾纤工作内容包括:接续测试,其工程量以"根"为计量单位,按设计图示数量计算。

11. 线管理器、跳块工程量计算

线管理器是指用浏览器通过 WIFI 对手机中的文件进行管理,能够进行的操作包括浏览、同步、下载、上传、删除、复制,在接听电话时也同样可以进行文件管理。

线管理器工作内容包括:本体安装;跳块工作内容包括:安装,卡接。线管理器、跳块工程量以"个"为计量单位,按设计图示数量计算。

12. 双绞线缆测试、光纤测试工程量计算

双绞线缆测试主要是测试接头的连接,每根线都有标准接头。

双绞线缆测试、光纤测试工作内容包括:测试,其工程量以"链路(点、芯)"为计量单位,按设计图示数量计算。

三、建筑设备自动化系统工程(编码:030503)

1. 中央管理系统工程量计算

中央管理系统是操作、管理人员与楼宇自控系统进行交流的主要接口,是楼宇自控系统的管理与调度中心。中央管理系统接收各现场控制机通过通信网络传来的系统运行参数,

以图形、表格或打印报表的形式向操作、管理人员显示;同时,操作、管理人员可以通过中央管理工作站向各现场控制机发出各种调节的命令,如开启、停止风机、水泵等设备,调整风阀、水阀,修改系统设定值等。其工作内容包括:本体组装、连接,系统软件安装,单体调整,系统联调,接地。

中央管理系统工程量以"系统(套)"为计量单位,按设计图示数量计算。

2. 通信网络控制设备工程量计算

通信网络是由传输、交换和终端三大部分组成。传输是传送信息的媒体;交换(主要是指交换机)是各种终端交换信息的中介体;终端是指用户使用的话机、手机、传真机和计算机等。通信网络控制设备工作内容包括:本体安装,软件安装,单体调试,联调联试,接地。

通信网络控制设备工程量以"台(套)"为计量单位,按设计图示数量计算。

3. 控制器工程量计算

控制器是 BAS 系统的基本单元,它直接连接各种传感器、变送器,对各种物理量进行测量;直接连接各类执行器,实现对被控系统的调节和控制。同时,还与通信网络相连接,与中央管理工作站及其他现场控制机进行信息交换,实现整个系统的自动化监测和管理。不同的厂商对于现场控制机的叫法略有区别,如 UC(Unit Controller,单元控制器)、DCU(Digital Control Unit,数字控制单元)、RTU(Remote Terminal Unit)、DDC(Direct Digital Controler)等。其工作内容包括:本体安装,软件安装,单体调试,联调联试,接地。

控制器工程量以"台(套)"为计量单位,按设计图示数量计算。

4. 控制箱工程量计算

控制箱工作内容包括:本体安装、标识,控制器、控制模块组装,单体调试,联调联试,接地。

控制箱工程量以"台(套)"为计量单位,按设计图示数量计算。

5. 第三方通信设备接口工程量计算

第三方通信设备接口是基于微处理器的通信装置,用于集成第三方机电设备系统,进行通信协议的转换。其工作内容包括:本体安装、连接,接口软件安装调试,单体调试,联调联试。

第三方通信设备接口工程量以"台(套)"为计算单位,按设计图示数量计算。

6. 传感器工程量计算

传感器是一种检测装置,能感受到被测量的信息,并能将检测感受到的信息,按一定规律变换成为电信号或其他所需形式的信息输出,以满足信息的传输、处理、存储、显示、记录和控制等要求。它是实现自动检测和自动控制的首要环节。其工作内容包括本体安装和连接,通电检查,单体调整测试,系统联调。

传感器工程量以"支(台)"为计量单位,按设计图示数量计算。

7. 电动调节阀执行机构,电动、电磁阀门工程量计算

执行机构一般通过以下两类通道与现场控制机相连:开关量输出通道 DO,它可以由控制软件将输出通道设置成高电平或低电平,通过驱动电路即可带动继电器或其他开关元件;模拟量输出通道 AO,输出信号一般为 0~5V、0~10V 间的电压或 0~10mA、4~20mA 间的电流。

电动调节阀执行机构,电动、电磁阀门工作内容包括:本体安装和连线,单体测试。其工程量以"个"为计量单位,按设计图示数量计算。

8. 建筑设备自控化系统调试、运行工程量计算

建筑设备自动化系统实际上是一套中央监控系统。它通过对建筑物(或建筑群)内的各种电

力设备、空调设备、冷热源设备、防火、防盗设备等进行集中监控,达到在确保建筑内环境舒适、充分考虑能源节约和环境保护的条件下,使建筑内的各种设备状态及利用率均达到最佳的目的。

建筑设备自控化系统调试工作内容包括:整体调试,其工程量以"台(户)"为计量单位,按设计图示数量计算。

建筑设备自控化系统试运行工作内容包括:试运行,其工程量以"系统"为计量单位,按设计图示数量计算。

四、建筑信息综合管理系统工程(编码:030504)

1. 服务器、服务器显示设备工程量计算

服务器是指一个管理资源并为用户提供服务的计算机软件,通常分为文件服务器、数据库服务器和应用程序服务器。其工作内容包括:安装调试。

服务器、服务器显示设备工程量以"台"计量单位,按设计图示数量计算。

2. 通信接口输入输出设备工程量计算

通信接口是指中央处理器和标准通信子系统之间的接口。其工作内容包括:本体安装、调试。

通信接口输入输出设备工程量以"个"为计量单位,按设计图示数量计算。

3. 系统软件、基础应用软件、应用软件接口工作内容包括:安装、调试,其工程量计算

系统软件是指控制和协调计算机及外部设备,支持应用软件开发和运行的系统,是无需用户干预的各种程序的集合,主要功能是调度、监控和维护计算机系统;负责管理计算机系统中各种独立的硬件,使得它们可以协调工作。

系统软件、基础应用软件、应用软件接口工程量以"套"为计量单位,按系统所需集成点数及图示数量计算。

4. 应用软件二次工程量计算

应用软件二次工作内容包括:系统点数进行二次软件开发和定制、进行调试,其工程量以"项(点)"为计量单位,按系统所需集成点数及图示数量计算。

5. 各系统联动试运行工程量计算

各系统联动试运行工作内容包括:调试、试运行。其工程量以"系统"为计量单位,按系统所需集成点数及图示数量计算。

五、有线电视、卫星接收系统工程(编码:030505)

1. 共用天线工程量计算

有线电视的信号基本上是靠各种天线接收到的。无论哪种天线,它的基本原理都是能定向地辐射和接收电磁波,并能进行能量转换,即能把自由空间的电磁波变为被馈源引导的电磁波;反之亦然。有线电视中最常用的天线即八木天线。这种天线具有增益高、结构简单牢固、馈电方便、造价低廉、安装方便等优点。共用天线工作内容包括:电视设备箱安装,天线杆基础安装,天线杆安装,天线安装。

共用天线工程量以"副"为计量单位,按设计图示数量计算。

2. 卫星电视天线、馈线系统工程量计算

卫星天线就是常说的大锅,是一个金属抛物面,负责将卫星信号反射到位于焦点处的馈源和

高频头内。卫星天线的作用是收集由卫星传来的微弱信号,并尽可能去除杂音。大多数天线通常是抛物面状的,也有一些多焦点天线是由球面和抛物面组合而成。卫星信号通过抛物面天线的反射后集中到它的焦点处。

由波导、旋转关节、收发开关等各种微波部件连接组成的系统称为馈线系统。馈线系统连接在发射机、接收机和天线之间。

卫星电视天线、馈线系统工作内容包括:安装、调测。其工程量以"副"为计量单位,按设计图示数量计算。

3. 前端机柜工程量计算

前端机柜是接在天线(或其他信号电源)与干线传输系统之间的设备,任务是将信号源输出的各种信号进行分离、变频、调制、解调、放大、控制、对干扰信号进行抑制等一系列处理后,混合为一路复合信号送往传输分配系统。其工作内容包括:本体安装,连接电源,接地。

前端机柜工程量以"个"为计量单位,按设计图示数量计算。

4. 电视墙工程量计算

电视墙是由多个电视(背投电视)单元拼接而成的一种超大屏幕电视墙体,是一种影像、图文显示系统。可看作是一台可以显示来自计算机 VGA 信号、多种视频信号的巨型显示屏。向电视墙传送视频或者计算机 VGA 信号,电视墙便能显示清晰、色彩艳丽、高亮度的复杂全彩多媒体图形影像信息,是目前动态影像展示、宣传、广告的最佳方式。大屏幕电视墙的宣传表达能力极强、高档、气派、豪华,常在电视台、体育场馆、证券市场、调度指挥等领域使用。其工作内容包括:机架、监视器安装,信号分配系统安装,连接电源,接地。

电视墙工程量以"套"为计算单位,按设计图示数量计算。

5. 射频同轴电缆工程量计算

射频同轴电缆是指有两个同心导体,而导体和屏蔽层又共用同一轴心的电缆。射频同轴电缆绝缘材料采用物理发炮聚乙烯隔离铜线导体组成,在里层绝缘材料的外部是另一层环形导体即外导体,外导体采用铜带成型、焊接、扎纹;或是采用铝管结构;或是采用编织结构,然后整个电缆由聚氯乙烯材料的护套包住。其工作内容包括:线缆敷设。

射频同轴电缆工程量以"m"为计量单位,按设计图示尺寸以长度计算。

6. 同轴电缆接头工程量计算

同轴电缆接头就是同轴电缆的接头。其工作内容包括:电缆接头。

工程量以"个"为计量单位,按设计图示数量计算。

7. 前端射频设备工程量计算

前端射频设备是指用以处理由卫星地面站,以及由天线接收的各种无线广播信号和自办节目信号的设备,是整个前端系统的心脏,包括天线放大器、频道放大器、频道变换器、频率处理器、混合器以及需要分配的各种信号发生器等。来自各种不同信号源的电视信号须经再处理为高品质、无干扰杂波的电视节目。它们分别占用一个频道进入系统的前端设备,并分别进行处理。最后在混合器中被合成一路含有多套电视节目的宽带复合信号,再经同轴电缆或光发射机传送出去。其工作内容包括:本体安装,单体调试。

前端射频设备工程量以"套"为计量单位,按设计图示数量计算。

8. 卫星地面站接收设备工程量计算

卫星地面站接收设备由接收天线、高频头和数字卫星电视接收机三部分组成,采用国际先进的双磁高频头数字兼容技术,以卫星跟踪器为核心、同步跟踪,具备 GPS 卫星定位系统自动搜索功能。其工作内容包括:本体安装,单体调试,全站系统调试。

卫星地面站接收设备工程量以"台"为计量单位,按设计图示数量计算。

9. 光端设备安装、调试工程量计算

光端设备就是将多个 E1(一种中继线路的数据传输标准,通常速率为 2.048MB/s,此标准为中国和欧洲采用)信号变成光信号并传输的设备。其工作内容包括:本体安装,单体调试。

光端设备安装、调试工程量以"台"为计量单位,按设计图示数量计算。

10. 有线电视系统管理设备工程量计算

有线电视系统管理工作内容包括:用本体安装,系统调试。

有线电视系统管理设备工程量以"台"为计量单位,按设计图示数量计算。

11. 播控设备安装、调试,干线设备工程量计算

播控设备,干线设备用于对直播出去的信号的一种反馈,用来检测播出信号。播控设备主要有调音台和功本放大器。

播控设备安装、调试,干线设备工作内容包括:本体安装,系统调试。播控设备安装、调试工程量以"台"为计量单位;干线设备工程量以"个"为计量单位,均按设计图示数量计算。

12. 分配网络工程量计算

用户分配网络是 CATV 系统的最后部分,其作用是把干线传输的分配部分分给子系统,并将提供的电平信号合理地分配给各个用户,使各用户收视信号达到标准要求。

分配网络中使用的器件有分支放大器、分配器、分支器和用户盒等,其组成如图 4-18 所示。分支线上串接一连串分支器,由它们的分支输出端引出用户线给用户。分支器是一种无源部件,可以对用户电视机之间的相互影响起隔离作用,并为用户提供最合适的信号电平。

分配网络工作内容包括:本体安装,电缆接头制作、布线,单体调试,其工程量以"个"为计量单位,按设计图示数量计算。

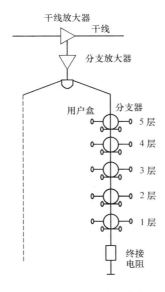

图 4-18　分配网络的实例图

六、音频、视频系统工程(编码:030506)

1. 扩声系统设备工程量计算

扩声系统设备通常分成四部分:传声器及节目源、前级控制台、功率放大器、扬声器和电源。

扩声系统设备工作内容包括:本体安装,单体调试,其工程量以"台"为计量单位,按设计图示数量计算。

2. 扩声系统调试、试运行工程量计算

扩声系统应包括:把声信号转变为电信号的传声器,放大电信号并对信号加工处理的电子设备、传输线;把电功率信号转为声信号的扬声器和听众区的声学环境。

扩声系统调试工作内容包括:设备连接构成系统,调试、达标,通过 DSP 实现多种功能。扩声系统试运行工作内容包括:试运行。

扩声系统调试工程量以"只(副、系统)"为计量单位,按设计图示数量计算;扩声系统试运行工程量以"系统"为计量单位,按设计图示数量计算。

3. 背景音乐系统设备工程量计算

背景音乐系统设备的选择包括扬声器的选择和节目源及其设备的选择。

顶棚扬声器的选择要考虑额定功率、灵敏度、频率响应范围、口径尺寸等主要技术指标。其中,扬声器的口径大小对声音覆盖有重要作用,扬声器口径越小,覆盖角或辐射角越大,即辐射半径越大。目前,一般扬声器口径选取为 16~20,例如 165mm 口径的扬声器的辐射角理论值为 88°。扬声器的额定功率为 2~5W,频率响应范围在 100~8000Hz。此外,通常背景音乐重放设备与扬声器相距较远,功率放大器常采用定压式高阻传输,所以,扬声器的输入端必须装配阻抗变换器。

对于节目源设备,由于背景音乐放送时的声级一般不用比环境噪声高许多,背景音乐所使用的节目材料的峰值因子一般掌握在 6dB 即可,与舞台音响设备相比,动态范围指针的要求可以低一些。至于频率响应、失真、信噪比等电气技术指标,只要达到国家标准的设备,一般均能满足需要,但因背景音乐处于长时间工作状态,对设备的可靠性则需重点考虑。

背景音乐系统设备工作内容包括:本体安装,单体调试,其工程量以"台"为计量单位,按设计图示数量计算。

4. 背景音乐系统调试、试运行工程量计算

背景音乐(BackGroundMusic,BGM)音量较小,它的主要作用是掩盖噪声并创造一种轻松和谐的气氛。听的人若不专心听,就不能辨别其声源位置。背景音乐系统调试工作内容包括:设备连接构成系统,试听、调试,系统试运行,公共广播达到语言清晰度及相应声学特性指标。背景音乐系统试运行工作内容包括:试运行。

背景音乐系统调试工程量以"台(系统)"为计量单位,按设计图示数量计算;背景音乐系统试运行工程量以"系统"为计量单位,按设计图示数量计算。

5. 视频系统设备、调试工程量计算

视频系统设备工作内容包括:本体安装,单体调试;视频系统设备调试工作内容包括:设备连接构成系统,调试,达到相应系统设计标准,实现相应系统设计功能。

视频系统设备工程量以"台"为计量单位,按设计图示数量计算;视频系统调试工程量以"系统"为计量单位,按设计图示数量计算。

七、安全防范系统工程(编码:030507)

1. 入侵探测设备工程量计算

入侵探测设备包括主动红外探测器、被动红外探测器、红外幕帘探测器、红外微波双鉴探测器、微波探测器、超声波探测器、激光探测器、玻璃碎探测器、振动探测器、驻波探测器、泄漏电缆探测器、无线报警探测器。

入侵探测设备工作内容包括:本体安装,单体测试,其工程量以"套"为计量单位,按设计图示数量计算。

2. 入侵报警控制器工程量计算

入侵报警控制器指的是多线制防盗报警控制器与总线制防盗报警控制器。

防盗报警控制器能直接或间接接收各种入侵探测器发出的报警信号,发生声光报警并能指示入侵发生的部位;为全部探测器提供直流工作电源。多线制就是传统的防盗控制器,根据探测器的多少选择相应输入端口的控制器。总线制就是通过地址总线、数据总线和控制总线与计算机相连,许多工作由计算机来完成,其容量扩展、功能扩展更容易。

入侵报警控制器工作内容包括:本体安装,单体测试,其工程量以"套"为计量单位,按设计图示数量计算。

3. 入侵报警中心显示设备工程量计算

入侵报警中心显示设备将小区内各功能与系统的终端设备和网络中心连成网络,并与Internet互联,为小区提供信息的通道,为用户提供完备的物业管理和综合信息服务。报警中心设备监控路数较多,功能较为复杂,一般都安装于监测现场。区域装置可根据实际配置,放在一个适当的位置,并配有显示装置、警号、沙盘等辅助设施,以构成一套完整的报警显示系统。

入侵报警中心显示设备工作内容包括:本体安装,单体测试,其工程量以"套"为计量单位,按设计图示数量计算。

4. 入侵报警信号传输设备工程量计算

入侵报警信号传输设备包括报警信号前端传输设备、无线报警发送设备及报警信号接收机。

入侵报警信号传输设备工作内容包括:本体安装,单体测试,其工程量以"套"为计量单位,按设计图示数量计算。

5. 出入口目标识别设备工程量计算

目标识别系统可分为对物的识别和对人体生物特征的识别两大类。

(1)对物的识别包括:出入人员的通行密码(通过键盘输入)、条码卡、磁卡、ID卡、接触式IC卡、非接触式IC卡等,或其中的若干项结合使用。

(2)对人体生物特征的识别是根据对人体生物特征的唯一性识别确定是否容许通行,它包括指纹识别、掌纹识别、瞳孔识别、语音识别等。

出入口目标识别设备工作内容包括:本体安装,单体测试,其工程量以"台"为计量单位,按设计图示数量计算。

6. 出入口控制设备工程量计算

出入口控制设备的选择由设计确定,常用的读卡器有磁卡读卡器、IC卡读卡器、感应卡读卡器、指纹识别器及掌纹识别器。读卡器应安装在靠门处,并有足够空间,且高低位置合适,以方便人员刷卡。

出入口控制设备工作内容包括:本体安装,单体测试,其工程量以"台"为计量单位,按设计图示数量计算。

7. 出入口执行机构设备工程量计算

常用的出入口执行机构设备包括有线对讲、读卡器、门禁控制器、自动闭门器。

(1)有线对讲是一种系统指挥调度和人员之间通信的内部电话,各话机之间通过一个专用控制设备切换接通。

(2)读卡器是门禁系统等入口管理的识别手段之一。进入者持有证明身份的磁卡,在读卡器上刷卡后即可得到允许进入或拒绝进入的信息。不带键盘的读卡机,其所有识别信息全在磁卡内。带键盘的读卡机除磁卡识别码外,还要求输入识别码,两次识别可信度更高。

(3)门禁控制器是门禁系统的控制中枢。把出入读卡器、用户对讲电话、电控门锁等统一管理起来,构成完整的门禁系统。根据实际应用需要,可控的容量大小不等,通常以可控门数多少来区分。

(4)自动闭门器是一种能存储应力、自动恢复稳态的机械装置。当门被外力推开时,该装置产生一定的应力,处于暂态,当开门的外力消失后,该装置释放应力,使门关闭,恢复到稳态。

出入口执行机构设备工作内容包括:本体安装,单体测试,其工程量以"台"为计量单位,按设计图示数量计算。

8. 监控摄像设备工程量计算

监控摄像设备工作内容包括:本体安装,单体调试。

监控摄像设备工程量以"台"为计量单位,按设计图示数量计算。

9. 视频控制设备工程量计算

视频控制设备包括云台控制器、视频切换器。云台控制器一般由收发两部分组成。发送器安装在中心控制室,其中包括控制编码、调制等。接收器安装在云台附近。接收控制编码、解码后输出控制信号,控制云台转动。电视监探系统中摄像机的数量大于监视器的数量,通常都是按一定比例用一台监视器轮流切换显示几台摄像机的图像。视频切换器就是实现这种图像选择功能的设备。

视频控制设备工作内容包括:本体安装,单体测试,其工程量以"台(套)"为计量单位,按设计图示数量计算。

10. 音频、视频及脉冲分配器工程量计算

分配器就是把一路信号同时分配给几个终端设备,要求其输出阻抗和信号幅度都能满足终端设备的要求。

音频、视频及脉冲分配器工作内容包括:本体安装,单体测试,其工程量以"台(套)"为计量单位,按设计图示数量计算。

11. 视频补偿器工程量计算

视频信号经过长距离传输后引起幅度衰减和相位失真,使图像的清晰度和色彩失真,视频补偿器就是对视频的幅度和相位进行补偿,减小图像的失真。

视频补偿器工作内容包括:本体安装,单体测试,其工程量以"台(套)"为计量单位,按设计图示数量计算。

12. 视频传输设备工程量计算

视频传输设备用于把现场摄像机发出的电信号传送到网络,一般包括视频服务器、ADSL线

路等。视频服务器是一种对视、音频数据进行压缩、存储及处理的专用嵌入式设备,它在远程监控及视频等方面都有广泛的应用。视频服务器采用 MPEG4 或 MPEG2 等压缩格式,在符合技术指标的情况下对视频数据进行压缩编码,以满足存储和传输的要求。

视频传输设备工作内容包括:本体安装,单体测试,其工程量以"台(套)"为计量单位,按设计图示数量计算。

13. 录像设备工程量计算

录像设备通常是指摄录一体机,1/2″(1/2 英寸)或 3/4″(3/4 英寸)表示记录磁带的宽度。摄录一体机带有编辑机的,对录制的信号可进行事后编辑。

录像设备工作内容包括:本体安装,单体测试,其工程量以"台(套)"为计量单位,按设计图示数量计算。

14. 显示设备工程量计算

显示设备有电视机、大屏幕显示墙等,现实设备不仅显示图像,还与主机之间有操作命令和数据交流的作用。

显示设备工作内容包括:本体安装,单体测试,其工程量以"台、m^2"为计量单位,以台为计量单位,按设计图示数量计算;以平方米为计量单位,按设计图示面积计算。

15. 安全检查设备、停车场管理设备工程量计算

安全检查设备、停车场管理设备工作内容包括:本体安装,单体调试。其工程量以"台(套)"为计量单位,按设计图示数量计算。

16. 安全防范分系统调试、安全防范系统调试、安全防范系统工程试运行工程量计算

安全防范包括人力防范、技术防范和实体(物理)防范三个范畴。安防系统(SAS)的结构模式可粗略地分为组合式和(准)集成式两大类。前者的特点是系统的各子系统分别单独设置,集中管理;后者的特点是通过统一的通信平台和管理软件将各子系统联网,从而实现对全系统的集中管理、集中监视和集中控制。

安全防范分系统调试工作内容包括:各分系统调试;安全防范系统调试工作内容包括:各分系统的联动参数设置,全系统联调;安全防范系统工程试运行工作内容包括:系统试运行。安全防范分系统调试、安全防范系统调试、安全防范系统工程试运行工程量以"系统"为计量单位,按设计内容计算。

本 章 思 考 重 点

1. 消弧线圈工程量计算的计量单位是什么?
2. 配电装置安装包括哪些工作内容?
3. 滑触线装置工程量清单计算规则的适用范围是什么?
4. 荧光灯的计量单位是什么?
5. 采暖工程系统调整的工程量计算规则是什么?
6. 空调器的工程量计算规则是什么?

第五章　安装工程定额与定额计价

第一节　安装工程定额概述

一、定额的概念

定额是一种规定的额度,广义地说,也是处理特定事物的数量界限。工程建设定额作为众多定额中的一类,就是对消耗量的数量规定,即在一定生产力水平下,在工程建设中,单位产品上人工、材料、机械、资金消耗的规定额度,这种数量关系体现出正常施工条件、合理的施工组织设计、合格产品下各种生产要素消耗的社会平均合理水平。

二、定额的特点

1. 科学性

工程建设定额的科学性表现在:①反映出工程建设定额和生产力发展水平相适应,同时,也反映了工程建设中生产消费的客观规律;②工程建设定额管理在理论、方法和手段上适应现代科学技术和信息社会发展的需要。

2. 系统性

工程建设定额是相对独立的系统。它是由多种定额结合而成的有机整体。它的结构复杂,层次鲜明,目标明确。

工程建设定额的系统性是由工程建设的特点决定的。按照系统论的观点,工程建设就是庞大的实体系统。工程建设定额是为这个实体系统服务的。因而,工程建设本身的多种类、多层次就决定了以它为服务对象的工程建设定额的多种类、多层次。

3. 统一性

工程建设定额的统一性,主要是由国家对经济发展的有计划的宏观调控职能决定的。为了使国民经济按照既定的目标发展,就需要借助于某些标准、定额、参数等,对工程建设进行规划、组织、调节、控制。

4. 权威性

工程建设定额具有很大权威,这种权威在一些情况下具有经济法规性质。权威性反映统一的意志和统一的要求,也反映信誉和信赖程度以及定额的严肃性。

5. 稳定性与时效性

工程建设定额中的任何一种都是一定时期技术发展和管理水平的反映,因而在一段时间内都表现出稳定的状态。保持定额的稳定性是维护定额的权威性所必需的,更是有效地贯彻定额所必需的。

但是工程建设定额的稳定性是相对的。当生产力向前发展了,定额就会与已经发展了的生产力不相适应。这样,它原有的作用就会逐步减弱以至消失,需要重新编制或修订。

三、定额的分类

（1）按定额反映的生产要素消耗内容,定额分为劳动消耗定额、机械消耗定额和材料消耗定额三种。

（2）按定额的编制程序和用途,定额分为施工定额、预算定额、概算定额、概算指标、投资估算指标五种。

1）施工定额是以同一性质的施工过程或工序为测定对象,确定建筑安装工人在正常施工条件下,为完成单位合格产品所需劳动、机械、材料消耗的数量标准,建筑安装企业定额一般称为施工定额。

2）预算定额是以分项工程和结构构件为对象编制的定额。其内容包括劳动定额、机械台班定额、材料消耗定额三个基本部分,是一种计价性定额。从编制程序上看,预算定额是以施工定额为基础综合扩大编制的,也是编制概算定额的基础。

3）概算定额是以扩大分项工程或扩大结构构件为对象编制的,计算和确定劳动、机械台班、材料消耗量所使用的定额,也是一种计价性定额。

4）概算指标是概算定额的扩大与合并,它是以整个建筑物和构筑物为对象,以更为扩大的计量单位来编制的。其内容包括劳动定额、机械台班定额、材料定额三个基本部分,同时,还列出了各结构分部的工程量及单位建筑工程（以体积计或面积计）的造价,是一种计价定额。

5）投资估算指标是在项目建议书和可行性研究阶段编制投资估算、计算投资需要量时使用的一种定额。它非常概略,往往以独立的单项工程或完整的工程项目为计算对象,编制内容是所有项目费用之和。

（3）按专业性质,定额分为全国通用定额、行业通用定额和专业专用定额三种。全国通用定额是指在部门间和地区间都可以使用的定额;行业通用定额是指具有专业特点、在行业部门内可以通用的定额;专业专用定额是特殊专业的定额,只能在指定的范围内使用。

（4）按主编单位和管理权限,定额分为全国统一定额、行业统一定额、地区统一定额、企业定额、补充定额五种。

第二节　工程单价和单位估价表

一、工程单价

工程单价,是指单位假定建筑安装产品的不完全价格,通常是指建筑安装工程的预算单价和概算单价。工程单价与完整的建筑产品（如单位产品、最终产品）价值在概念上完全不同。完整的建筑产品价值,是建筑物或构筑物在真实意义上的全部价值,即完全成本加利税。单位假定建筑安装产品单价,不仅不是可以独立发挥建筑物或构筑物价值的价格,甚至也不是单位假定建筑产品的完整价格,因为这种工程单价仅仅是某一单位工程直接费中的直接工程费,即由人工费、材料费和机械费构成。

1. 工程单价的作用

（1）利用工程单价可确定和控制工程造价。工程单价是确定和控制概预算造价的基本依据。由于它的编制依据和编制方法规范,在确定和控制工程造价方面有不可忽视的作用。

（2）利用工程单价可编制统一性地区工程单价。简化编制预算和概算的工作量,缩短工作周期,同时也为投标报价提供依据。

(3)利用工程单价可以对结构方案进行经济比较,优选设计方案。

(4)利用工程单价进行工程款的期中结算。

2. 工程单价编制的依据

(1)预算定额和概算定额。编制预算单价或概算单价的主要依据是预算定额或概算定额。工程单价的分项是根据定额的分项划分的,工程单价的编号、名称、计量单位的确定均应以相应的定额为依据。分部分项工程中人工、材料和机械台班消耗的种类和数量也应依据相应的定额。

(2)人工单价、材料预算价格和机械台班单价。工程单价除了要依据概、预算定额确定分部分项工程的工、料、机的消耗数量外,还必须依据上述三项"价"的因素,才能计算出分部分项工程的人工费、材料费和机械费,进而计算出工程单价。

(3)措施费和间接费的取费标准。这是计算综合单价的必要依据。

3. 工程单价的分类

(1)按用途划分。

1)预算单价。预算单价是通过编制单位估价表、地区单位估价表及设备安装价目表所确定的单价,用于编制施工图预算。

2)概算单价。概算单价是通过编制单位加指标所确定的单价,用于编制设计概算。

(2)按适用范围划分。

1)地区单价。编制地区单价的意义,主要是简化工程造价的计算,同时也有利于工程造价的正确计算和控制。因为一个建设工程,所包括的分部分项工程多达数千项,为确定预算单价所编制的单位估价表就要有数千张。要套用不同的定额和预算价格,要经过多次运算。不仅需要大量的人力、物力,也不能保证预算编制的及时性和准确性。所以,编制地区单价不仅十分必要,而且也很有意义。

2)个别单价。个别单价是为适应个别工程编制概算或预算的需要而计算出的工程单价。

(3)按单价的综合程度划分。

1)工料单价。工料单价也称为直接工程费单价,只包括人工费、材料费和机械台班使用费。

2)综合单价。根据《建设工程工程量清单计价规范》(GB 50500—2013)的规定,综合单价是由人工费、材料费、机械费、管理费和利润组成并考虑风险费用。

4. 工程单价的编制方法

工程单价的编制方法,简单说就是工、料、机的消耗量和工、料、机单价的结合过程。其计算公式如下:

(1)分部分项工程基本直接费单价(基价):

$$\text{分部分项工程基本直接费单价(基价)} = \text{单位分部分项工程人工费} + \text{材料费} + \text{机械使用费} \tag{5-1}$$

式中

$$\text{人工费} = \sum(\text{人工工日用量} \times \text{人工工日工资单价}) \tag{5-2}$$

$$\text{材料费} = \sum(\text{各种材料耗用量} \times \text{材料预算价格}) \tag{5-3}$$

$$\text{机械使用费} = \sum(\text{机械台班用量} \times \text{机械台班单价}) \tag{5-4}$$

(2)分部分项工程全费用单价:

$$\text{分部分项工程全费用单价} = \text{单位分部分项工程直接工程费} + \text{措施费} + \text{间接费} \tag{5-5}$$

其中,措施费、间接费一般按规定的费率及其计算基础计算,或按综合费率计算。

二、单位估价表

单位估价表又称工程预算单价表,是以货币形式确定定额计量单位某分部分项工程或结构构件直接工程费用的文件。它是根据预算定额所确定的人工、材料和机械台班消耗数量乘以人工工资单价、材料价格和机械台班单价汇总而成。

1. 单位估价表的作用

(1)单位估价表是确定工程预算造价的基本依据之一,即按设计图纸计算出分项工程量后,分别乘以相应的定额单价(单位估价表)得出分项直接费,汇总各分部分项直接费,按规定计取各项费用,即得出单位工程全部预算造价。

(2)单位估价表是对设计方案进行技术经济分析的基础资料,即每个分项工程,如各种墙体、地面、装修等,同部位选择什么样的设计方案,除考虑生产、功能、坚固、美观等条件外,还必须考虑经济条件。这就需要采用单位估价表进行衡量、比较,在同样条件下当然要选择一种经济合理的方案。

(3)单位估价表是进行已完工程结算的依据,即建设单位和施工企业,按单位估价表核对已完工程的单价是否正确,以便进行分部分项工程结算。

(4)单位估价表是施工企业进行经济分析的依据,即企业为了考核成本执行情况,必须按单位估价表中所定的单价和实际成本进行比较。通过对两者的比较,算出降低成本的多少并找出原因。

2. 单位估价表的分类

单位估价表按定额性质分为建筑工程单位估价表和设备安装工程单位估价表;按使用范围分为国家统一定额单位估价表、地区单位估价表及专业工程单位估价表;按编制依据不同分为定额单位估价表和补充单位估价表。

3. 单位估价表的编制

单位估价表的内容由两大部分组成:一是预算定额规定的工、料、机数量,即合计用工量、各种材料消耗量、施工机械台班消耗量;二是地区预算价格,即与上述三种"量"相适应的人工工资单价、材料预算价格和机械台班预算价格。

编制单位估价表就是把三种"量"与三种"价"分别结合起来,得出各分项工程人工费、材料费和施工机械使用费,三者汇总起来就是工程预算单价。

单位估价表、单位估价汇总表的内容表格式见表5-1及表5-2。

表 5-1　　　　　　　　　　　　　　单位估价表

序　号	项　　　目	单　　位	单　　价	数　　量	合　　计
1	综合人工	工日	×××	12.45	××××
2	水泥混合砂浆 M5	m³	×××	1.39	××××
3	普通黏土砖	千块	×××	4.34	××××
4	水	m³	×××	0.87	××××
5	灰浆搅拌机 200L	台班	×××	0.23	××××
	合计				××××

表 5-2			单位估价汇总表				(单位:元)
定额编号	工程名称	计量单位	单位价值	其中			附注
				工资	材料费	机械费	
4—23	空斗墙一眠一斗	10m³	××××				
4—24	空斗墙一眠二斗	10m³	××××				
4—25	空斗墙一眠三斗	10m³	××××				

注:表格内容摘自《全国统一建筑工程基础定额》上册。

第三节 安装工程人工、机械台班、材料定额消耗量确定

一、安装工程人工定额消耗量确定

1. 工作时间的分类

研究施工中的工作时间最主要的目的是确定施工的时间定额和产量定额,其前提是对工作时间按其消耗性质进行分类,以便研究工时消耗的数量及其特点。

工作时间,指的是工作班延续时间。对工作时间消耗的研究,可以分两个系统进行,即工人工作时间的消耗和工人所使用的机器工作时间消耗。

(1)工人工作时间消耗的分类。工人在工作班内消耗的工作时间,按其消耗的性质,分为定额时间和非定额时间两部分。

1)定额时间。定额时间是指必须消耗的时间,指工人在正常施工条件下,为完成一定产品所消耗的时间。定额时间由有效工作时间、休息时间及不可避免的中断时间组成。

①有效工作时间是从生产效果来看与产品生产直接有关的时间消耗。其中包括基本工作时间、辅助工作时间、准备与结束工作时间的消耗。

②休息时间是工人在工作过程中为恢复体力所必需的短暂休息和生理需要的时间消耗。

③不可避免的中断时间是由于施工工艺特点引起的工作中断所必需的时间。

2)非定额时间。非定额时间即非生产所必需的工作时间,也就是工时损失,它与产品生产无关,而与施工组织和技术上的缺点、工人在施工过程中的过失或某些偶然因素有关。

非定额时间由多余和偶然的工作时间、停工时间及违反劳动纪律所损失的时间三部分组成。

(2)机器工作时间消耗的分类。在机械化施工过程中,对工作时间消耗的分析和研究,除了要对工人工作时间的消耗进行分类研究之外,还需要分类研究机器工作时间的消耗。机器工作时间也分为定额时间和非定额时间两大类。

2. 影响工时消耗的因素

根据施工过程影响因素的产生和特点,施工过程的影响因素可以分为技术因素和组织因素两类:

(1)技术因素。包括完成产品的类别,材料、构配件的种类和型号等级,机械和机具的种类、型号和尺寸,产品质量等。

(2)组织因素。包括操作方法和施工的管理与组织,工作地点的组织,人员组成和分工,工资与奖励制度,原材料和构配件的质量及供应的组织,气候条件等。

3. 确定人工定额消耗量的方法

时间定额和产量定额是人工定额的两种表现形式。拟定出时间定额,也就可以计算出产量定额。时间定额是在拟定基本工作时间、辅助工作时间、不可避免中断时间、准备与结束的工作时间,以及休息时间的基础上制定的。

(1)拟定基本工作时间。基本工作时间在必须消耗的工作时间中占的比重最大。在确定基本工作时间时,必须细致、精确。基本工作时间消耗一般应根据计时观察资料来确定。其确定方法如下:

1)若组成部分的产品计量单位和工作过程的产品计量单位相符,首先确定工作过程每一组成部分的工时消耗,然后再综合出工作过程的工时消耗;

2)若组成部分的产品计量单位和工作过程的产品计量单位不符,就需先求出不同计量单位的换算系数,进行产品计量单位的换算,然后再相加,求得工作过程的工时消耗。

(2)拟定辅助工作时间和准备与结束工作时间。辅助工作和准备与结束工作时间的确定方法与基本工作时间相同。但是,如果这两项工作时间在整个工作班工作时间消耗中所占比重不超过 5%～6%,则可归纳为一项,以工作过程的计量单位表示,确定出工作过程的工时消耗。

(3)拟定不可避免的中断时间。在确定不可避免中断时间的定额时,必须注意由工艺特点所引起的不可避免中断才可列入工作过程的时间定额。

(4)拟定休息时间。休息时间应根据工作班作息制度、经验资料、计时观察资料,以及对工作的疲劳程度作全面分析来确定。同时,应考虑尽可能利用不可避免中断时间作为休息时间。

(5)拟定定额时间。确定的基本工作时间、辅助工作时间、准备与结束工作时间、不可避免中断时间和休息时间之和,就是劳动定额的时间定额。根据时间定额可计算出产量定额,时间定额和产量定额互成倒数。

4. 人工工日消耗量计算

在预算定额中,人工工日消耗量是指在正常施工生产条件下,生产单位合格产品必须消耗的人工工日数量,由基本用工和其他用工两部分组成。

(1)基本用工,指完成单位合格产品所必须消耗的技术工种用工。按技术工种相应劳动定额工时定额计算,以不同工种列出定额工日。其计算公式如下:

$$基本用工 = \sum(综合取定的工程量 \times 劳动定额) \tag{5-6}$$

(2)超运距,指劳动定额中已包括的材料、半成品场内水平搬运距离与预算定额所考虑的现场材料、半成品堆放地点到操作地点的水平运输距离之差。其计算公式如下:

$$超运距 = 预算定额取定运距 - 劳动定额已包括的运距 \tag{5-7}$$

(3)辅助用工,指技术工种劳动定额内不包括而在预算定额内又必须考虑的用工。其计算公式如下:

$$辅助用工 = \sum(材料加工数量 \times 相应的加工劳动定额) \tag{5-8}$$

(4)人工幅度差,即预算定额与劳动定额的差额,主要是指在劳动定额中未包括而在正常施工情况下不可避免但又很难准确计量的用工和各种工时损失。其内容包括:各工种间的工序搭接及交叉作业相互配合或影响所发生的停歇用工,施工机械在单位工程之间转移及临时水电线路移动所造成的停工,质量检查和隐蔽工程验收工作的影响,班组操作地点转移用工,工序交接时对前一工序不可避免的修整用工,施工中不可避免的其他零星用工。其计算公式如下:

$$人工幅度差 = (基本用工 + 辅助用工 + 超运距用工) \times 人工幅度差系数 \tag{5-9}$$

人工幅度差系数一般为 10%~15%。在预算定额中,人工幅度差的用工量列入其他用工量中。

二、安装工程机械台班定额消耗量确定

机械台班消耗定额,是指在正常施工条件、合理劳动组织和合理使用机械的条件下,完成单位合格产品所必须消耗机械台班数量的标准,简称机械台班定额。机械台班定额以台班为单位,每一个台班按 8h 计算。

1. 机械 1h 纯工作正常生产率

确定机械正常生产率时,必须首先确定机械纯工作 1h 的正常生产率。

对于循环动作机械,确定机械纯工作 1h 正常生产率的计算公式如下:

$$\text{机械一次循环的正常延续时间} = \sum \left(\text{循环各组成部分正常延续时间} \right) - \text{交叠时间} \tag{5-10}$$

$$\text{机械纯工作 1h 循环次数} = \frac{60 \times 60(\text{s})}{\text{一次循环的正常延续时间}} \tag{5-11}$$

$$\text{机械纯工作 1h 正常生产率} = \text{机械纯工作 1h 正常循环次数} \times \text{一次循环生产的产品数量} \tag{5-12}$$

对于连续动作机械,确定机械纯工作 1h 正常生产率要根据机械的类型和结构特征,以及工作过程的特点来进行,其计算公式如下:

$$\text{连续动作机械纯工作 1h 正常生产率} = \frac{\text{工作时间内生产的产品数量}}{\text{工作时间(h)}} \tag{5-13}$$

2. 施工机械的正常利用系数

确定施工机械的正常利用系数,是指机械在工作班内对工作时间的利用率。机械的利用系数和机械在工作班内的工作状况有着密切的关系。机械正常利用系数的计算公式如下:

$$\text{机械正常利用系数} = \frac{\text{机械在一个工作班内纯工作时间}}{\text{一个工作班延续时间(8h)}} \tag{5-14}$$

3. 施工机械台班定额

在确定了机械工作正常条件、机械 1h 纯工作正常生产率和机械正常利用系数之后,采用下列公式计算施工机械的产量定额:

$$\text{施工机械台班产量定额} = \text{机械 1h 纯工作正常生产率} \times \text{工作班纯工作时间} \tag{5-15}$$

或

$$\text{施工机械台班产量定额} = \text{机械 1h 纯工作正常生产率} \times \text{工作班延续时间} \times \text{机械正常利用系数} \tag{5-16}$$

$$\text{施工机械时间定额} = \frac{1}{\text{机械台班产量定额指标}} \tag{5-17}$$

4. 机械台班消耗量计算

机械台班消耗量是指施工定额或劳动定额中机械台班产量加机械幅度差。

机械幅度差包括:①正常施工组织条件下不可避免的机械空转时间;②施工技术原因的中断及合理停滞时间;③因供电供水故障及水电线路移动检修而发生的运转中断时间;④因气候变化或机械本身故障影响工时利用的时间;⑤施工机械转移及配套机械相互影响损失的时间;⑥配合机械施工的工人因与其他工种交叉造成的间歇时间;⑦因检查工程质量造成的机械停歇的时间;⑧工程收尾和工作量不饱满造成的机械停歇时间。

预算定额的机械台班消耗量按下式计算:

$$预算定额机械台班消耗量＝施工定额机械耗用台班×（1＋机械幅度差系数）\qquad（5-18）$$

三、安装工程材料定额消耗量确定

材料消耗定额（即总消耗量）包括直接消耗在建筑产品实体上的净用量和在施工现场内运输及操作过程中不可避免的损耗量（不包括二次搬运、场外运输等损耗）。其计算公式如下：

$$材料总消耗量＝材料净用量＋材料损耗量\qquad（5-19）$$

材料损耗量按下式计算：

$$材料损耗量＝材料净用量×材料损耗率\qquad（5-20）$$

将上述公式整理后得：

$$材料总消耗量＝材料净用量×（1＋材料损耗率）\qquad（5-21）$$

【例5-1】　某工程有300m² 地面砖，地面砖规格为150mm×150mm，灰缝为1mm，损耗率为1.5％，试计算300m² 地面砖的消耗量是多少？

【解】　$100m² 地面砖净用量＝\dfrac{100}{(0.15+0.001)×(0.15+0.001)}≈4386 块$

$100m² 地面砖消耗量＝4386×（1＋1.5％）＝4452 块$

$300m² 地面砖消耗量＝3×4452＝13356 块$

第四节　安装工程人工、材料、机械台班单价确定

一、安装工程人工单价确定

1. 人工单价的含义及组成

人工单价是指一个生产工人一个工作日在工程造价中应计入的全部人工费用。其中，人工单价是指生产工人的人工费用，而企业经营管理人员的人工费用不属于人工单价的概念范围。

目前，生产工人的工日单价组成如下：

（1）基本工资。是指发放给生产工人的基本工资。生产工人的基本工资应执行岗位工资和技能工资制度。其计算公式如下：

$$基本工资（G_1）＝\dfrac{生产工人平均月工资}{年平均每月法定工作日}\qquad（5-22）$$

工人岗位工资标准设8个岗次。技能工资分初级工、中级工、高级工、技师和高级技师五类，工资标准分33档。

（2）工资性补贴。是指为了补偿工人额外或特殊的劳动消耗及为了保证工人的工资水平不受特殊条件影响，而以补贴形式支付给工人的劳动报酬。它包括按规定标准发放的物价补贴，煤、燃气补贴，交通费补贴，住房补贴，流动施工津贴及地区津贴等。其计算公式如下：

$$工资性补贴（G_2）＝\dfrac{\sum 年发放标准}{全年日历日－法定假日}＋\dfrac{\sum 月发放标准}{年平均每月法定工作日}＋$$
$$每工作日发放标准\qquad（5-23）$$

（3）辅助工资。是指生产工人年有效施工天数以外非作业天数的工资，包括职工学习、培训期间的工资，调动工作、探亲、休假期间的工资，因气候影响的停工工资，女工哺乳期间的工资，病假在六个月以内的工资及产、婚、丧假期的工资。其计算公式如下：

$$生产工人辅助工资（G_3）＝\dfrac{全年无效工作日×（G_1＋G_2）}{全年日历日－法定假日}\qquad（5-24）$$

(4)职工福利费。是指按规定标准计提的职工福利费。其计算公式如下:

$$职工福利费(G_4) = (G_1 + G_2 + G_3) \times 福利费计提比例(\%) \tag{5-25}$$

(5)生产工人劳动保护费。是指按规定标准发放的劳动保护用品的购置费及修理费,徒工服装补贴,防暑降温费,在有碍身体健康环境中的施工保健费用等。其计算公式如下:

$$生产工人劳动保护费(G_5) = \frac{生产工人年平均支出劳动保护费}{全年日历日 - 法定假日} \tag{5-26}$$

养老保险、医疗保险、住房公积金、失业保险等社会保障的改革措施,新的工资标准正逐步将其纳入人工预算单价中。

2. 影响人工单价的因素

影响人工单价的因素主要有政策因素、市场因素和管理因素。

(1)政策因素,如政府指定的有关劳动工资制度、最低工资标准、有关保险的强制规定等。政府推行的社会保障和福利政策也会影响人工单价的变动。

(2)市场因素,如市场供求关系对劳动力价格的影响、不同地区劳动力价格的差异、雇佣工人的不同方式(如当地临时雇佣与长期雇佣的人工单价可能不一样)以及不同的雇佣合同条款等。

(3)管理因素,如生产效率与人工单价的关系、不同的支付系统对人工单价的影响等。例如住房消费、养老保险、医疗保险、失业保险等列入人工单价,会使人工单价提高。

二、安装工程材料单价确定

材料价格是指材料(包括构件、成品及半成品等)从其来源地(或交货地点、供应者仓库提货地点)到达施工工地仓库(施工地点内存放材料的地点)后出库的综合平均价格。材料价格一般由材料原价(或供应价格)、材料运杂费、运输损耗费、采购及保管费组成。上述四项构成材料基价,此外在计价时,材料费中还应包括单独列项计算的检验试验费。

1. 材料基价

(1)材料原价。材料原价是指材料的出厂价格,或者是销售部的批发牌价和市场采购价格(或信息价)。预算价格中,材料原价宜按出厂价、批发价、市场价综合考虑。

(2)材料运杂费。材料运杂费是指材料自来源地运至工地仓库或指定堆放地点所发生的全部费用,含外埠中转运输过程中所发生的一切费用和过境过桥费用,包括调车和驳船费、装卸费、运输费及附加工作费等。

(3)运输损耗费。在材料的运输中应考虑一定的场外运输损耗费用。这是指材料在运输装卸过程中不可避免的损耗。其计算公式如下:

$$运输损耗费 = (材料原价 + 运杂费) \times 相应材料损耗率 \tag{5-27}$$

(4)采购及保管费。采购及保管费是指材料供应部门(包括工地仓库及其以上各级材料主管部门)在组织采购、供应和保管材料过程中所需的各项费用,包含采购费、仓储费、工地管理费和仓库损耗。其计算公式如下:

$$采购及保管费 = (材料原价 + 运杂费 + 运输损耗费) \times 采购及保管费率 \tag{5-28}$$

(5)包装费。包装费指为了便于材料运输或为保护材料而进行包装所需要的费用,包括水运、陆运中的支撑、篷布等。凡由生产厂负责包装,其包装费已计入材料原价者,不再另行计算,但包装品有回收价值者应扣回包装回收值。

简易包装应按下式计算:

$$包装费 = 包装材料原价 - 包装材料回收价值 \tag{5-29}$$

包装材料回收价值＝包装原价×回收量比例×回收价值比例　　　　(5-30)

容器包装应按下式计算：

$$包装材料回收价值＝\frac{包装材料原价×回收量比例×回收价值比例}{包装容器标准容重}　　(5-31)$$

$$包装费＝\frac{包装材料原价×\left(1-\frac{回收量}{比\quad例}×\frac{回收价}{值比例}\right)+\frac{使用期间}{维修费}}{周转使用次数×包装容器标准容重}　　(5-32)$$

综上所述，材料基价的一般计算公式如下：

$$材料基价＝\{(供应价格＋运杂费＋包装费)×[1＋运输损耗率(\%)]\}×\\ [1＋采购及保管费率(\%)]　　(5-33)$$

2. 检验试验费

检验试验费是指对建筑材料、构件和建筑安装物进行一般鉴定、检查所发生的费用，包括自设试验室进行试验所耗用的材料和化学药品等费用，不包括新结构、新材料的试验费和建设单位对具有出厂合格证明的材料进行检验，对构件做破坏性试验及其他特殊要求检验试验的费用。其计算公式如下：

$$检验试验费＝\sum(单位材料量检验试验费×材料消耗量)　　(5-34)$$

3. 影响材料价格变动的因素

(1)市场供需变化。材料原价是材料预算价格中最基本的组成。市场供大于求价格就会下降；反之，价格就会上升，从而也就会影响材料预算价格的涨落。

(2)材料生产成本的变动直接涉及材料预算价格的波动。

(3)流通环节的多少和材料供应体制也会影响材料预算价格。

(4)运输距离和运输方法的改变会影响材料运输费用的增减，从而也会影响材料预算价格。

(5)国际市场行情会对进口材料价格产生影响。

三、安装工程施工机械台班单价确定

施工机械使用费是根据施工中耗用的机械台班数量和机械台班单价确定的。施工机械台班耗用量按预算定额规定计算；施工机械台班单价是指一台施工机械在正常运转条件下一个工作班中所发生的全部费用，每台班按 8h 工作制计算。

施工机械台班单价由七项费用组成，包括折旧费、大修理费、经常修理费、安拆费及场外运费、燃料动力费、人工费、车船使用税等。

1. 折旧费

折旧费是指机械在规定的寿命期(使用年限或耐用总台班)内，陆续收回其原值的费用及支付贷款利息的费用，其计算公式如下：

$$台班折旧费＝\frac{机械预算价格×(1-残值率)×贷款利息系数}{耐用总台班}　　(5-35)$$

(1)机械预算价格。国产机械预算价格是指机械出厂价格加上从生产厂家(或销售单位)交货地点运至使用单位机械管理部门验收入库的全部费用。对于少量无法取到实际价格的机械，可用同类机械或相近机械的价格采用内插法和比例法取定。

进口机械预算价格是由进口机械到岸完税价格(即包括机械出厂价格和到达我国口岸之前的运费、保险费等一切费用)加上关税、外贸部门手续费、银行财务费以及由口岸运至使用单位机械管理部门验收入库的全部费用。其计算公式如下：

$$进口运输机械预算价格＝[到岸价格×(1＋关税税率＋增值税税率)]×$$
$$(1＋购置附加费率＋外贸部门手续费率＋$$
$$银行财务费率＋国内一次运杂费费率) \tag{5-36}$$

(2)残值率。残值率是指机械报废时回收的残值占机械原值的百分比。残值率按目前有关规定执行:运输机械 2％,特大型机械 3％,中小型机械 4％,掘进机械 5％。

(3)贷款利息系数。贷款利息系数为补偿企业贷款购置机械设备所支付的利息,从而合理反映资金的时间价值,以大于 1 的贷款利息系数,将贷款利息(单利)分摊在台班折旧费中。其计算公式如下:

$$贷款利息系数＝1＋\frac{(折旧年限＋1)}{2}×贷款年利率 \tag{5-37}$$

(4)耐用总台班。耐用总台班指机械在正常施工作业条件下,从投入使用起到报废止,按规定应达到的使用总台班数。其计算公式如下:

$$耐用总台班＝折旧年限×年工作台班＝大修间隔台班×大修周期 \tag{5-38}$$

年工作台班是根据有关部门对各类主要机械最近三年的统计资料分析确定的。

大修间隔台班是指机械自投入使用起至第一次大修止或自上一次大修后投入使用起至下一次大修止,应达到的使用台班数。

大修周期是指机械正常的施工作业条件下,将其寿命期(即耐用总台班)按规定的大修理次数划分为若干个周期。其计算公式如下:

$$大修周期＝寿命期大修理次数＋1 \tag{5-39}$$

2. 大修理费

大修理费指机械设备按规定的大修间隔台班进行必要的大修理,以恢复机械正常功能所需的全部费用。台班大修理费则是机械寿命期内全部大修理费之和在台班费用中的分摊额。其计算公式如下:

$$台班大修理费＝\frac{一次大修理费×寿命期内大修理次数}{耐用总台班} \tag{5-40}$$

一次大修理费指机械设备按规定的大修理范围和修理工作内容,进行一次全面修理所需消耗的工时、配件、辅助材料、油燃料以及送修运输等全部费用。

寿命期大修理次数指机械设备为恢复原机功能按规定在使用期限内需要进行的大修理次数。

3. 经常修理费

经常修理费是指机械设备除大修理以外必须进行的各级保养(包括一、二、三级保养)以及临时故障排除和机械停置期间的维护保养等所需各项费用;为保障机械正常运转所需替换设备、随机工具附具的摊销及维护费用;机械运转及日常保养所需润滑、擦拭材料费用。机械寿命期内上述各项费用之和分摊到台班费中,即为台班经常修理费,其计算公式如下:

$$台班经常修理费＝\frac{\sum\left(\begin{matrix}各级保养\\一次费用\end{matrix}×\begin{matrix}寿命期各级\\保养总次数\end{matrix}\right)＋\begin{matrix}临时故障\\排除费用\end{matrix}}{耐用总台班}＋替换设备台班摊销费＋$$
$$工具附具台班摊销费＋例保辅料费 \tag{5-41}$$

为简化计算,也可采用下列公式:

$$台班经常修理费＝台班大修费×K \tag{5-42}$$

$$K＝\frac{机械台班经常修理费}{机械台班大修理费} \tag{5-43}$$

式中　K——台班经常修理费系数。

（1）各级保养（一次）费用。分别指机械在各个使用周期内为保证机械处于完好状态，必须按规定的各级保养间隔周期、保养范围和内容进行的一、二、三级保养或定期保养所消耗的工时、配件、辅料、油燃料等费用。应以《全国统一施工机械保养修理技术经济定额》为基础，结合编制期市场价格综合确定。

（2）寿命期各级保养总次数。分别指一、二、三级保养或定期保养在寿命期内各个使用周期中保养次数之和，应按照《全国统一施工机械保养修理技术经济定额》确定。

（3）临时故障排除费。指机械除规定的大修理及各级保养以外，临时故障所需费用以及机械在工作日以外的保养维护所需润滑擦拭材料费，可按各级保养（不包括例保辅料费）费用之和的3%计算。

（4）替换设备及工具附具台班摊销费。指轮胎、电缆、蓄电池、运输皮带、钢丝绳、胶皮管、履带板等消耗性设备和按规定随机配备的全套工具附具的台班摊销费用。

（5）例保辅料费。即机械日常保养所需润滑擦拭材料的费用。

替换设备及工具附具台班摊销费、例保辅料费的计算应以《全国统一施工机械保养修理技术经济定额》为基础，结合编制期市场价格综合确定。

4. 安拆费及场外运输费

安拆费是指机械在施工现场进行安装、拆卸所需的人工、材料、机械费及试运转费，以及安装辅助设施所需的费用；场外运费是指机械整体或分件自停放场地运至施工现场所发生的费用，包括机械的装卸、运输、辅助材料费和机械在现场使用期需回基地大修理的运费。

（1）工地间移动较为频繁的小型机械及部分中型机械，其安拆费及场外运费应计入台班单价。台班安拆费及场外运费应按下列公式计算：

$$台班安拆费及场外运费 = \frac{一次安拆费及场外运费 \times 年平均安拆次数}{年工作台班} \tag{5-44}$$

一次安拆费应包括施工现场机械安装和拆卸一次所需的人工费、材料费、机械费及试运转费。

一次场外运费应包括运输、装卸、辅助材料和架线等费用。

年平均安拆次数应以《全国统一施工机械保养修理技术经济定额》为基础，由各地区（部门）结合具体情况确定。

运输距离均应按 25km 计算。

（2）移动有一定难度的特、大型（包括少数中型）机械，其安拆费及场外运费应单独计算。

单独计算的安拆费及场外运费除应计算安拆费、场外运费外，还应计算辅助设施（包括基础、底座、固定锚桩、行走轨道枕木等）的折旧、搭设和拆除等费用。

（3）不需安装、拆卸且自身又能开行的机械和固定在车间不需安装、拆卸及运输的机械，其安拆费及场外运费不计算。

（4）自升式塔式起重机安装、拆卸费用的超高起点及其增加费，各地区（部门）可根据具体情况确定。

5. 燃料动力费

燃料动力费指机械设备在运转施工作业中所耗用的固体燃料（煤炭、木材）、液体燃料（汽油、柴油）、电力、水和风力等费用。

燃料动力费的计算公式如下：

$$台班燃料动力消耗量＝\frac{实测数×4＋定额平均值＋调查平均值}{6} \tag{5-45}$$

6. 人工费

施工机械台班费中的人工费,是指机上司机、司炉和其他操作人员的工作日工资以及上述人员在机械规定的年工作台班以外的基本工资和工资性质的津贴。其计算公式如下:

$$台班人工费＝人工消耗量×\frac{1＋年制度工作日－年工作台班}{年工作台班}×人工单价 \tag{5-46}$$

(1)人工消耗量指机上司机(司炉)和其他操作人员工日消耗量。

(2)年制度工作日应执行编制期国家有关规定。

(3)人工单价应执行编制期工程造价管理部门的有关规定。

7. 车船使用税

车船使用税指按照国家有关规定应交纳的车船使用税,按各省、自治区、直辖市规定标准计算后列入定额,其计算公式如下:

$$车船使用税＝\frac{\dfrac{载重量}{(或核定吨位)}×\dfrac{车船使用税}{(元/吨·年)}}{年工作台班} \tag{5-47}$$

(1)年车船使用税、年检费用应执行编制期有关部门的规定。

(2)年保险费执行编制期有关部门强制保险的规定,非强制性保险不应计算在内。

第五节　安装工程定额计价工程量计算

一、电气设备安装工程

(一)变压器工程量计算

1. 电力变压器安装工程量计算

电力变压器安装,按不同容量以"台"为计量单位。其工作内容包括准备、干燥、维护、检查,记录整理,清扫,收尾及注油。油浸电力变压器安装工作内容包括开箱检查,本体就位,器身检查,套管、油枕及散热器清洗,油柱试验,风扇油泵电机解体检查接线,附件安装,垫铁、制动器制作安装,补充注油及安装后整体密封试验,接地,补漆,配合电气试验。

油浸电力变压器安装定额同样适用于自耦式变压器、带负荷调压变压器及并联电抗器的安装。电炉变压器按同容量电力变压器定额乘以系数2.0,整流变压器执行同容量电力变压器定额乘以系数1.60。

变压器的器身检查:4000kV·A以下是按吊芯检查考虑,4000kV·A以上是按吊钟罩考虑;如果4000kV·A以上的变压器需吊芯检查时,定额机械乘以系数2.0。

2. 干式变压器工程量计算

干式变压器如果带有保护罩时,其定额人工和机械乘以系数2.0。变压器通过试验,判定绝缘受潮时才需进行干燥,所以只有需要干燥的变压器才能计取此项费用(编制施工图预算时可列此项,工程结算时根据实际情况再作处理),以"台"为计量单位。

干式变压器工作内容包括开箱检查,本体就位,垫铁、制动器制作安装,附件安装,接地,补漆,配合电气试验。

3. 消弧线圈工程量计算

消弧线圈的干燥按同容量电力变压器干燥定额执行,以"台"为计量单位。其工作内容包括开箱检查,本体就位,器身检查,垫铁、制动器制作安装,附件安装,补充注油及安装后整体密封试验,接地,补漆,配合电气试验。

4. 变压器油过滤工程量计算

变压器油过滤不论过滤多少次,直到过滤合格为止,以"t"为计量单位,其具体计算方法如下:

(1)变压器安装定额未包括绝缘油的过滤,需要过滤时,可按制造厂提供的油量计算。

(2)油断路器及其他充油设备的绝缘油过滤,可按制造厂规定的充油量计算。

变压器油过滤工作内容包括过滤前准备及过滤后清理、油过滤、取油样、配合试验。

(二)配电装置工程量计算

1. 断路器、互感器、电抗器及电容器工程量计算

断路器、电流互感器、电压互感器、油浸电抗器、电力电容器及电容器柜的安装,以"台(个)"为计量单位。油断路器安装工作内容包括开箱、解体检查、组合、安装及调整、传动装置安装调整、动作检查、消弧室干燥、注油、接地。真空断路器、SF_6断路器安装工作内容包括开箱、解体检查、组合、安装及调整、传动装置安装调整、动作检查、消弧室干燥、注油、接地。大型空气断路器、真空接触器安装工作内容包括开箱检查、画线、安装固定、绝缘柱杆组装、传动机构及接点调整、接地。

电抗器安装定额系按三相叠放、三相平放和二叠一平的安装方式综合考虑,不论何种安装方式,均不作换算,一律执行本定额。干式电抗器安装定额适用于混凝土电抗器、铁芯干式电抗器和空心电抗器等干式电抗器的安装。

2. 开关、熔断器、避雷器、干式电抗器工程量计算

隔离开关、负荷开关、熔断器、避雷器、干式电抗器的安装,以"组"为计量单位,每组按三相计算。其工作内容包括开箱检查,安装固定,调整,拉杆配置和安装,操作机构连锁装置及信号装置接头检查、安装、接地。

3. 交流滤波装置工程量计算

交流滤波装置的安装以"台"为计量单位。每套滤波装置包括三台组架安装,不包括设备本身及铜母线的安装,其工程量应按相应定额另行计算。设备安装所需的地脚螺栓按土建预埋考虑,不包括二次灌浆。

4. 高压成套配电柜和箱式变电站工程量计算

高压成套配电柜和箱式变电站的安装以"台"为计量单位,均未包括基础槽钢、母线及引下线的配置安装。高压成套配电柜安装定额系综合考虑的,不分容量大小,也不包括母线配制及设备干燥。高压设备安装定额内均不包括绝缘台的安装,其工程量应按施工图设计执行相应定额。

(三)母线、绝缘子工程量计算

1. 绝缘子安装工程量计算

悬垂绝缘子串安装,指垂直或 V 形安装的提挂导线、跳线、引下线、设备连接线或设备等所用的绝缘子串安装,按单、双串分别以"串"为计量单位。耐张绝缘子串的安装,已包括在软母线

安装定额内。

支持绝缘子安装分别按安装在户内、户外、单孔、双孔、四孔固定,以"个"为计量单位。

绝缘子安装工作内容包括开箱检查、清扫、安装、固定、接地、刷漆。

2. 穿墙套管工程量计算

穿墙套管安装不分水平、垂直安装,均以"个"为计量单位。其工作内容包括开箱检查、清扫、测绝缘、组合安装、固定、接地、刷漆。

3. 软母线工程量计算

软母线安装,指直接由耐张绝缘子串悬挂部分,按软母线截面大小分别以"跨/三相"为计量单位。设计跨距不同时,不得调整。导线、绝缘子、线夹、弧度调节金具等均按施工图设计用量加定额规定的损耗率计算。

软母线安装预留长度按表4-2计算。

软母线安装工作内容包括检查、下料、压接、组装、悬挂、调整弧度、紧固、配合绝缘子测试。

软母线工程量计算应注意软母线安装定额是按单串绝缘子考虑的,如设计为双串绝缘子,其定额人工应乘以系数1.08。

4. 软母线引下线工程量计算

软母线引下线,指由 T 型线夹或并沟线夹从软母线引向设备的连接线,以"组"为计量单位,每三相为一组;软母线经终端耐张线夹引下(不经 T 型线夹或并沟线夹引下)与设备连接的部分均执行引下线定额,不得换算。

软母线的引下线、跳线、设备连线均按导线截面分别执行定额。不区分引下线、跳线和设备连线。两跨软母线间的跳引线安装,以"组"为计量单位,每三相为一组。不论两端的耐张线夹是螺栓式或压接式,均执行软母线跳线定额,不得换算。

5. 组合软母线工程量计算

组合软母线安装,按三相为一组计算,跨距(包括水平悬挂部分和两端引下部分之和)系以45m以内考虑,跨度的长与短不得调整。导线、绝缘子、线夹、金具按施工图设计用量加定额规定的损耗率计算。其工作内容包括检查、下料、压接、组装、悬挂紧固、调整弧度、横联装置安装。

组合软导线安装定额不包括两端铁构件制作、安装和支持瓷瓶、带形母线的安装,发生时应执行相应定额。其跨距是按标准跨距综合考虑的,实际跨距与定额不符时不作换算。

6. 带形槽形母线工程量计算

(1)带形母线。带形母线安装含带形铜母线、带形铝母线,工作内容包括平直、下料、搣弯、母线安装、接头、刷分相漆。

带形母线安装及带形母线引下线安装包括铜排、铝排,分别以不同截面和片数以"m/单相"为计量单位。母线和固定母线的金具均按设计量加损耗率计算。

带形钢母线安装,按同规格的铜母线定额执行,不得换算。

母线伸缩接头及铜过渡板安装,均以"个"为计量单位。

带形钢母线安装执行铜母线安装定额。

带形母线伸缩接头和铜过渡板均按成品考虑,定额只考虑安装。

带形母线引下线安装有带形铜母线引下线、带形铝母线引下线,工作内容包括平直、下料、搣弯、钻眼、安装固定、刷相色漆。

带形母线用伸缩接头及铜过渡板安装,带形铝母线用伸缩接头,工作内容包括钻眼、锉面、挂锡、安装。

（2）槽形母线。槽形母线安装工作内容包括平直、下料、搣弯、锯头、钻孔、对口、焊接、安装固定、刷分相漆。与设备连接分为与发电机、变压器连接和与断路器隔离开关连接，其工作内容包括平直、下料、搣弯、钻孔、锉面、连接固定。

槽形母线安装以"m/单相"为计量单位。槽形母线与设备连接，分别连接不同的设备以"台"为计量单位。槽形母线及固定槽形母线的金具按设计用量加损耗率计算。壳的大小尺寸以"m"为计量单位，长度按设计共箱母线的轴线长度计算。

槽形母线与设备连接分为与发电机、变压器连接，与断路器、隔离开关连接，工作内容包括平直、下料、搣弯、钻孔、锉面、连接固定。

硬母线配置安装预留长度按表4-3的规定计算。

7. 低压封闭式插接母线槽工程量计算

低压封闭式插接母线槽安装有低压封闭式插接母线槽和封闭母线槽进出分线箱两项，工作内容包括开箱检查、接头清洗处理、绝缘测试、吊装就位、线槽连接、固定、接地。

低压（指380V以下）封闭式插接母线槽安装，分别按导体的额定电流大小以"m"为计量单位，长度按设计母线的轴线长度计算，分线箱以"台"为计量单位，分别以电流大小按设计数量计算。

8. 重型母线安装工程量计算

重型母线安装包括铜母线、铝母线，分别按截面大小以母线的成品质量以"t"为计量单位。重型铝母线接触面加工指铸造件需加工接触面时，可以按其接触面大小，分别以"片/单相"为计量单位。

重型母线安装工作内容包括平直、下料、搣弯、钻孔、接触面搪锡、焊接、组合、安装。重型母线伸缩器及导板制作、安装工作内容包括加工制作、焊接、组装、安装。重型铝母线接触面加工工作内容为接触面加工。

（四）控制设备及低压电器工程量计算

1. 控制设备及低压电器安装工程量计算

控制设备及低压电器安装均以"台"为计量单位。以上设备安装均未包括基础槽钢、角钢的制作安装，其工程量应按相应定额另行计算。

控制设备安装，除限位开关及水位电气信号装置外，其他均未包括支架制作、安装，发生时可执行相应定额。此外，控制设备安装未包括的工作内容有：二次喷漆及喷字，电器及设备干燥，焊、压接线端子，端子板外部（二次）接线。

屏上辅助设备安装，包括标签框、光字牌、信号灯、附加电阻、连接片等，但不包括屏上开孔工作。

2. 铁构件制作安装工程量计算

铁构件制作、安装定额适用于定额范围内的各种支架、构件的制作、安装。均按施工图设计尺寸，以成品质量"kg"为计量单位计算。

网门、保护网制作安装，按网门或保护网设计图示的框外围尺寸，以"m²"为计量单位。

各种铁构件制作，均不包括镀锌、镀锡、镀铬、喷塑等其他金属防护费用，发生时应另行计算。轻型铁构件系指结构厚度在3mm以内的构件。

3. 盘、柜配线工程量计算

盘、柜配线分不同规格,以"m"为计量单位。

盘、箱、柜的外部进出线预留长度按表 4-4 计算。

盘、柜配线定额只适用于盘上小设备元件的少量现场配线,不适用于工厂的设备修、配、改工程。

4. 配电板制作安装工程量计算

配电板制作安装及包铁皮,按配电板图示外形尺寸,以"m²"为计量单位。其工作内容包括下料、制桦、拼缝、钻孔、拼装、砂光、油漆、包钉铁皮、安装、接线、接地。

5. 焊(压)接线端子工程量计算

焊(压)接线端子定额只适用于导线。电缆终端头制作安装定额中已包括压接线端子,不得重复计算。端子板外部接线按设备盘、箱、柜、台的外部接线图计算,以"个头"为计量单位。

端子箱、端子板安装及端子板外部接线工作内容包括开箱检查、安装、表计拆装、试验、校线、套绝缘管、压焊端子、接线。焊铜接线端子工作内容包括削线头、套绝缘管、焊接头、包缠绝缘带。压铜接线端子工作内容包括削线头、套绝缘管、压接头、包缠绝缘带。压铝接线端子工作内容包括削线头、套绝缘管、压线头、包缠绝缘带。

(五)蓄电池工程量计算

1. 蓄电池工程量计算

(1)铅酸蓄电池和碱性蓄电池安装,分别按容量大小以单体蓄电池"个"为计量单位,按施工图设计的数量计算工程量。定额内已包括了电解液的材料消耗,执行时不得调整。

(2)免维护蓄电池安装以"组件"为计量单位。其具体计算如下例:

某项工程设计一组蓄电池为 220V/500A·h,由 18 个 12V 的组件组成,那么就应该套用 12V/500A·h 的定额 18 组件。

(3)蓄电池充放电按不同容量以"组"为计量单位。

2. 蓄电池工程量计算需注意的问题

(1)蓄电池防震支架按随设备供货考虑,安装按地坪打眼装膨胀螺栓固定。

(2)蓄电池电极连接条、紧固螺栓、绝缘垫,均按设备带有考虑。

(3)定额中不包括蓄电池抽头连接用电缆及电缆保护管的安装,发生时应执行相应项目。

(4)碱性蓄电池补充电解液由厂家随设备供货。铅酸蓄电池的电解液已包括在定额内,不另行计算。

(5)蓄电池充放电电量已计入定额,不论酸性、碱性电池均按其电压和容量执行相应项目。

(六)电机工程量计算

1. 发电机、调相机、电动机工程量计算

发电机、调相机、电动机的电气检查接线,均以"台"为计量单位。直流发电机组和多台一串的机组,按单台电机分别执行定额。其工作内容包括检查定子、转子,研磨电刷和滑环,安装电刷,测量轴承绝缘,配合密封试验,接地,干燥,整修整流子及清理。

2. 电机检查接线工程量计算

单台电机质量在 3t 以下的为小型电机;单台电机质量在 3~30t 的为中型电机;单台电机质

量在 30t 以上的为大型电机。

电机检查接线定额,除发电机和调相机外,均不包括电机干燥,发生时其工程量应按电机干燥定额另行计算。电机干燥定额系按一次干燥所需的工、料、机消耗量考虑,在特别潮湿的地方,电机需要进行多次干燥,应按实际干燥次数计算。在气候干燥、电机绝缘性能良好、符合技术标准而不需要干燥时,则不计算干燥费用。实行包干的工程,可参照以下比例,由有关各方协商而定:

(1)低压小型电机 3kW 以下,按 25%的比例考虑干燥。

(2)低压小型电机 3kW 以上至 220kW,按 30%～50%考虑干燥。

(3)大中型电机按 100%考虑一次干燥。

(七)滑触线装置工程量计算

1. 滑触线装置工程量计算

滑触线安装以"m/单相"为计量单位,其附加和预留长度按表 4-7 的规定计算。

2. 滑触线装置需注意的问题

(1)起重机的电气装置是按未经生产厂家成套安装和试运行考虑的,因此起重机的电机和各种开关、控制设备、管线及灯具等,均按分部分项定额编制预算。

(2)滑触线支架的基础铁件及螺栓,按土建预埋考虑。

(3)滑触线及支架的油漆,均按涂一遍考虑。

(4)移动软电缆敷设未包括轨道安装及滑轮制作。

(5)滑触线伸缩器和坐式电车绝缘子支持器的安装,已分别包括在"滑触线安装"和"滑触线支架安装"定额内,不另行计算。

(6)滑触线及支架安装是按 10m 以下标高考虑的,如超过 10m 时,按定额说明的超高系数计算。

(八)电缆工程量计算

1. 直埋电缆挖、填土(石)方工程量计算

直埋电缆的挖、填土(石)方,除特殊要求外,可按表 5-3 计算土方量。

表 5-3　　　　　　　　　　　　直埋电缆的挖、填土(石)方量

项　　目	电缆根数	
	1～2	每增一根
每米沟长挖方量(m³)	0.45	0.153

注:1. 两根以内的电缆沟,是按上口宽度 600mm、下口宽度 400mm、深度 900mm 计算的常规土方量(深度按规范的最低标准)。

2. 每增加一根电缆,其宽度增加 170mm。

3. 以上土方量是按埋深从自然地坪起算,如设计埋深超过 900mm 时,多挖的土方量应另行计算。

其工作内容包括测位、画线、挖电缆沟、回填土、夯实、开挖路面、清理现场。

2. 电缆沟盖板揭、盖工程量计算

电缆沟盖板揭、盖定额,按每揭或每盖一次以延长米计算,如又揭又盖,则按两次计算。其工作内容包括调整电缆间距、铺砂、盖砖(或保护板)、埋设标桩、揭(盖)盖板。

3. 电缆保护管工程量计算

电缆保护管埋地敷设,其土方量凡有施工图注明的,按施工图计算;无施工图的,一般按沟深0.9m、沟宽按最外边的保护管两侧边缘外各增加0.3m工作面计算。

电缆保护管长度,除按设计规定长度计算外,遇有下列情况,应按以下规定增加保护管长度:

(1)横穿道路,按路基宽度两端各增加2m。

(2)垂直敷设时,管口距地面增加2m。

(3)穿过建筑物外墙时,按基础外缘以外增加1m。

(4)穿过排水沟时,按沟壁外缘以外增加1m。

其工作内容包括测位、锯管、敷设、打喇叭口。

4. 电缆敷设工程量计算

电缆敷设按单根以延长米计算,一个沟内(或架上)敷设3根各长100m的电缆,应按300m计算,以此类推。

电缆敷设长度应根据敷设路径的水平和垂直敷设长度,按表4-8规定增加附加长度。

电缆敷设定额适用于10kV以下的电力电缆和控制电缆敷设。定额是按平原地区和厂内电缆工程的施工条件编制的,未考虑在积水区、水底、井下等特殊条件下的电缆敷设。

电缆在一般山地、丘陵地区敷设时,其定额人工乘以系数1.3。该地段所需的施工材料如固定桩、夹具等按实另计。

5. 电缆头工程量计算

电缆终端头及中间头均以"个"为计量单位。电力电缆和控制电缆均按一根电缆有两个终端头考虑。中间电缆头设计有图示的,按设计确定;设计没有规定的,按实际情况计算(或按平均250m一个中间头考虑)。这里的电力电缆头定额均按铝芯电缆考虑,铜芯电力电缆头按同截面电缆头定额乘以系数1.2,双屏蔽电缆头制作、安装,人工乘以系数1.05。

6. 桥架安装工程量计算

(1)桥架安装工程量以"10m"为计量单位。

钢索的计算长度以两端固定点的距离为准,不扣除拉紧装置的长度。

(2)桥架安装包括运输、组合、螺栓或焊接固定、弯头制作、附件安装、切割口防腐、桥式或托板式开孔、上管件隔板安装、盖板及钢制梯式桥架盖板安装。

(3)桥架支撑架定额适用于立柱、托臂及其他各种支撑架的安装。定额已综合考虑了采用螺栓、焊接和膨胀螺栓三种固定方式。实际施工中,不论采用何种固定方式,定额均不做调整。

(4)玻璃钢梯式桥架和铝合金梯式桥架定额均按不带盖考虑。如这两种桥架带盖,则分别执行玻璃钢槽式桥架定额和铝合金槽式桥架定额。

(5)钢制桥架主结构设计厚度大于3mm时,定额人工、机械乘以系数1.2。

(6)不锈钢桥架按钢制桥架定额乘以系数1.1。

(九)防雷与接地装置工程量计算

1. 接地工程量计算

(1)接地极制作安装以"根"为计量单位,其长度按设计长度计算。设计无规定时,每根长度按2.5m计算。若设计有管帽时,管帽另按加工件计算。其工作内容包括尖端及加固帽加工、接地极打入地下及埋设、下料、加工、焊接。

（2）接地母线敷设，按设计长度以"m"为计量单位。接地母线、避雷线敷设均按延长米计算，其长度按施工图设计水平和垂直规定长度另加 3.9％的附加长度（包括转弯、上下波动、避绕障碍物、搭接头所占长度）计算。计算主材费时应另增加规定的损耗率。其工作内容包括挖地沟、接地线平直、下料、测位、打眼、埋卡子、揻弯、敷设、焊接、回填土夯实、刷漆。户外接地母线敷设定额按自然地坪和一般土质综合考虑的，包括地沟的挖填土和夯实工作，执行定额时不应再计算土方量。如遇有石方、矿渣、积水、障碍物等情况时，可另行计算。

（3）接地跨接线以"处"为计量单位。按规程规定，凡需接地跨接线的工作内容，每跨接一次按一处计算。户外配电装置构架均需接地，每副构架按一处计算。其工作内容包括下料、钻孔、揻弯、挖填土、固定、刷漆。

2．避雷针工程量计算

（1）避雷针的加工制作、安装，以"根"为计量单位，独立避雷针安装以"基"为计量单位。长度、高度、数量均按设计规定。独立避雷针的加工制作应执行"一般铁件"制作定额或按成品计算。其工作内容包括下料、针尖针体加工、挂锡、校正、组焊、刷漆等（不含底座加工）。

（2）半导体少长针消雷装置安装以"套"为计量单位，按设计安装高度分别执行相应定额。装置本身由设备制造厂成套供货。其工作内容包括组装、吊装、找正、固定、补漆。

3．避雷引下线工程量计算

（1）利用建筑物内主筋作接地引下线安装，以"10m"为计量单位，每一柱子内按焊接两根主筋考虑。如果焊接主筋数超过两根时，可按比例调整。其工作内容包括平直、下料、测位、打眼、埋卡子、焊接、固定、刷漆。

（2）断接卡子制作安装以"套"为计量单位，按设计规定装设的断接卡子数量计算。接地检查井内的断接卡子安装按每井一套计算。

（3）高层建筑物屋顶的防雷接地装置应执行"避雷网安装"定额，电缆支架的接地线安装应执行"户内接地母线敷设"定额。

（4）均压环敷设以"m"为单位计算，主要考虑利用圈梁内主筋作均压环接地连线，焊接按两根主筋考虑。超过两根时，可按比例调整。长度按设计需要作均压接地的圈梁中心线长度，以延长米计算。

（5）钢、铝窗接地以"处"为计量单位（高层建筑六层以上的金属窗设计一般要求接地），按设计规定接地的金属窗数进行计算。

（6）柱子主筋与圈梁连接以"处"为计量单位，每处按两根主筋与两根圈梁钢筋分别焊接连接考虑。焊接主筋和圈梁钢筋超过两根时，可按比例调整；需要连接的柱子主筋和圈梁钢筋"处"数按规定设计计算。

（十）10kV 以下架空配电线路工程量计算

1．工地运输工程量计算

工地运输是指定额内未计价材料从集中材料堆放点或工地仓库运至杆位上的工程运输，分人力运输和汽车运输，以"吨·千米"（t·km）为计量单位。

运输量计算公式如下：

$$工程运输量 ＝ 施工图用量 \times（1＋损耗率） \tag{5-48}$$

$$预算运输质量 ＝ 工程运输量 ＋ 包装物质量（不需要包装的可不计算包装物质量） \tag{5-49}$$

运输质量可按表 5-4 的规定进行计算。

表 5-4 主要材料运输质量的计算

材料名称		单 位	运输质量(kg)	备 注
混凝土制品	人工浇制	m³	2600	包括钢筋
	离心浇制	m³	2860	包括钢筋
线 材	导 线	kg	$m \times 1.15$	有线盘
	钢绞线	kg	$m \times 1.07$	无线盘
木杆材料		m³	500	包括木横担
金具、绝缘子		kg	$m \times 1.07$	—
螺 栓		kg	$m \times 1.01$	—

注:1. m 为理论质量。

2. 未列入者均按净重计算。

工地运输工作内容包括线路器材外观检查、绑扎、抬运至指定地点、返回;装车、支垫、绑扎、运至指定地点,人工卸车,返回。

2. 土石方工程量计算

(1)地形及土质的分类。地形按特征划分为平地、丘陵、一般山地、泥沼地带。平地地形为比较平坦、地面比较干燥的地带;丘陵地形有起伏的矮岗、土丘等地带;一般山地为一般山岭或沟谷地带、高原台地等;泥沼地带经常积水造成泥水淤积。

土质按其名称、开挖方法等分为普通土、坚土、松砂石、岩石、泥水、流砂。

普通土即种植土、黏砂土、黄土和盐碱土等,主要利用锹、铲即可挖掘的土质。坚土为土质坚硬难挖的红土、板状黏土、重块土、高岭土,必须用铁镐、条锄挖松,再用锹、铲挖掘的土质。松砂石、碎石、卵石和土的混合体,各种不坚实砾岩、页岩、风化岩,节理和裂缝较多的岩石等(不需用爆破方法开采的)需要镐、撬棍、大锤、楔子等工具配合才能挖掘。岩石一般为坚实的粗花岗岩、白云岩、片麻岩、玢岩、石英岩、大理岩、石灰岩、石灰质胶结的密实砂岩的石质,不能用一般挖掘工具进行开挖,必须采用打眼、爆破或打凿才能开挖。泥土为经常积水导致质地松散的土,如淤泥和沼泽地等挖掘时因水渗入和浸润而成泥浆,容易坍塌,需用挡土板和适量排水才能施工。流砂的形成是由于坑的土质为砂质或分层砂质,挖掘过程中砂层有上涌现象,容易坍塌,挖掘时需排水和采用挡土板才能施工。

(2)工程量计算。土方量的计算公式如下:

$$V = \frac{h}{6 \times [ab + (a + a_1)(b + b_1) + a_1 b_1]} \tag{5-50}$$

式中　　V——土(石)方体积(m³);

　　　　h——坑深(m);

　　$a(b)$——坑底宽(m),$a(b)$=底拉盘底宽+2×每边操作裕度;

　　$a_1(b_1)$——坑口宽(m),$a_1(b_1)$=$a(b)$+2h×边坡系数。

当冻土厚度大于 300mm 时,冻土层的挖方量按挖坚土定额乘以系数 2.5。其他土层仍按土质性质执行定额。

对于无底盘、卡盘的电标坑,挖方体积为:

$$V = 0.8 \times 0.8 \times h \tag{5-51}$$

式中　h——坑深(m)。

有底盘的施工操作裕度按底拉盘底宽每边增加0.1m,带卡盘的如原计算的尺寸不能满足卡盘安装时,因卡盘超长而增加的土(石)方量另计。

电杆坑的马道土、石方量按每坑0.2m³计算。

杆坑土质按一个坑的主要土质而定。如一个坑大部分为普通土,少量为坚土,则该坑应全部按普通土计算。各类土质的放坡系数按表5-5计算。

表 5-5 各类土质的放坡系数

土 质	普通土、水坑	坚土	松砂石	泥水、流砂、岩石
放坡系数	1∶0.3	1∶0.25	1∶0.2	不放坡

3. 底盘、杆塔、拉线安装工程量计算

(1)底盘、卡盘、拉线盘按设计用量以"块"为计量单位。其工作内容包括基坑整理、移运、盘安装、操平、找正、卡盘螺栓紧固、工器具转移、木杆根部烧焦涂。

(2)杆塔组立,分别杆塔形式和高度,按设计数量以"根"为计量单位。单杆工作内容包括立杆、找正、绑地横木、根部刷油、工器具转移;接腿杆工作内容包括木杆加工、接腿、立杆、找正、绑地横木、根部刷油、工器具转移;撑杆及钢圈焊接工作内容包括木杆加工、根部刷油、立杆、装包箍、焊缝间隙轻微调整、挖焊接操作坑、焊接、钢圈防腐处理、工器具转移。

(3)拉线制作安装按施工图设计规定,分别不同形式,以"组"为计量单位。其工作内容包括拉线长度实测、放线截割、装金具、拉线安装、紧线调节、工器具转移。

4. 横担安装工程量计算

横担安装按施工图设计规定,分不同形式和截面,以"根"为计量单位,定额按单根拉线考虑。若安装V形、Y形或双拼形拉线时,按2根计算。拉线长度按设计全根长度计算,设计无规定时可按表5-6计算。

表 5-6 拉线长度 （单位:m/根）

项 目		普通拉线	V(Y)形拉线	弓形拉线
杆高(m)	8	11.47	22.94	9.33
	9	12.61	25.22	10.10
	10	13.74	27.48	10.92
	11	15.10	30.20	11.82
	12	16.14	32.28	12.62
	13	18.69	37.38	13.42
	14	19.68	39.36	15.12
水平拉线		26.47	—	—

10kV以下横担工作内容包括量尺寸定位,上抱箍,装横担、支撑及杆顶支座,安装绝缘子;1kV以下横担工作内容包括量尺寸,定位,上抱箍,装支架、横担、支撑及杆顶支座,安装瓷瓶;进户线横担工作内容包括测位画线、打眼钻孔、横担安装、装瓷瓶及防水弯头。

5. 导线架设工程量计算

导线架设，分别导线类型和不同截面以"km/单线"为计量单位计算。导线预留长度按表4-11计算。

导线长度按线路总长度和预留长度之和计算。计算主材费时应另增加规定的损耗率。

导线跨越架设，包括越线架的搭拆和运输，以及因跨越（障碍）施工难度增加而增加的工作量，以"处"为计量单位。每个跨越间距按50m以内考虑，大于50m而小于100m时按2处计算，以此类推。在计算架线工程量时，不扣除跨越档的长度。

导线架设工作内容包括线材外观检查、架线盘、放线、直线接头连接、紧线、弛度观测、耐张终端头制作、绑扎、跳线安装。导线跨越工作内容包括跨越架搭拆、架线中的监护转移；进户线架设工作内容包括放线、紧线、瓷瓶绑扎、压接包头。

6. 杆上变配电设备安装工程量计算

杆上变配电设备安装以"台"或"组"为计量单位，定额内包括杆和钢支架及设备的安装工作。但钢支架主材、连引线、线夹、金具等应按设计规定另行计算，设备的接地安装和调试应按相应定额另行计算。其工作内容包括支架、横担、撑铁的安装，设备的安装固定、检查、调整，油开关注油，配线，接线，接地。

(十一) 电气调整试验工程量计算

1. 电气调试系统调试费计算

(1) 电气调试系统的划分以电气原理系统图为依据。电气设备元件的本体试验均包括在相应定额的系统调试之内，不得重复计算。绝缘子和电缆等单体试验，只在单独试验时使用。在系统调试定额中，各工序的调试费用如需单独计算时，可按表5-7所列比率计算。

表 5-7　　　　　　　　　　电气调试系统各工序的调试费用比率

比率(%)　　项目 工序	发电机调 相机系统	变压器 系　统	送配电 设备系统	电动机 系　统
一次设备本体试验	30	30	40	30
附属高压二次设备试验	20	30	20	30
一次电流及二次回路检查	20	20	20	20
继电器及仪表试验	30	20	20	20

(2) 电气调试所需的电力消耗已包括在定额内，一般不另计算。但10kW以上电机及发电机的启动调试用的蒸汽、电力和其他动力能源消耗及变压器空载试运转的电力消耗，另行计算。

(3) 供电桥回路的断路器、母线分段断路器，均按独立的送配电设备系统计算调试费。

2. 送配电设备系统工程量计算

送配电设备系统调试，是按一侧有一台断路器考虑的，若两侧均有断路器时，则应按两个系统计算。送配电设备系统调试，适用于各种供电回路（包括照明供电回路）的系统调试。凡供电回路中带有仪表、继电器、电磁开关等调试元件的（不包括闸刀开关、保险器），均按调试系统计算。移动式电器和以插座连接的家电设备，已经厂家调试合格、不需要用户自调的设备，均不应计算调试费用。

调试中 1kV 以下定额适用于所有低压供电回路,如从低压配电装置至分配电箱的供电回路;但从配电箱直接至电动机的供电回路已包括在电动机的系统调试定额内。送配电设备系统调试包括系统内的电缆试验、瓷瓶耐压等全套调试工作。供电桥回路中的断路器、母线分段断路器皆作为独立的供电系统计算,定额皆按一个系统一侧配一台断路器考虑的。若两侧皆有断路器时,则按两个系统计算。如果分配电箱内只有刀开关、熔断器等不含调试元件的供电回路,则不再作为调试系统计算。

3. 变压器调试系统工程量计算

变压器系统调试,以每个电压侧有一台断路器为准。多于一个断路器的,按相应电压等级送配电设备系统调试的相应定额另行计算。干式变压器、油浸电抗器调试,执行相应容量变压器调试定额,乘以系数 0.8。

电力变压器如有"带负荷调压装置",调试定额乘以系数 1.12。三卷变压器、整流变压器、电炉变压器调试按同容量的电力变压器调试定额乘以系数 1.2。3～10kV 母线系统调试含一组电压互感器,1kV 以下母线系统调试定额不含电压互感器,适用于低压配电装置的各种母线(包括软母线)的调试。

4. 特殊保护装置工程量计算

特殊保护装置,均以构成一个保护回路为一套,其工程量计算规定如下(特殊保护装置未包括在各系统调试定额之内,应另行计算):

(1)发电机转子接地保护,按全厂发电机共用一套考虑。

(2)距离保护,按设计规定所保护的送电线路断路器台数计算。

(3)高频保护,按设计规定所保护的送电线路断路器台数计算。

(4)零序保护,按发电机、变压器、电动机的台数或送电线路断路器的台数计算。

(5)故障录波器的调试,以一块屏为一套系统计算。

(6)失灵保护,按设置该保护的断路器台数计算。

(7)失磁保护,按所保护的电机台数计算。

(8)变流器的断线保护,按变流器台数计算。

(9)小电流接地保护,按装设该保护的供电回路断路器台数计算。

(10)保护检查及打印机调试,按构成该系统的完整回路为一套计算。

特殊保护器工作内容包括保护装置本体及二次回路的调整试验。

5. 自动装置及信号系统调试工程量计算

自动装置及信号系统调试,均包括继电器、仪表等元件本身和二次回路的调整试验。具体规定如下:

(1)备用电源自动投入装置,按连锁机构的个数确定备用电源自投装置系统数。一个备用厂用变压器,作为三段厂用工作母线备用的厂用电源,计算备用电源自动投入装置调试时,应为三个系统。装设自动投入装置的两条互为备用的线路或两台变压器,计算备用电源自动投入装置调试时,应为两个系统。备用电动机自动投入装置亦按此计算。

(2)线路自动重合闸调试系统,按采用自动重合闸装置的线路自动断路器的台数计算系统数。

(3)自动调频装置的调试,以一台发电机为一个系统。

(4)同期装置调试,按设计构成一套能完成同期并车行为的装置为一个系统计算。

(5)蓄电池及直流监视系统调试,一组蓄电池按一个系统计算。

(6)事故照明切换装置调试,按设计能完成交直流切换的一套装置为一个调试系统计算。

(7)周波减负荷装置调试,凡有一个周率继电器,不论带几个回路,均按一个调试系统计算。

(8)变送器屏以屏的个数计算。

(9)中央信号装置调试,按每一个变电所或配电室为一个调试系统计算工程量。

6. 接地装置调试工程量计算

接地装置调试工作内容包括:母线耐压试验,接触电阻测量,避雷器、母线绝缘监视装置、电测量仪表及一、二次回路的调试,接地电阻测试。

接地装置的调试规定如下:

(1)接地网接地电阻的测定。一般的发电厂或变电站连为一体的母网,按一个系统计算;自成母网不与厂区母网相连的独立接地网,另按一个系统计算。大型建筑群各有自己的接地网(接地电阻值设计有要求),虽然在最后也将各接地网联在一起,但应按各自的接地网计算,不能作为一个网,具体应根据接地网的试验情况而定。

(2)避雷针接地电阻的测定。每一避雷针均有单独接地网(包括独立的避雷针、烟囱避雷针等)时,均按一组计算。

(3)独立的接地装置按组计算。如一台柱上变压器有一个独立的接地装置,即按一组计算。

7. 避雷器、电容器、高压电气除尘系统调试工程量计算

避雷器、电容器的调试,按每三相为一组计算,单个装设的亦按一组计算。上述设备如设置在发电机、变压器,输、配电线路的系统或回路内,仍应按相应定额另外计算调试费用。

高压电气除尘系统调试,按一台升压变压器、一台机械整流器及附属设备为一个系统计算,分别按除尘器范围(m²)执行定额。

8. 电动机调试工程量计算

(1)普通电动机的调试,分别按电机的控制方式、功率、电压等级,以"台"为计量单位。

普通小型直流电动机调试工作内容包括直流电动机(励磁机)、控制开关、隔离开关、电缆、保护装置及一、二次回路的调试。

(2)可控硅调速直流电动机调试以"系统"为计量单位,其调试内容包括可控硅整流装置系统和直流电动机控制回路系统两个部分的调试。

(3)交流变频调速电动机调试以"系统"为计量单位。其调试内容包括变频装置系统和交流电动机控制回路系统两个部分的调试。交流同步电动机变频调速工作内容包括变频装置本体、变频母线、电动机、励磁机、断路器、互感器、电力电缆、保护装置等一、二次回路的调试。交流异步电动机变频调速工作内容包括变频装置本体、变频母线、电动机、互感器、电力电缆、保护装置等一、二次回路的调试。

9. 微型电机调试工程量计算

微型电机系指功率在 0.75kW 以下的电机,不分类别,一律执行微电机综合调试定额,以"台"为计量单位。电机功率在 0.75kW 以上的电机调试,应按电机类别和功率分别执行相应的调试定额。其工作内容包括微型电动机、电加热器微型电动机、电加热器、开关、保护装置及一、二次回路的调试。

10. 民用电气工程供电调试规定

一般住宅、学校、办公楼、旅馆、商店等民用电气工程的供电调试规定如下。

(1)配电室内带有调试元件的盘、箱、柜和带有调试元件的照明主配电箱,应按供电方式执行

相应的"配电设备系统调试"定额。

（2）每个用户房间的配电箱（板）上虽装有电磁开关等调试元件，但如果生产厂家已按固定的常规参数调整好，不需要安装单位进行调试就可直接投入使用的，不得计取调试费用。

（3）民用电度表的调整校验属于供电部门的专业管理，一般皆由用户向供电局订购调试完毕的电度表，不得另外计算调试费用。

（十二）配管、配线工程量计算

1. 管内穿线工程量计算

管内穿线的工程量，应区别线路性质、导线材质、导线截面，以单线"延长米"为计量单位。线路分支接头线的长度已综合考虑在定额中，不得另行计算。照明线路中的导线截面大于或等于 6mm² 时，应执行动力线路穿线相应项目。

管内穿线工作内容包括穿引线、扫管、涂滑石粉、穿线、编号、接焊包头。

2. 配线工程量计算

（1）线夹配线工程量，应区别线夹材质（塑料、瓷质）、线式（两线、三线）、敷设位置（在木、砖、混凝土）以及导线规格，以线路"延长米"为计量单位。

（2）绝缘子配线工程量，应区别绝缘子形式（针式、鼓形、蝶式）、绝缘子配线位置（沿屋架、梁、柱、墙，跨屋架、梁、柱、木结构、顶棚内、砖、混凝土结构，沿钢支架及钢索）、导线截面积，以线路"延长米"为计量单位。绝缘子暗配，引下线按线路支持点至顶棚下缘距离的长度计算。

鼓形绝缘子线分为在木结构、顶棚内及砖混结构敷设及沿铜支架钢索敷设。在木结构、顶棚内及砖混结构敷设工作内容包括测位画线、打眼、埋螺钉、钉木楞、下过墙管、上绝缘子、配线、焊接包头。

沿钢支架及钢索敷设工作内容包括测位画线、打眼、下过墙管、安装支架、吊架、上绝缘子、配线、焊接包头。

针式绝缘子配线分沿屋架、梁、柱、墙敷设和跨屋架、梁、柱敷设，工作内容包括测位画线、打眼、安装支架、下过墙管、上绝缘子、配线、焊接包头。

蝶式绝缘子配线分沿屋架、梁、柱敷设和跨屋架、梁、柱敷设，工作内容包括测位画线、打眼、安装支架、下过墙管、上绝缘子、配线、焊接包头。

（3）槽板配线工程量，应区别槽板材质（木质、塑料）、配线位置（在木结构、砖、混凝土）、导线截面、线式（二线、三线），以线路"延长米"为计量单位。木槽板配线分在木结构和砖混结构敷设两种情况，工作内容包括测位画线、打眼、下过墙管、断料、做角弯、装盒子、配线、焊接包头。塑料槽板配线工作内容包括测位画线、打眼、埋螺钉、下过墙管、断料、做角弯、装盒子、配线、焊接包头。

（4）线槽配线工程量，应区别导线截面，以单根线路"延长米"为计量单位。其工作内容包括清扫线槽、放线、编号、对号、接焊包头。

3. 塑料护套线工程量计算

塑料护套线明敷工程量，应区别导线截面、导线芯数（二芯、三芯）、敷设位置（在木结构、砖混凝土结构，沿钢索），以单根线路"延长米"为计量单位计算。

塑料护套线明敷设分为在木结构、砖混结构、沿钢索敷设，工作内容包括测位画线、打眼、埋螺钉（配料粘底板）、下过墙管、上卡子、装盒子、配线、焊接包头。

4. 钢索架设工程量计算

钢索架设工程量,应区别圆钢、钢索直径($\phi6$、$\phi9$),按图示墙(柱)内缘距离,以"延长米"为计量单位,不扣除拉紧装置所占长度。其工作内容包括测位、断料、调直、架设、绑扎、拉紧、刷漆。

5. 母线、钢索拉紧装置工程量计算

母线拉紧装置及钢索拉紧装置制作安装工程量,应区别母线截面、花篮螺栓直径(12mm、16mm、18mm),以"套"为计量单位。其工作内容包括下料、钻眼、撼弯、组装、测位、打眼、埋螺栓、连接固定、刷漆防腐。

6. 车间带形母线安装工程量计算

车间带形母线安装工程量,应区别母线材质(铝、铜)、母线截面、安装位置(沿屋架、梁、柱、墙,跨屋架、梁、柱),以"延长米"为计量单位。其工作内容包括打眼,支架安装,绝缘子灌注、安装,母线平直、撼弯、钻孔、连接架设、拉紧装置、夹具、木夹板的制作安装,刷分相漆。

7. 动力配管混凝土地面刨沟工程量计算

动力配管混凝土地面刨沟工程量,应区别管子直径,以"延长米"为计量单位。其工作内容包括测位、画线、刨沟、清埋、填补。

8. 接线箱、盒工程量计算

(1)接线箱安装工程量,应区别安装形式(明装、暗装)、接线箱半周长,以"个"为计量单位。其工作内容包括测位打眼、埋螺栓、箱子开孔、刷漆、固定。

(2)接线盒安装工程量,应区别安装形式(明装、暗装、钢索上)以及接线盒类型,以"个"为计量单位。其工作内容包括测定、固定、修孔。

9. 预留线工程量计算

灯具,明、暗开关,插座、按钮等的预留线,已分别综合在相应定额内,不另行计算。配线进入开关箱、柜、板的预留线,按表5-8规定的长度,分别计入相应的工程量。

表5-8 连接设备导线预留长度(每一根线)

序号	项目	预留长度	说明
1	各种开关箱、柜、板	高+宽	盘面尺寸
2	单独安装(无箱、盘)的铁壳开关、闸刀开关、启动器、母线槽进出线盒等	0.3m	以安装对象中心算
3	由地坪管子出口引至动力接线箱	1m	以管口计算
4	电源与管内导线连接(管内穿线与软、硬母线接头)	1.5m	以管口计算
5	出户线	1.5m	以管口计算

10. 配管工程量计算

各类配管工作内容如下:

(1)电线管敷设。砖、混凝土结构明暗配工作内容包括测位、画线、打眼、埋螺栓、锯管、套螺纹、撼弯、配管、接地、刷漆;钢结构支架、钢索配管工作内容包括测位、画线、打眼、上卡子、安装支架、锯管、套螺纹、撼弯、配管、接地、刷漆。

(2)钢管敷设。中砖、混凝土结构明暗配工作内容包括测位、画线、打眼、上卡子、安装支架、锯管、套螺纹、撼弯、配管、接地、刷漆;钢模板暗配工作内容包括测位、画线、钻孔、锯管、套螺纹、撼弯、

配管、接地、刷漆;钢结构支架配管工作内容包括测位、画线、打眼、上卡子、锯管、套螺纹、揻弯、配管、接地、刷漆;钢索配管工作内容包括测位、画线、锯管、套螺纹、揻弯、上卡子、配管、接地、刷漆。

(3)防爆钢管敷设。中砖、混凝土结构明暗配工作内容包括测位、画线、打眼、埋螺栓、锯管、套螺纹、揻弯、配管、接地、气密性试验、刷漆;钢结构支架配管工作内容包括测位、画线、打眼、安装支架、锯管、套螺纹、揻弯、配管、接地、试压、刷漆;塔器照明配管工作内容包括测位、画线、锯管、套螺纹、揻弯、配管、支架制作安装、试压、补焊口漆。

(4)可挠金属套管敷设。砖、混凝土结构明暗配工作内容包括测位、画线、刨沟、断管、配管、固定、接地、清理、填补;吊棚内暗敷设工作内容包括测位、画线、断管、配管、固定、接地。

(5)塑料管敷设。塑料管包括硬质聚氯乙烯管、刚性阻燃管、半硬质阻燃管。

硬质聚氯乙烯管敷设分砖、混凝土结构明配,暗配,钢索配管;工作内容包括测位、画线、打眼、埋螺栓、锯管、揻弯、接管、配管。刚性阻燃管敷设分砖、混凝土结构明配、暗配、吊棚内敷设;工作内容包括测位、画线、打眼、下胀管、连接管件、配管、安螺钉、切割空心墙体、刨沟、抹砂浆保护层。半硬质阻燃管敷设工作内容包括测位、画线、打眼、刨沟、敷设、抹砂浆保护层。

(6)金属软管敷设工作内容包括量尺寸、断管、连接接头、钻眼、攻螺纹、固定。

各种配管应区别不同敷设方式、敷设位置、管材材质及规格,以"延长米"为计量单位,不扣除管路中间的接线箱(盒)、灯头盒、开关盒所占长度。配管工程均未包括接线箱、盒及支架的制作、安装。钢索架设及拉紧装置的制作、安装,插接式母线槽支架制作、槽架制作及配管支架应执行铁构件制作定额。

(十三)照明器具工程量计算

1. 普通灯具工程量计算

普通灯具安装的工程量,应区别灯具的种类、型号、规格,以"套"为计量单位计算。普通灯具安装定额适用范围见表5-9。

表 5-9   普通灯具安装定额适用范围

定额名称	灯具种类
圆球吸顶灯	材质为玻璃的螺口、卡口圆球独立吸顶灯
半圆球吸顶灯	材质为玻璃的独立的半圆球吸顶灯、扁圆罩吸顶灯、平圆形吸顶灯
方形吸顶灯	材质为玻璃的独立的矩形罩吸顶灯、方形罩吸顶灯、大口方罩顶灯
软线吊灯	利用软线作为垂吊材料,独立的,材质为玻璃、塑料、搪瓷,形状如碗、伞、平盘灯罩组成的各式软线吊灯
吊链灯	利用吊链作辅助悬吊材料,独立的,材质为玻璃、塑料罩的各式吊链灯
防水吊灯	一般防水吊灯
一般弯脖灯	圆球弯脖灯,风雨壁灯
一般墙壁灯	各种材质的一般壁灯、镜前灯
软线吊灯头	一般吊灯头
声光控座灯头	一般声控、光控座灯头
座灯头	一般塑胶、瓷质座灯头

普通吸顶灯具安装工作内容包括测定画线、打眼埋螺栓、装木台、灯具安装、接线、焊接包头。其他普通灯具工作内容包括测定画线、打眼埋螺栓、上木台、支架安装、灯具组装、上绝缘子、

保险器、吊链加工、接线、焊接包头。

2. 吊式灯具工程量计算

装饰灯具的安装包括吊式、吸顶式艺术装饰灯具、荧光艺术装饰灯具,几何形状组合艺术灯具,标志、诱导装饰灯具,水下装饰灯具,点光源装饰灯具,草坪灯具,歌舞厅灯具。工作内容包括开箱检查,测定画线,打眼埋螺栓,支架制作、安装,灯具拼装固定、挂装饰部件,接焊线包头等。

(1)吊式艺术装饰灯具的工程量,应根据装饰灯具示意图集所示,区别不同装饰物以及灯体直径和灯体垂吊长度,以"套"为计量单位。灯体直径为装饰物的最大外缘直径,灯体垂吊长度为灯座底部到灯梢之间的总长度。

(2)吸顶式艺术装饰灯具安装的工程量,应根据装饰灯具示意图集所示,区别不同装饰物、吸盘的几何形状、灯体直径、灯体周长和灯体垂吊长度,以"套"为计量单位。灯体直径为吸盘最大外缘直径,灯体半周长为矩形吸盘的半周长,吸顶式艺术装饰灯具的灯体垂吊长度为吸盘到灯梢之间的总长度。

(3)荧光艺术装饰灯具安装的工程量,应根据装饰灯具示意图集所示,区别不同安装形式和计量单位计算。

1)组合荧光灯光带安装的工程量,应根据装饰灯具示意图集所示,区别安装形式、灯管数量,以"延长米"为计量单位计算。灯具的设计数量与定额不符时,可以按设计量加损耗量调整主材。

2)内藏组合式灯安装的工程量,应根据装饰灯具示意图集所示,区别灯具组合形式,以"延长米"为计量单位。灯具的设计数量与定额不符时,可根据设计数量加损耗量调整主材。

3)发光棚安装的工程量,应根据装饰灯具示意图集所示,以"m²"为计量单位。发光棚灯具按设计用量加损耗量计算。

4)立体广告灯箱、荧光灯光沿的工程量,应根据装饰灯具示意图集所示,以"延长米"为计量单位。灯具设计用量与定额不符时,可根据设计数量加损耗量调整主材。

(4)几何形状组合艺术灯具安装的工程量,应根据装饰灯具示意图集所示,区别不同安装形式及灯具的不同形式,以"套"为计量单位。

(5)标志、诱导装饰灯具安装的工程量,应根据装饰灯具示意图集所示,区别不同安装形式,以"套"为计量单位。

(6)水下艺术装饰灯具安装的工程量,应根据装饰灯具示意图集所示,区别不同安装形式,以"套"为计量单位。

(7)点光源艺术装饰灯具安装的工程量,应根据装饰灯具示意图集所示,区别不同安装形式、不同灯具直径,以"套"为计量单位。

(8)草坪灯具安装的工程量,应根据装饰灯具示意图集所示,区别不同安装形式,以"套"为计量单位。

(9)歌舞厅灯具安装的工程量,应根据装饰灯具示意图所示,区别不同灯具形式,分别以"套"、"延长米"、"台"为计量单位。装饰灯具安装定额适用范围见表5-10。

表5-10 装饰灯具安装定额适用范围

定额名称	灯具种类(形式)
吊式艺术装饰灯具	不同材质、不同灯体垂吊长度、不同灯体直径的蜡烛灯、挂片灯、串珠(穗)灯、串棒灯、吊杆式组合灯、玻璃罩(带装饰)灯
吸顶式艺术装饰灯具	不同材质、不同灯体垂吊长度、不同灯体几何形状的串珠(穗)灯、串棒灯、挂片、挂碗、挂吊蝶灯、玻璃(带装饰)灯

（续）

定额名称	灯具种类（形式）
荧光艺术装饰灯具	不同安装形式、不同灯管数量的组合荧光灯光带，不同几何组合形式的内藏组合式灯，不同几何尺寸、不同灯具形式的发光棚，不同形式的立体广告灯箱、荧光灯光沿
几何形状组合艺术灯具	不同固定形式、不同灯具形式的繁星灯、钻石星灯、礼花灯、玻璃罩钢架组合灯、凸片灯、反射挂灯、筒形钢架灯、U形组合灯、弧形管组合灯
标志、诱导装饰灯具	不同安装形式的标志灯、诱导灯
水下艺术装饰灯具	简易型彩灯、密封型彩灯、喷水池灯、幻光型灯
点光源艺术装饰灯具	不同安装形式、不同灯体直径的筒灯、牛眼灯、射灯、轨道射灯
草坪灯具	各种立柱式、墙壁式的草坪灯
歌舞厅灯具	各种安装形式的变色转盘灯、雷达射灯、幻影转彩灯、维纳斯旋转彩灯、卫星旋转效果灯、飞碟旋转效果灯、多头转灯、滚筒灯、频闪灯、太阳灯、雨灯、歌星灯、边界灯、射灯、泡泡发生器、迷你满天星彩灯、迷你灯（盘彩灯）、多头宇宙灯、镜面球灯、蛇光管

3. 荧光灯具工程量计算

荧光灯具的安装包括组装型和成套型，工作内容包括测定画线、打眼埋螺栓、上木台、灯具组装（安装）、吊管、吊链加工、接线、焊接包头。

荧光灯具安装的工程量，应区别灯具的安装形式、灯具种类、灯管数量，以"套"为计量单位计算。荧光灯具安装定额适用范围见表5-11。

表 5-11　　　　　　　　　　荧光灯具安装定额适用范围

定额名称	灯具种类
组装型荧光灯	单管、双管、三管吊链式、吸顶式，现场组装独立荧光灯
成套型荧光灯	单管、双管、三管、吊链式、吊管式、吸顶式、成套独立荧光灯

4. 工厂灯及防水防尘灯安装工程量计算

工厂灯及防水防尘灯的安装工作内容包括测定画线，打眼埋螺栓，上木台，吊链、吊管的加工，灯具组装，接线，焊接包头。其工程量应区别不同安装形式，以"套"为计量单位计算。工厂灯及防水防尘灯安装定额适用范围见表5-12。

表 5-12　　　　　　　　工厂灯及防水防尘灯安装定额适用范围

定额名称	灯具种类
直杆工厂吊灯	配照（GC_1-A）、广照（GC_3-A）、深照（GC_5-A）、斜照（GC_7-A）、圆球（$GC_{17}-A$）、双罩（$GC_{19}-A$）
吊链式工厂灯	配照（GC_1-B）、深照（GC_3-B）、斜照（GC_5-C）、圆球（GC_7-B）、双罩（$GC_{19}-A$）、广照（$GC_{19}-B$）
吸顶式工厂灯	配照（GC_1-C）、广照（GC_3-C）、深照（GC_5-C）、斜照（GC_7-C）、双罩（$GC_{19}-C$）
弯杆式工厂灯	配照（GC_1-D/E）、广照（GC_3-D/E）、深照（GC_5-D/E）、斜照（GC_7-D/E）、双罩（$GC_{19}-C$）、局部深罩（$GC_{26}-F/H$）
悬挂式工厂灯	配照（$GC_{21}-2$）、深照（$GC_{23}-2$）
防水防尘灯	广照（GC_9-A,B,C）、广照保护网（$GC_{11}-A,B,C$）、散照（$GC_{15}-A,B,C,D,E,F,G$）

5. 工厂其他灯具安装工程量计算

工厂其他灯具的安装工作内容包括测定画线、打眼埋螺栓、上木台、吊管加工、灯具安装、接线、接焊包头。其工程量,应区别不同灯具类型、安装形式、安装高度,以"套"、"个"、"延长米"为计量单位。

工厂其他灯具安装定额适用范围见表 5-13。

表 5-13　　　　　　　　　　　工厂其他灯具安装定额适用范围

定 额 名 称	灯 具 种 类
防 潮 灯	扁形防潮灯(GC—31),防潮灯(GC—33)
腰形舱顶灯	腰形舱顶灯(CCD—1)
碘 钨 灯	DW 型,220V,300～1000W
管形氙气灯	自然冷却式,200V/380V,20kW 内
投 光 灯	TG 型室外投光灯
高压水银灯镇流器	外附式镇流器具 125～450W
安 全 灯	AOB—1,2,3 型和 AOC—1,2 型安全灯
防 爆 灯	CBC—200 型防爆灯
高压水银防爆灯	CBC—125/250 型高压水银防爆灯
防爆荧光灯	CBC—1/2 单/双管防爆型荧光灯

6. 医院灯具安装工程量计算

医院灯具有碘钨灯、投光灯、混光灯、烟囱、水塔、独立式塔架标志灯、密闭灯具。

碘钨灯、投光灯安装包括测定画线、打眼埋螺栓、支架安装、灯具组装、接线、焊接包头;混光灯安装包括测定画线、打眼埋螺栓、支架的制作安装,灯具及镇流器组装、接线、接地、接焊包头;烟囱、水塔、独立式塔架标志灯安装包括测定画线、打眼埋螺栓、灯具安装、接线、接焊包头;密闭灯具安装包括测定画线,打眼埋螺栓,上底台,支架的安装,灯具安装,接线,接焊包头。

医院灯具安装的工程量,应区别灯具种类,以"套"为计量单位。医院灯具安装定额适用范围见表 5-14。

表 5-14　　　　　　　　　　　医院灯具安装定额适用范围

定 额 名 称	灯 具 种 类
病房指示灯	病房指示灯
病房暗脚灯	病房暗脚灯
无 影 灯	3～12 孔管式无影灯

7. 路灯安装工程量计算

路灯安装包括测定画线、打眼埋螺栓、支架安装、灯具安装、接线、接焊包头。

路灯安装工程,应区别不同臂长、不同灯数,以"套"为计量单位。

工厂厂区内、住宅小区内路灯安装执行本定额。城市道路的路灯安装执行《全国统一市政工程预算定额》。路灯安装定额范围见表 5-15。

表 5-15	路灯安装定额范围
定 额 名 称	灯 具 种 类
大马路弯灯	臂长 1200mm 以下,臂长 1200mm 以上
庭院路灯	三火以下,七火以下

8. 开关插座安装工程量计算

开关、按钮、插座安装工作内容包括测定画线,打眼埋螺栓,清扫盒子,上木台,缠钢丝弹簧垫、装开关、按钮和插座,接线,装盖。

开关、按钮安装的工程量,应区别开关、按钮安装形式,开关、按钮种类,开关极数以及单控与双控,以"套"为计量单位。插座安装的工程量,应区别电源相数、额定电流、插座安装形式、插座插孔个数,以"套"为计量单位。

9. 安全变压器、电铃、风扇安装工程量计算

(1)安全变压器安装包括开箱检查和清扫;测位画线和打眼,支架安装、固定变压器、接线、接地。其工程量应区别安全变压器容量,以"台"为计量单位。

(2)电铃安装包括测位画线和打眼、埋木砖,上木底板,安电铃,接焊包头。其应区别电铃直径、电铃号牌箱规格(号),以"套"为计量单位。

(3)门铃工作内容包括测位画线和打眼、埋塑料胀管、上螺钉、接线、安装。其工程量,应区别门铃安装形式,以"个"为计量单位。

(4)风扇工作内容包括测位画线、打眼、固定吊钩、安装调速开关、接焊包头、接地。其工程量应区别风扇种类,以"台"为计量单位。

10. 盘管风机开关、请勿打扰灯等安装工程量计算

盘管风机开关、请勿打扰灯、须刨插座、钥匙取电器安装工作内容包括开箱检查、测位画线、清扫盒子、缠钢丝弹簧垫、接线、焊接包头、安装、调速等。其工程量以"套"为计量单位。

二、给排水、采暖、燃气工程

(一)管道工程工程量计算

1. 各种管道工程量计算

管道分为室外管道和室内管道。室外管道有镀锌铜管(螺纹连接)、焊接钢管(螺纹连接)、钢管(焊接)、承插铸铁给水管(青铅接口)、承插铸铁给水管(膨胀水泥接口)、承插铸铁给水管(石棉水泥接口)、承插铸铁给水管(胶圈接口)、承插铸铁排水管(石棉水泥接口),承插铸铁排水管(水泥接口)。

室内管道有:镀锌钢管(螺纹连接)、焊接钢管(螺纹连接)、钢管(焊接)、承插铸铁给水管(青铅接口)、承插铸铁给水管(膨胀水泥接口)、承插铸铁给水管(石棉水泥接口)、承插铸铁排水管(水泥接口)、柔性抗震铸铁排水管(柔性接口)、承插塑料排水管(零件粘接)、承插铸铁雨水管(石棉水泥接口)、承插铸铁雨水管(水泥接口),镀锌铁皮套管制作,管道支架制作安装。

管道又分为给水管道与排水管道,给水管道室内外界线划分以建筑物外墙皮 1.5m 为界,入口处设阀门者以阀门为界,与市政管道界线以水表井为界,无水表井者,以与市政管道碰头点为界。排水管道室内外以出户第一个排水检查井为界,室外管道与市政管道界线以与市政管道碰头井为界。

各种管道,均以施工图所示中心长度,以"m"为计量单位,不扣除阀门、管件(包括减压器、疏水器、水表、伸缩器等组成安装)所占的长度。镀锌铁皮套管制作以"个"为计量单位,其安装已包括在管道安装定额内,不得另行计算。

2. 管道支架、伸缩器安装工程量计算

(1)管道支架制作安装,室内管道公称直径32mm以下的安装工程已包括在内,不得另行计算;公称直径32mm以上的,可另行计算。其工作内容包括切断、调直、撇制、钻孔、组对、焊接、打洞、安装、和灰、堵洞。

(2)伸缩器分为螺纹连接法兰式套筒伸缩器和焊接法兰式套筒伸缩器。螺纹连接法兰式套筒伸缩器的安装工作内容包括切管、套螺纹、检修盘根、制垫、加垫、安装、水压试验。焊接法兰式套筒伸缩器的安装包括切管、检修盘根、对口、焊法兰、制垫、加垫、安装、水压试验等工作内容。方形伸缩器的制作安装工作内容包括做样板、筛砂、炒砂、灌砂、打砂、制堵板、加热、撇制、倒砂、清理内砂、组成、焊接、拉伸安装。

各种伸缩器制作安装,均以"个"为计量单位。方形伸缩器的两臂,按臂长的两倍合并在管道长度内计算。

3. 管道消毒、冲洗、压力试验工程量计算

管道的消毒冲洗包括溶解漂白粉、灌水、消毒、冲洗等工作。管道压力试验工作内容包括准备工作、制堵盲板、装设临时泵、灌水、加压、停压检查。

管道消毒、冲洗、压力试验,均按管道长度以"m"为计量单位,不扣除阀门、管件所占的长度。

(二)阀门、水位标尺安装工程量计算

1. 阀门安装工程量计算

阀门有螺纹阀、螺纹法兰阀、焊接法兰阀、法兰阀(带短管甲乙)青铅接口、法兰阀(带短管甲乙)石棉水泥接口、法兰阀(带短管甲乙)膨胀水泥接口、自动排气阀、手动放风阀、螺纹浮球阀、法兰浮球阀、法兰液压式水位控制阀。

各种阀门安装,均以"个"为计量单位。法兰阀门安装,如仅为一侧法兰连接时,定额所列法兰、带帽螺栓及垫圈数量减半,其余不变。各种法兰连接用垫片,均按石棉橡胶板计算。如用其他材料,不得调整。法兰阀(带短管甲乙)安装,均以"套"为计量单位。如接口材料不同时,可调整。自动排气阀安装以"个"为计量单位,已包括了支架制作安装,不得另行计算。浮球阀安装均以"个"为计量单位,已包括了联杆及浮球的安装,不得另行计算。

2. 浮标液面计水位标尺工程量计算

浮标液面计FQ-II型工作内容包括支架制作安装和液面计安装。水塔及水池浮标、水位标尺制作安装工作内容包括预埋螺栓、下料、制作、安装、导杆升降调整。

浮标液面计、水位标尺是按国家标准编制的,如设计与国家标准不符时,可调整。

(三)低压器具、水表安装工程量计算规则

1. 减压器、疏水器工程量计算

减压器的组成与安装分为螺纹连接和焊接两种连接方式。螺纹连接工作内容包括切管、套螺纹、安装零件、制垫、加垫、组对、找正、找平、安装及水压试验。焊接连接工作内容包括切管、套螺纹、安装零件、组对、焊接、制垫、加垫、安装、水压试验。

减压器、疏水器组成安装以"组"为计量单位。如设计组成与定额不同时,阀门和压力表数量可按设计用量进行调整,其余不变。减压器安装,按高压侧的直径计算。

2. 水表组成与安装工程量计算

水表的组成与安装分螺纹水表和焊接法兰水表(带旁通管和止回阀)。螺纹水表工作内容包括切管、套螺纹、制垫、加垫、安装、水压试验。焊接法兰水表工作内容包括切管、焊接、制垫、加垫、水表和阀门及止回阀的安装、紧螺栓、通水试验。

法兰水表安装以"组"为计量单位,定额中旁通管及止回阀如与设计规定的安装形式不同时,阀门及止回阀可按设计规定进行调整,其余不变。

(四)卫生器具制作安装工程量计算

1. 卫生器具组成安装工程量计算

卫生器具组成安装,以"组"为计量单位,已按标准图综合了卫生器具与给水管、排水管连接的人工与材料用量,不得另行计算。

成组安装的卫生器具,定额均已按标准图集计算了给水、排水管道连接所需的人工和材料。其中,浴盆安装不包括支座和四周侧面的砌砖及瓷砖粘贴;蹲式大便器安装,已包括了固定大便器的垫砖,但不包括大便器蹲台砌筑。

2. 大便槽、小便槽工程量计算

大便槽、小便槽自动冲洗水箱安装,以"套"为计量单位,已包括了水箱托架的制作安装,不得另行计算。小便槽冲洗管制作与安装,以"m"为计量单位,不包括阀门安装,其工程量可按相应定额另行计算。应注意脚踏开关安装已包括了弯管与喷头的安装,不得另行计算。

3. 冷热水混合器安装工程量计算

冷热水混合器安装,以"套"为计量单位,不包括支架制作安装及阀门安装,其工程量可按相应定额另行计算。安装项目中包括了温度计安装,但不包括支座制作安装,其工程量可按相应项目另行计算。

4. 加热器安装工程量计算

(1)蒸汽—水加热器安装,以"台"为计量单位,包括了莲蓬头安装,不包括支架制作安装及阀门、疏水器安装,其工程量可按相应定额另行计算。安装项目中,包括了莲蓬头安装,但不包括支架制作安装;阀门和疏水器安装可按相应项目另行计算。

(2)容积式水加热器安装,以"台"为计量单位,不包括安全阀安装、保温与基础砌筑,其工程量可按相应定额另行计算。定额内已按标准图集计算了其中的附件,但不包括安全阀安装、本体保温、刷油漆和基础砌筑。

5. 电热水器、电开水炉安装工程量计算

电热水器、电开水炉安装,以"台"为计量单位,只考虑本体安装,连接管、连接件等工程量可按相应定额另行计算。安装定额内只考虑了本体安装,连接管、连接件等可按相应项目另行计算。

(五)供暖器具工程量计算

1. 钢板水箱制作安装工程量计算

(1)钢板水箱制作,按施工图所示尺寸,不扣除人孔、手孔质量,以"kg"为计量单位。法兰和短管水位计可按相应定额另行计算。矩形钢板水箱制作工作内容包括下料、坡口、平直、开孔、接板组对、装配零部件、焊接、注水试验。圆形钢板水箱制作工作内容包括下料、坡口、压头、卷圆、找圆、组对、焊接、装配、注水试验。

(2)钢板水箱安装,按国家标准图集水箱容量以"m³"为计量单位,执行相应定额。各种水箱安装,均以"个"为计量单位。矩形钢板水箱安装工作内容包括稳固和装配零件。圆形钢板水箱安装工作内容包括稳固和装配零件。

2. 热空气幕安装工程量计算

热空气幕安装以"台"为计量单位,其支架制作安装可按相应定额另行计算。其工作内容包括安装、稳固、试运转。

3. 散热器工程量计算

(1)长翼、柱型铸铁散热器组成安装,以"片"为计量单位,其汽包垫不得换算;圆翼型铸铁散热器组成安装,以"节"为计量单位。其工作内容包括制垫、加垫、组成、裁钩、加固、水压试验等。

柱型和 M132 型铸铁散热器安装用拉条时,拉条另行计算。

(2)光排管散热器制作安装,以"m"为计量单位,已包括联管长度,不得另行计算。其工作内容包括切管、焊接、组成、裁钩、加固及水压试验等。

(六)燃气工程工程量计算

1. 管道安装工程量计算

各种管道安装,均按设计管道中心线长度,以"m"为计量单位,不扣除各种管件和阀门所占长度。除铸铁管外,管道安装中已包括管件安装和管件本身价值。

承插铸铁管安装定额中未列出接头零件,其本身价值应按设计用量另行计算,其余不变。

承插煤气铸铁管,以 N 和 X 型接口形式编制的;如果采用 N 型和 SMJ 型接口时,其人工乘系数 1.05;当安装 X 型,ϕ400 铸铁管接口时,每个口增加螺栓 2.06 套,人工乘以系数 1.08。

燃气输送压力大于 0.2MPa 时,承插煤气铸铁管安装定额中人工乘以系数 1.3。燃气输送压力的分级见表 5-16。

表 5-16 燃气输送压力(表压)分级

名　称	低压燃气管道	中压燃气管道		高压燃气管道	
		B	A	B	A
压力(MPa)	$P \leqslant 0.005$	$0.005 < P \leqslant 0.2$	$0.2 < P \leqslant 0.4$	$0.4 < P \leqslant 0.8$	$0.8 < P \leqslant 1.6$

2. 燃气表安装工程量计算

燃气表分为民用燃气表、公商用燃气表、工业用罗茨表。

民用燃气表安装工作内容包括连接接表材料、燃气表安装。公商用燃气表安装工作内容包括连接接表材料、燃气表安装。工业用罗茨表安装工作内容包括下料、法兰焊接、燃气表安装、紧固螺栓。

燃气表安装,按不同规格、型号分别以"块"为计量单位,不包括表托、支架、表底垫层基础,其工程量可根据设计要求另行计算。

3. 燃气加热设备安装工程量计算

燃气加热设备有开水炉、采暖炉、沸水器和快速热水器。

开水炉工作内容包括开水炉安装、通气、通水、试火、调试风门。采暖炉工作内容包括采暖炉安装、通气、试火、调风门。沸水器工作内容包括沸水器安装、通气、通水、试火、调试风门。快速热水器工作内容包括快速热水器安装、通气、通水、试火、调试风门。

燃气加热设备、灶具等,按不同用途规定型号,分别以"台"为计量单位。

4. 气嘴安装工程量计算

单双气嘴工作内容包括气嘴研磨和上气嘴。气嘴安装按规格型号连接方式,分别以"个"为计量单位。

三、通风空调工程

(一)通风空调设备安装工程量计算

1. 风机安装工程量计算

通风机安装项目内包括电动机安装,其安装形式包括 A、B、C 或 D 型,也适用不锈钢和塑料风机安装。风机安装,按设计不同型号以"台"为计量单位。

2. 整体式空调机组安装工程量计算

整体式空调机组安装,空调器按不同质量和安装方式,以"台"为计量单位;分段组装空调器,按质量以"kg"为计量单位。

3. 风机盘管和空气加热器工程量计算

风机盘管安装,按安装方式不同以"台"为计量单位。空气加热器、除尘设备安装,按质量不同以"台"为计量单位。

(二)通风管道制作安装工程量计算

1. 风管制作安装工程量计算

风管制作包括放样、下料、卷圆、折方、轧口、咬口,制作直管、管件、法兰、吊托支架、钻孔、铆焊、上法兰、组对。风管安装包括找标高,打支架墙洞,配合预留孔洞,埋设吊托支架,组装,风管就位、找平、找正、制垫、垫垫、上螺栓、紧固。

风管制作安装,按施工图规格不同以展开面积计算,不扣除检查孔、测定孔、送风口、吸风口等所占面积。圆形风管的计算公式如下:

$$F = \pi DL \tag{5-52}$$

式中　F——圆形风管展开面积(m^2);

　　　D——圆形风管直径(m);

　　　L——管道中心线长度(m)。

矩形风管按图示周长乘以管道中心线长度计算。

风管长度一律以施工图示中心线长度为准(主管与支管以其中心线交点划分),包括弯头、三通、变径管、天圆地方等管件的长度,但不得包括部件所占长度。直径和周长按图示尺寸为准展开,咬口重叠部分已包括在定额内,不得另行增加。

风管导流叶片制作安装按图示叶片的面积计算。

整个通风系统设计采用渐缩管均匀送风者,圆形风管按平均直径、短形风管按平均周长计算。

2. 塑料风管、复合材料风管工程量计算

塑料风管制作包括放样、锯切、坡口、加热成型,制作法兰、管件、钻孔、组合焊接。安装内容包括就位、制垫、垫垫、法兰连接、找正、找平、固定。

复合型风管制作包括放样、切割、开槽、成型、黏合、制作管件、钻孔、组合。

安装内容包括就位、制垫、垫垫、连接、找正、找平、固定。

塑料风管、复合型材料风管制作安装定额所列规格直径为内径,周长为内周长。

3. 柔性软风管安装工程量计算

柔性软风管是由金属、涂塑化纤织物、聚酯、聚乙烯、聚氯乙烯薄膜、铝箔等材料制成的软风管。柔性软风管安装,按图示中心线长度以"m"为计量单位;柔性软风管阀门安装,以"个"为计量单位。

4. 软管及风管检查孔、测定孔安装工程量计算

软管(帆布接口)制作安装,按图示尺寸以"m^2"为计量单位。软管接头使用人造革而不使用帆布者,可以换算。

风管检查孔质量,按定额的"国标通风部件标准质量表"计算。风管测定孔制作安装,按其型号以"个"为计量单位。

5. 通风管道制作安装工程量计算

(1)薄钢板通风管道、净化通风管道、玻璃钢通风管道、复合型材料通风管道的制作安装中,已包括法兰、加固框和吊托支架,不得另行计算。

薄钢板通风管道制作安装项目中,包括弯头、三通、变径管、天圆地方等管件及法兰、加固框和吊托支架的制作用工,但不包括过跨风管落地支架,落地支架执行设备支架项目。

薄钢板风管项目中的板材,如设计要求厚度不同者可以换算,但人工、机械不变。

(2)不锈钢通风管道、铝板通风管道的制作安装中,不包括法兰和吊托支架,可按相应定额以"kg"为计量单位另行计算。

(3)塑料通风管道制作安装,不包括吊托支架,可按相应定额以"kg"为计量单位另行计算。

(4)注意事项:

1)整个通风系统设计采用渐缩管均匀送风者,圆形风管按平均直径,矩形风管按平均周长执行相应规格项目,其人工乘以系数 2.5;

2)镀锌薄钢板风管项目中的板材是按镀锌薄钢板编制的,如设计要求不用镀锌薄钢板者,板材可以换算,其他不变;

3)风管导流叶片不分单叶片和香蕉形双叶片,均执行同一项目;

4)制作空气幕送风管时,按矩形风管平均周长执行相应风管规格项目,其人工乘以系数 3,其余不变;

5)项目中的法兰垫料,如设计要求使用材料品种不同者可以换算,但人工不变。使用泡沫塑料者,每千克橡胶板换算为泡沫塑料 0.125kg;使用闭孔乳胶海绵者,每千克橡胶板换算为闭孔乳胶海绵 0.5kg。

(三)通风管道部件制作安装工程量计算

1. 标准部件制作工程量计算

标准部件的制作,按其成品质量,以"kg"为计量单位,根据设计型号、规格,按"国际通风部件标准质量表"计算质量,非标准部件按图示成品质量计算。部件的安装按图示规格尺寸(周长或直径),以"个"为计量单位,分别执行相应定额。

钢百叶窗及活动金属百叶风口的制作,以"m^2"为计量单位,安装按规格尺寸以"个"为计量单位。

2. 风帽制作安装工程量计算

风帽制作包括放样,下料,咬口,制作法兰、零件、钻孔、铆焊、组装。风帽安装包括安装、找正、找平、制垫、垫垫、上螺栓、固定。

风帽筝绳制作安装,按图示规格、长度,以"kg"为计量单位。风帽泛水制作安装,按图示展开面积以"m²"为计量单位。

3. 挡水板、钢板密闭门制作安装工程量计算

(1)挡水板制作安装,按空调器断面面积计算。

玻璃挡水板执行钢板挡水板相应项目,其材料、机械均乘以系数 0.45,人工不变。

(2)钢板密闭门制作安装,以"个"为计量单位。

保温钢板密闭门执行钢板密闭门项目,其材料乘以系数 0.5,机械乘以系数 0.45,人工不变。

4. 设备支架、电加热器外壳制作安装工程量计算

(1)设备支架制作包括放样、下料、调直、钻孔、焊接、成型。

安装包括测位、上螺栓、固定、打洞、埋支架。

设备支架制作安装,按图示尺寸以"kg"为计量单位,执行《静置设备与工艺金属结构制作安装工程》定额相应项目和工程量计算规则。

(2)电加热器外壳制作安装,按图示尺寸以"kg"为计量单位。

5. 风机减振台座过滤器、洁净室安装工程量计算

(1)风机减振台座制作安装执行设备支架定额,定额内不包括减振器,应按设计规定另行计算。

风机减振台座执行设备支架项目,定额中不包括减振器用量,应依设计图纸按实计算。

(2)高、中、低效过滤器及净化工作台安装,以"台"为计量单位;风淋室安装按不同质量以"台"为计量单位。

过滤器制作包括放样、下料、配制零件、钻孔、焊接、上网、组合成型。

安装包括找平、找正、焊接管道、固定。

(3)洁净室安装按质量计算,执行本定额"分段组装式空调器"安装定额。

四、建筑智能化系统设备安装工程

(一)通信系统设备安装工程量计算

1. 铁塔、天线、馈线架设工程量计算

(1)铁塔架设工作内容包括现场准备、起吊、组装、防腐处理等。

铁塔架设以"t"为计量单位。铁塔的安装工程定额是在正常的气象条件下施工取定的,定额中不包括铁塔基础施工、预埋件的埋设及防雷接地施工。楼顶铁塔架设,综合工日上调25%。

(2)天线架设工作内容包括天线和天线架的搬运,安装及吊装,天线安装就位,调整方位和俯仰角,补漆,吊装设备的安装、拆除等。

通信天线安装应注意以下问题:

1)楼顶增高架上安装天线按楼顶铁塔上安装天线处理;

2)铁塔上安装天线,不论有无操作平台均执行本定额;

3)安装天线的高度均指天线底部距塔(杆)座的高度;

4)天线在楼顶铁塔上吊装,是按照楼顶距地面 20m 以下考虑的,楼顶距地面高度超过 20m 的吊装工程,按照册说明的高层建筑施工增加费用计取。

天线安装、调试,以"副"(天线加边加罩以"面")为计量单位。

(3)馈线架设工作内容包括开箱检验、清洁搬运、丈量配对、波导管吊装、馈线调整加固等。

其调试内容包括调试天线接收场强电平及天线驻波比,测试馈线损耗、极化去耦、驻波比,测试调整系统极化去耦等。

馈线安装、调试,以"条"为计量单位。

2. 微波无线接入系统工程量计算

微波无线接入系统为微波窄带无线接入系统和微波宽带无线接入系统。微波无线接入系统基站设备、用户站设备安装、调试,以"台"为计量单位。微波无线接入系统联调,以"站"为计量单位。

3. 卫星通信甚小口径地面站设备安装、调试工程量计算

卫星通信甚小口径地面站设备有中心站设备、端站设备及中心站站内环测和全国系统对测。

中心站设备安装、调试包括开箱检验、设备安装、单机及单元调试等。

端站设备安装、调试包括开箱检验、设备安装、单机及单元调试、室内中频环测、开通测试、与中心站对测、用户试通等。

中心站内环测的工作内容包括站内中频、射频环测等。

全网系统对测的工作内容包括中心站与各端站对测、用户试通等。

工程量计算中,卫星通信甚小口径地面站(VSAT)中心站设备安装、调试,以"台"为计量单位,卫星通信甚小口径地面站(VSAT)端站设备安装、调试、中心站站内环测及全网系统对测,以"站"为计量单位。

4. 移动通信设备工程量计算

移动通信设备包括移动通信天线、馈线系统、基站设备、寻呼控制中心设备、交换附属设备和联网测试。

移动通信反馈系统中安装、调试、直放站设备、基站系统调试以及全系统联网调试,以"站"计算。

5. 光纤数字传输设备工程量计算

光纤传输设备安装、调试工作内容包括开箱检验、安装设备、设备调试等。

光纤数字传输设备安装、调试以"端"为计量单位。其定额 10GB/s、2.5GB/s、622MB/s 系统按 1+0 状态编制。当系统为 1+1 状态时,TM 终端复用器每端增加 2 个工日,ADM 分插复用器每端增加 4 个工日。

6. 程控交换机工程量计算

程控交换机安装、调试工作内容包括程控交换机的硬件及软件安装、调试与开通等。

中继线调试工作内容包括中继设置、中继分配、类型划分、本机自环和功能调试等。

外围设备安装、调试工作内容包括安装、连线、试验、开通等。

程控交换机安装、调试以"部"为计量单位。

程控交换机中继线调试以"路"为计量单位。

7. 会议电话、电视设备工程量计算

会议电话设备安装、调试工作内容包括安装固定、通电检查、联网试验等。

会议电视设备安装、调试工作内容包括开箱检验、安装机架、装配机盘及配件、本机及联网后软件与硬件调试及功能验证等。

会议电话、电视系统设备安装、调试以"台"为计量单位。

会议电话、电视系统联网测试以"系统"为计量单位。

会议电话和会议电视的音频终端执行扩音、背景音乐系统设备安装工程中有关定额,视频终端定额执行楼宇安全防范系统设备安装工程中相关定额。

(二)计算机网络系统工程量计算

1. 计算机网络终端和附属设备工程量计算

终端和附属设备安装工作内容包括技术准备、开箱检查、定位安装、互联、检测调试、交验等。

计算机网络终端和附属设备安装,以"台"为计量单位。

2. 网络系统设备安装、调试工程量计算

网络终端设备安装、调试工作内容包括技术准备、开箱检查、清洁、定位安装、互联、接口检查、设备加电、调试等。其工程量以"台(套)"为计量单位。

3. 局域网交换机系统工程量计算

局域网交换机设备安装、调试工作内容包括技术准备、开箱检查、清洁、定位安装、互联、接口检查、加电调试等。

局域网交换机系统功能调试,以"个"为计量单位。

4. 网络调试、系统试运行工程量计算

网络测试工作内容包括技术准备、子网调整、IP调整、域名设置、服务器分配、端口设置、指标测试等。系统试运行工作内容包括按规范要求测试各项技术指标的稳定性、可靠性,提供文档资料等。

网络调试、系统试运行、验收测试,以"系统"为计量单位。

(三)住宅小区智能化系统工程量计算

(1)家居控制系统设备安装工作内容包括开箱清点、搬运,检查基础,画线,定位,安装,接线,调整,性能实验等。住宅小区智能化设备安装工程,以"台"为计量单位。

(2)家居智能化系统设备调试的工作内容包括软件安装设置、调试,线缆整理、编号,设备加固、标号等。住宅小区智能化设备系统调试,以"套"(管理中心调试以"系统")为计量单位。

(3)小区智能化系统试运行工作内容包括按工程规范要求测试各项技术指标的稳定性、可靠性。小区智能化系统试运行、测试,以"系统"为计量单位。

(四)有线电视系统工程量计算

1. 电视共用天线安装工程量计算

电视共用天线安装、调试工作内容包括检查天线杆基础,安装天线设备箱,天线杆,天线,清理现场等。电视共用天线安装、调试,以"副"为计量单位。

2. 敷设天线电缆工程量计算

卫星天线安装、调试工作内容包括天线和天线架的搬运、安装及吊装,天线安装就位,调正方位和俯仰角,调试输出电平,整理测试记录,检查、紧固天线各部件,补漆,吊装设备的安装、拆除,清理施工现场等。敷设天线电缆,以"米"为计量单位,制作天线电缆接头,以"头"为计量单位。

天线在楼顶上吊装,是按照楼顶距地面 20m 以下考虑的,楼顶距地面高度超过 20m 的吊装工程,按照册说明的高层建筑施工增加费用计取。

3. 电视墙安装、前端射频设备工程量计算

电视墙安装、前端射频设备安装、调试,以"套"为计量单位。

电视墙安装包括开箱检查,机架组装、就位、固定,安装机架电源,安装机架电视信号分配系统、监视器,机架接地等。

前端射频设备安装、测试工作内容包括搬运、开箱清点、通电检查、就位、制作接头、对线标记、扎线、清理施工现场。调试各频道输入 RF 电平幅度,调试各频道的输出幅度及射频参数,填写调试报告等。

4. 卫星地面站接收设备、光端设备、有线电视系统工程量计算

卫星地面站接收设备、光端设备、有线电视系统管理设备、播控设备的安装及调试,以"台"为计量单位。

卫星地面站接收设备安装、调试工作内容包括搬运、开箱、通电检查、清点设备、调试、安装固定、接线、通电、调试记录、标记、扎线、清理施工现场等。光端前端设备安装、调试工作内容包括搬运、开箱检查,安装固定、熔接光缆光纤,制作射频接头、接线,调测记录,整理测试记录,填写调测报告等。有线电视系统管理设备安装、调试工作内容包括搬运、开箱清点,检验、画线、定位,设备安装,固定、接线,做标志等。播控设备安装、调试工作内容包括搬运、开箱清点,安装就位、调试、固定、接线、接地,做标志,清理现场等。

5. 干线设备、分配网络安装调试工程量计算

干线设备安装工作内容包括:

(1)安装光接收机、光放大器、线路放大器,开箱检验,清理搬运,组装保护箱(地面),安装紧固,组装内件,固定尾纤(尾缆),接地,加接电源,调试设备,标记等。

(2)安装供电器开箱检验,清洁搬运,组装保护箱(室外),安装紧固,接线,取电,做插头、接地,做标记等。

(3)安装无源器件,检验器件,安装固定,做接头等。

干线设备调试包括:

(1)调试放大器测试输入电平,调整衰耗、均衡,做测试记录等。

(2)调试供电器测试输出电压、电流,测试放大器供电电压,做记录等。

分配网络包括放大器安装、分支器、分配器、均衡器、衰减器安装用户终端盒安装,暗盒埋设,楼板、墙壁穿洞、网络终端调试。干线设备、分配网络安装、调试,以"个"为计量单位。

(五)扩声、背景音乐系统工程量计算

1. 扩声系统设备工程量计算

(1)扩声系统设备安装包括调音台安装、稳压电源、专用杠柜安装、其他设备安装。

调音台安装工作内容有开箱检验,做安装传声器输入插头、信号源输入插头,接电缆、电源供电和其他辅助设备连接线等。

稳压电源、专用机柜安装工作内容有找相位,连电缆,接通交流电,给机柜设备提供电源等。

其他设备安装工作内容有开箱检查,设备上机柜组装,设备间输入输出电平适配,设备间连接线的平衡、非平衡选择,输入输出阻抗之适配,输入输出端子插头连接线正负与地线辨别,供给电源等。

分系统调试工作内容包括设备间连通和调试等。

扩声系统设备安装、调试,以"台"为计量单位。

(2)扩声系统设备试运行工作内容包括检验系统可靠性的调整测试,试运行时间 15 天。

扩声系统设备试运行,以"系统"为计量单位。

2. 背景音乐系统设备工程量计算

背景音乐系统设备安装工作内容包括开箱检查,设备间连线,设备上机柜组装,设备间输入输出电平优选配接;设备间输入输出阻抗优选配接,节目信号广播线、控制线、转接端子的正负连接与地线的辨别,供给电源;设备间连接线平衡非平衡等。

背景音乐系统试运行工作内容包括检验系统可靠性及必要的调整测试;资料整理、移交文件等;系统运行如无特殊情况,试运行时间一般不应超过 15 天。

背景音乐系统设备安装、调试,以"台"为计量单位。背景音乐系统联调、试运行,以"系统"为计量单位。

(六)停车场管理系统工程量计算

停车场管理系统设备安装工程共分为车辆检测识别设备安装、调试,出入口设备安装、调试,显示和信号设备安装、调试,监控管理中心设备安装、调试,系统调试 5 个分项工程。

车辆检测识别设备、出入口设备、显示和信号设备、监控管理中心设备安装、调试,以"套"为计量单位。分系统调试和全系统联调,以"系统"为计量单位。

停车场管理系统设备安装工程量计算中应注意以下问题:

(1)设备按成套购置考虑,在安装时如需配套材料,由设计按实计列。

(2)有关摄像系统设备安装、调试,按楼宇安全防范系统设备安装工程中有关定额执行。

(3)有关电缆布放按综合布线系统工程中有关定额执行。

(4)全系统联调包括:车辆检测识别设备系统,出/入口设备系统、显示和信号设备系统,监控管理中心设备系统。

(5)全系统联调费,按人工费的 30% 计取。

(七)楼宇安全防范系统工程量计算

1. 入侵报警器设备安装工程量计算

入侵报警器设备安装包括入侵探测器安装、报警控制器安装、报警显示设备安装、报警信号传输设备安装。

入侵探测器安装(室内外、周界)工作内容包括开箱检查、设备组装、检查基础、画线定位、安装调试等。报警控制器安装工作内容包括开箱检查、设备组装、检查基础、画线定位、安装调试等。报警显示设备安装工作内容包括开箱检查、设备组装、画线定位、安装等。报警信号传输设备安装工作内容包括开箱检查、设备组装、画线定位、安装调试等。

入侵报警器(室内外、周界)设备安装工程,以"套"为计量单位。

2. 出入口控制设备安装工程量计算

出入口控制设备安装包括目标识别设备安装、控制设备安装、执行机构设备安装。目标识别设备安装工作内容包括开箱检查、设备初验、安装设备、调整、系统调试等。

控制设备安装工作内容包括开箱检查、设备初验、安装设备、调整等。

执行机构设备安装工作内容包括开箱检查，设备初验，安装设备，调整，系统调试等。

出入口控制设备安装工程，以"台"为计量单位。

3. 电视监控设备安装工程量计算

电视监控设备安装包括摄像设备安装，镜头安装，辅助机械设备安装，视频控制设备安装，音频、视频及脉冲分配器安装，视频补偿安装，视频传输设备安装，显示记录设备安装、调试。其工程量以"台"（显示装置以"m²"）为计量单位。

4. 安全防范系统调试、系统工程试运行工程量计算

安全防范系统调试工作内容包括工作准备、指标测试、功能测试等。

安全防范系统工程试运行工作内容包括按工程规范要求，测试各项技术指标的稳定性、可靠性。其工程量以"系统"为计量单位。安全防范全系统联调费，按人工费的35%计取。

(八)建筑设备监控系统工程量计算

1. 基表及控制设备、第三方设备、抄表采集系统安装工程量计算

基表及控制设备安装包括远传基表安装和电动阀安装。

远传基表安装工作内容包括开箱检查、切管、套丝、制垫、加垫、安装、接线、水压试验等。

燃气用电动阀（DN32以内）、冷热水用电动阀（DN32以内）安装的工作内容包括测量、定位、画线、切管、套丝、连接、固定、通水试验等。

第三方设备通信接口安装的工作内容包括开箱，检验，固定安装，接线，通电调试，联网调试等。

抄表采集系统安装、调试工作内容包括测位，画线，打眼，连接，固定安装，调试等。

基表及控制设备、第三方设备通信接口安装以及抄表采集系统的安装与调试，以"个"为计量单位。

2. 中心管理系统调试、控制设备安装工程量计算

中心管理系统工作内容包括设备开箱检查、就位安装、跳线制作、连接、软件安装、调试等。

控制网络通信设备工作内容包括设备开箱检验、现场就位、固定安装、连接、软件功能检测、调试、设备绝缘测试及外壳接地等。控制器工作内容包括设备开箱检验、现场就位、固定安装、连接、软件功能检测、调试等。

中心管理系统调试、控制网络通信设备安装、控制器安装、流量计安装与调试，以"台"为计量单位。

3. 楼宇自控中央管理系统工程量计算

楼宇自控中央管理系统工作内容包括设备开箱检验，现场就位安装，连接，软件功能检测，调试，现场测量，记录，对比，调整等。

楼宇自控中央管理系统安装、调试，以"系统"为计量单位。楼宇自控用户软件安装、调试，以"套"计算。

4. 传感器工程量计算

温(湿)度传感器、压力传感器、电量变送器和其他传感器及变送器，以"支"为计量单位。

温、湿度传感器工作内容包括开箱、清点、检验、安装、接线、调整、测试等。压力传感器工作内容包括开箱、清点、检验、开孔、安装、接线、调整、测试等。电量变送器工作内容包括开箱、检验、固定安装、接线、通电调试等。其他传感器及变送器工作内容包括开箱、检查、开孔、固定安装、接

线、密封、测试等。

5. 阀门及电动执行机构安装工程量计算

阀门及电动执行机构工作内容包括开箱、检查、搬运、套丝(法兰焊接、制垫、固定安装)、接线、水压试验、绝缘测试、性能测试等。其安装、调试工程量以"个"为计量单位。

(九)电源与电子设备防雷接地装置工程量计算

电源与电子设备防雷接地装置安装工程分为电源和电子设备防雷接地系统。其中电源又分为太阳能电池安装、柴油发电机组安装,开关电源安装调试,其他配电设备安装等。

太阳能电池安装包括安装方阵铁架和安装太阳能电池,太阳能电池方阵铁架安装以"m²"为计量单位计算。太阳能电池安装以"组"为计量单位。

柴油发电机组及其附属设备安装工作内容包括安装柴油发电机组、安装机组体外排气系统、安装燃油箱和机油箱。其中柴油发电机组安装以"组"为计量单位计算,柴油发电机组体外排气系统、柴油箱、机油箱安装,以"套"为计量单位。

开关电源安装,调试,整流器及其他配电设备安装,以"台"为计量单位。其工作内容包括开箱检验、清洁搬运、画线定位、安装固定、调整垂直及水平、安装附件、绝缘测试、通电前检查、单机主要电气性能调试等。

电子设备防雷接地系统又分为天线铁塔避雷装置安装和电子设备防雷接地装置安装。

天线铁塔避雷装置安装工作内容包括安装、焊接、固定、涂漆等。工程量以"处"为计量单位。

电子设备防雷接地装置安装工作内容包括开箱、检查、打孔、固定、安装、接线、检验等。

工程量计算规则如下:

电子设备防雷接地装置、接地模块安装,以"个"为计量单位。

电源避雷器安装,以"台"为计量单位。

五、刷油、防腐蚀、绝热工程

(一)除锈工程工程量计算

除锈工程分人工除锈、动力工具(砂轮机)除锈、喷砂除锈和化学除锈。

手工、动力工具除锈分轻、中、重三种。轻锈指部分氧化皮开始破裂脱落,红锈开始发生。中锈指部分氧化皮破裂脱落,呈堆粉状,除锈后用肉眼能见到腐蚀小凹点。重锈指大部分氧化皮脱落,呈片状锈层或凸起的锈斑,除锈后出现麻点或麻坑。

计算时不包括除微锈(标准:氧化皮完全紧附,仅有少量锈点),发生时执行轻锈定额乘以系数 0.2。因施工需要发生的二次除锈,应另行计算。

喷射除锈 Sa3 级指除净金属表面上油脂、氧化皮、锈蚀产物等一切杂物,呈现均一的金属本色,并有一定的粗糙度。Sa2.5 级指完全除去金属表面的油脂、氧化皮、锈蚀产物等一切杂物,可见的阴影条纹、斑痕等残留物不得超过单位面积的 5%。Sa2 级指除去金属表面上的油脂、锈皮、疏松氧化皮、浮锈等杂物,允许有附紧的氧化皮。

在工程量计算中,喷射降锈按 Sa2.5 级标准确定。若变更级别标准,如按 Sa3 级,则人工、材料、机械乘以系数 1.1,按 Sa2 级或 Sa1 级,则人工、材料、机械乘以系数 0.9。

(二)刷油工程工程量计算

刷油工程包括金属面、管道(含通风管道)、设备、金属结构、玻璃布面、石棉布面、玛琋脂面、抹灰面等刷(喷)油漆工程。除金属结构刷油以"100kg"为计量单位外,其余均以"10m²"为计量单位。子目划分一般是按照油漆类别和涂刷遍数来划分的。有的内容也考虑到部位,如气柜刷油。工作内容包括调配漆料和涂刷或喷涂。

工程量计算时应注意以下问题:

(1)定额按安装地点就地刷(喷)油漆考虑,如安装前管道集中刷油漆,人工乘以系数 0.7(暖气片除外)。

(2)标志色环等零星刷油漆,执行本定额相应项目,其人工乘以系数 2.0。

(3)定额主材与稀干料可换算,但人工与材料量不变。

(三)防腐蚀涂料工程量计算

防腐蚀涂料工程包括管道、设备和支架刷涂料以及涂料聚合等内容。其工程量的计算应根据不同涂料的层数,采用涂料的不同种类和涂刷遍数,分别以"m²"为计量单位。涂料配比与实际设计配合比不同时,应根据设计要求进行换算,但人工、机械不变。

工程量计算中过氯乙烯涂料是按喷涂施工方法考虑的,其他涂料均按刷涂考虑。若发生喷涂施工时,其人工乘以系数 0.3,材料乘以系数 1.16,增加喷涂机械内容。

(四)绝热工程工程量计算

设备、管道及通风管道的绝热工程,一般以"m³"为计量单位。其工作内容包括运料、下料、安装、捆扎、修理等。

管道绝热均按现场安装后绝热施工考虑,若先绝热后安装时,其人工乘以系数 0.9。

卷材安装应执行相同材质的板材安装项目,其人工、铁线消耗量不变,但卷材用量损耗率按3.1%考虑。

伴热管道、设备绝热工程量计算方法是:主绝热管道或设备的直径加热管道的直径,再加10~20mm 的间隙作为计算的直径,即 $D=D_{主}+d_{伴}+(10\sim20\text{mm})$。

依据《工业设备及管道绝热工程施工规范》(GB 50126—2008)要求,保温厚度大于 100mm、保冷厚度大于 80mm 时应分层施工,工程量分层计算。但是如果设计要求保温厚度小于100mm、保冷厚度小于 80mm 也需分层施工时,也应分层计算工程量。镀锌铁皮的规格按1000mm×2000mm 和 900mm×1800mm,厚度 0.8mm 以下综合考虑。若采用其他规格铁皮时,可按实际调整。厚度大于 0.8mm 时,其人工乘以系数 1.2;卧式设备保护层安装,其人工乘以系数 1.05。

(五)手工糊衬玻璃钢工程工程量计算

手工糊衬玻璃钢工程包括材料运输、填料干燥过筛、设备表面清洗、塑料管道表面打毛、清洗、胶液配制、刷涂、腻子配制、刮涂、玻璃丝布脱脂、下料、贴衬。

如因设计要求或施工条件不同,所用胶液配合比、材料品种与定额不同时,应按定额各种胶液中树脂用量为基数进行换算。

(六)橡胶板及塑料板衬里工程量计算

橡胶板及塑料板用量包括:有效面积需用量(不扣除人孔)、搭接面积需用量、法兰翻边及下料时的合理损耗量。

热硫化橡胶板的硫化方法,按间接硫化处理考虑,需要直接硫化处理时,其人工乘以系数

1.25,所需材料和机械费用按施工方案另行计算。带有超过总面积 15%衬里零件的贮槽、塔类设备,其人工乘以系数 1.4。

(七)耐酸砖、板衬里工程量计算

树脂耐酸胶泥包括环氧树脂耐酸胶泥、酚醛树脂耐酸胶泥、呋喃树脂耐酸胶泥、环氧酚醛树脂耐酸胶泥、环氧呋喃树脂耐酸胶泥等。

在硅质耐酸胶泥衬砌块材需要勾缝时,其勾缝材料按相应项目树脂胶泥消耗量的 10%计算,人工按相应项目人工消耗量的 10%计算。而胶泥搅拌是按机械搅拌考虑的,采用其他方法时不得调整。

衬砌砖、板按规范进行自然养护考虑,若采用其他方法养护,其工程量应按施工方案另行计算。立式设备人孔等部位发生旋拱施工时,每 $10m^2$ 应增加木材 $0.01m^3$、铁钉 $0.20kg$。

六、修缮工程

(一)管道工程、散热器、卫生设备工程量计算

1. 管道工程工程量计算

钢管管道按图示管径、管道中心线的长度,以"m"为计量单位。工程量计算时,不扣除阀门和管件(成组、成套的疏水器、减压器、除污器、水表除外)在管道中所占长度。室内给水铸铁管道安装计算工程量时,不扣除接头零件所占长度。室内排水铸铁管道及塑料管道安装计算工程量时,不扣除接头零件所占长度。

采暖及冷热水管道室内、外界线以建筑物墙外皮 1.5m 为界,入口处设阀门者以阀门为界。站类(锅炉房、泵房软化室)管道室内外界线以墙内皮为界。

排水管道室内外界线以出户第一个检查井为界,或以建筑物墙外皮 1.5m 为界。

管道安装环境界线的划分如下:

一般明装指操作地点至管道中心线高 3.6m 以下的露明管道。

高空管道指超过 3.6m 者以及设备层、管廊内的管道可套用高空管道定额。

暗装管道指半通行沟、通行沟、地板下、管井及顶棚内的管道。

2. 散热器工程量计算

铸铁及组装式钢制散热器对配成组包括场内搬运、除口锈、制加垫、配拉条、套丝配管、上零件、对配成组、水压试验。按不同型号、规格分项,以"组"、"片"或"根"为计量单位。

散热器钩卡安装包括找位置、画线、剔墙眼、安装钩卡。整组散热器试压包括加堵、连接试压泵、灌放水等。

散热器安装及打泵试压,以"组"为计量单位。

散热器挂钩、固定卡安装,以"个"为计量单位。

3. 卫生设备工程量计算

卫生设备拆除包括锯、剔、落给水排水连接管、支架及其附件、安丝堵、剔凿地面、搬运至材料堆放地点等全部操作过程。

卫生器具拆除、安装,以"套"为计量单位。其中:

(1)大便器安装按大便器形式、规格、水箱形式、冲洗方式分项计算。其工作内容包括场内搬运,预留洞眼,安装大便器、水箱及附件,切管,套丝,连接上、下水管,试水等。

(2)小便器安装按小便器形式、冲洗方式分项计算。包括场内搬运,切管,套丝,安装小便器及附件,冲水管制作,连接上、下水管,试水等。

(3)洗脸盆、家具盆安装按冷热水、钢管或铜管安装分项计算。其中洗脸盆安装包括场内搬运,切管,套丝,打墙眼,栽塑料胀管,安装附件及托架,加接上、下水管,试水等。

家具盆安装包括场内搬运、切管、套丝、剔墙眼、安装托架、瓷活及附件、安装下水口、存水弯、试水等。

(4)浴盆安装按浴盆种类、冷热水、有无喷头分项计算。包括场内搬运,切管,套丝,打墙眼,栽塑料胀管,安装盆及附件,连接上、下水管,试水等。

(5)淋浴器安装按冷热水组成安装和淋浴器种类分项计算。淋浴器组成安装工作内容包括场内搬运、切管、套丝、打墙眼、栽塑料胀管、栽立管卡、器具组成、安装、找直、找正、试水等。

卫生器具中,避油盒、地漏按公称直径分项,排水栓、器按有无存水弯和直径分项,均以"个"为计量单位;太阳能热水器安装按集热器面积以"m²"为计量单位;化妆类器具安装以"个"为计量单位。

(二)锅炉工程工程量计算

(1)往复炉排锅炉、侧装往复炉排钢管锅炉、RCS(ZCS)双层炉排锅炉、竖管波浪式锅炉拆除项目中包括停泄水、断管道、拆除炉体及炉体安全附件、阀门、钢板烟风道、上煤车、卷扬机、钢丝绳等,运至指定地点码放整齐。往复炉排锅炉安装项目中包括场内搬运、基础放线、炉排及水冷壁吊装、就位、仪表、变速装置、炉排及附件组装、水压试验、试运行、试水、定压。

其中,往复炉排锅炉拆除按炉排净宽度分项,以"台"为计量单位。

侧装往复炉排钢管锅炉、RCS(ZCS)双层炉排锅炉、竖管波浪式锅炉拆除和安装,按锅炉发热量或蒸发量分项,以"台"为计量单位。

(2)快装锅炉、分体式快装锅炉拆除项目工作内容包括停泄水,断管道,拆除炉体安全附件、阀门、除渣机、省煤器、液压(齿轮)传动装置、除尘器、钢板烟风道等,并将各零件运至指定地点(炉本体除外),码放整齐。

安装项目中包括场内搬运(炉本体除外)、开箱清点、基础放线、配合炉体吊装、管路阀门、仪表、鼓引风机、省煤器、除渣机、调速装置、除尘器、渣箱、液压装置、水压试验、洗炉、试运灯、试火、定压。

快装锅炉拆除、安装、大修、维护保养,拆换炉排前轴或后轴,均按锅炉蒸发量分项,以"台"为计量单位。

(3)立式双层燃烧热水炉、蒸汽间断式开水炉拆除项目中包括停泄水,断管道,炉体及附件拆除,运至指定地点。

双层炉排锅炉、立式双层燃料热水炉安装项目中包括基础放线、场内搬运、起重、吊装稳固、炉体附件及仪表安装、水压试验、定压、试水。

蒸汽间断式开水炉安装项目中包括场内搬运、稳装、找正、水位表、温度表、水嘴安装、温度表循环管安装、水压试验。

立式双层燃烧热水炉拆除、安装,按锅筒直径分项,以"台"为计量单位。

蒸汽间断式开水炉拆除、安装,按不同型号,以"台"为计量单位。

(4)快装锅炉附件单项检修包括:拆换炉排前轴和后轴项目中包括拆长销轴、拉出大轴、更换配件、调试。除渣机拆换螺旋片项目中包括拆螺栓、拉出除渣机、拆除筒体、气割螺旋片、换片、焊接、安装、试运行。拆换炉体外壳铁皮项目中包括放样、下料、制作、打眼、就位、紧固。更换炉排片、煤闸板项目中包括拆换附件、试运行。液压、齿轮传动装置检修项目中包括加油、换油、机油过滤、附件擦洗。除渣机检修项目中包括清洁、加油、运行灵活、符合使用要求。

其工程量计算规定如下：

1）除渣机拆除螺旋片以"份"为计量单位。

2）炉体外壳铁皮拆换，按锅炉外表面面积，以"m²"为计量单位。工程量计算时，不增加铁皮搭接的面积。

3）炉排片更换以"项"为计量单位。

4）煤闸板更换以"份"为计量单位。

5）液压传动装置、齿轮传动装置、除渣机检修，以"台"为计量单位。

（5）往复炉排单项检修包括往复炉排拆换炉条、大梁、小轮轴、人字拉杆、联箱护铁等项目中包括拆换部件等内容。拆换炉门项目中包括拆换圆钢拉杆、焊接螺栓、门框安装、紧固螺栓、装炉门。

其工程量计算规定如下：

1）联箱护铁拆换、对流排管清除烟垢、竖水管下连箱冷水壁除污，均以"台"为计量单位。

2）小轮轴（四排）、人字拉杆拆换，锅炉门、煤闸板、蜗轮箱、小炉条、上煤斗拆换修理，均以"份"为计量单位。

3）炉排固定梁、活动梁拆换，按不同根数（1，2，3 根以上）分项，以"个"为计量单位。

（6）钢板风道、闸板、弯头制作、安装项目中包括材料搬运、放样板、画线、下料、切割、揻制、焊接、钻眼、制加垫、紧螺栓、组装。风道法兰、钢板风道、风道闸板、风道弯头制作、安装，以"kg"为计量单位。

（7）上煤车、卷扬机、钢丝绳安装项目中包括场内搬运、卷扬机稳装、紧钢丝绳、装上煤车、找平、找直、对位、试运行。

上煤车、卷扬机、钢丝绳，以"份"为计量单位。电葫芦安装及检修，以"份"为计量单位。

（8）工字钢轨道安装项目中包括场内搬运、机械检查、预埋铁件、焊接、机械安装、加油、试运行。工字钢轨道安装以 10m 为计量单位。

（9）钢板烟囱制作项目中包括材料搬运、下料、卷圆、找直、焊接、烟帽制作、焊鼻子。

钢板烟囱拆除、制作、安装，按烟囱直径分项，以烟囱质量（重量）"100kg"为计量单位。

（10）除尘器安装项目中包括场内搬运、吊装、找平、找正、稳固、制加垫、紧螺栓等。

除尘器拆除、安装，以锅炉蒸发量分项，以"台"为计量单位。

（三）仪表、疏水器、减压器、消火栓、法兰、弯头工程工程量计算

（1）水表、温度计、压力计、水位计拆除工作内容包括拆落、检查、擦洗等。

水表安装（螺纹）工作内容包括场内搬运、检查清洗、制加垫、安装、水压试验。

水表安装（法兰）（带旁通管及止回阀）工作内容包括场内搬运、清洗检查、切管、焊接、调直、制垫、水表、阀门安装、上螺栓、水压试验。

水表拆除、安装，按接口（丝接、法兰）、公称直径分项，以"个"或"组"为计量单位。

（2）疏水器组成安装（丝接）工作内容包括场内搬运、检查清理、切管套丝、组成安装、通水试验等。

疏水器组成安装（焊接）工作内容包括场内搬运、切管、焊接、安装、通水试验。

减压器组成安装（法兰）工作内容包括场内搬运、切管、检查清洗、焊接、组成、制加垫、安装、水压试验等。

疏水器、减压器拆除按公称直径分项,以"个"为单位计算。疏水器、减压器安装,按承接方式(丝接或焊接、法兰)、公称直径分项,以"组"为计量单位。

(3)室内消火栓安装工作内容包括场内搬运、下木砖按装木箱、断管、套丝、安装消火栓阀门、绑扎水龙带、水压试验。

室外消火栓安装工作内容包括场内搬运、管口除沥青、制加垫、紧螺栓、底座角度消火栓安装、水压试验。

消火栓拆除、安装,按室内外安装方式及公称直径分项,以"组"为计量单位。

(4)铸铁螺纹法兰安装工作内容包括场内搬运、制垫、加垫、上法兰、组对、紧螺栓等。

碳钢法兰焊接安装工作内容包括场内搬运、铲坡口、焊接、制加垫、组对、紧螺栓、水压试验。

法兰拆除、安装,按材质、公称直径分项,以"副"为计量单位。

(5)压力计、水位计、温度计安装的工作内容包括管道开口、焊管箍、零部件检查、擦洗及安装、找正、试水管。

压力计、水位计、温度计拆除、安装,按器具类别分项,以"个"为计量单位。

(6)采暖管道干管及锅炉房、泵房管道弯头丝接安装工作内容包括场内搬运、管件清理、检查、安装、找正等。

采暖管道干管及锅炉房、泵房管道弯头焊接安装工作内容包括场内搬运、管件清理、检查、铲坡口、对口、焊接管件、水压试验。

采暖干管及锅炉房、泵房管道弯头安装,按管径以"个"为计量单位。

(四)阀类、支架、管卡、套管、撼弯工程工程量计算

1. 阀类工程工程量计算

各种阀门、冷风门、回水盒、汽门、水嘴拆除、安装,均按型号、规格分项,以"个"为计量单位。

浮球阀安装以"套"为计量单位。

阀门拆除包括锯、剔、落,运至材料堆放场地等操作过程。

并门安装(带短管甲、乙法兰式)包括场内搬运、管口除沥青、制加垫、调制接口材料、接口、紧螺栓、水压试验等操作过程。

浮球阀安装包括场内搬运、外观检查、清理、安装调整、试验定压等操作过程。

2. 支架、管卡、套管、撼弯工程工程量计算

(1)设备支架及管道托、吊卡制作安装包括切断、调直、撼制、钻孔、组对、焊接、安装等操作过程。其工程量按铁件质量(重量)以"100kg"为计量单位。

(2)一般套管及散热器固定卡制作包括场内搬运、下料、卷制咬口、切断、调直、撼制、钻孔、套丝、焊接等操作过程。

刚性套管制作包括下料、切割、组对、焊接、刷防锈漆等操作过程。

刚性套管安装包括场内搬运、找标高、找平、找正、就位安装、加填料等操作过程。

柔性套管制作包括下料、切割、组对、焊接、刷防锈漆等操作过程。

柔性套管安装包括找标高、找平、找正、就位安装、加填料、紧螺栓等操作过程。

套管按一般套管(镀锌铁皮、钢管)、公称直径分项。镀锌铁皮套管,以"m²"为计量单位。

钢管套管以"m"为单位计算。刚性或柔性套管以"个"为计量单位。散热器固定卡、方形补偿器制作、安装,以"个"为计量单位。

(3)碳钢管撼灯叉弯包括场内搬运、测量尺寸、放样板、制加堵、炒砂、灌砂、过火、撼制、倒砂、

擦油等操作过程。

钢管揻弯以"个"为计量单位。

(五)水暖、通风管道及部件工程量计算

1. 水暖辅助工程工程量计算

(1)零星刨填土工作内容包括将土抛出槽口地面1m以外,修整底边、拍平、回填土填实。其工程量按体积以"m³"为计量单位。

(2)地面剔沟工作内容包括测量位置、画线、剔沟、清理现场。

墙面剔槽工作内容包括测量位置、画线、剔槽、清理现场。其工程量按长度以"m"为计量单位。

(3)结构剔眼工作内容包括测量位置、剔眼、清理现场。其工程量按"个"为计量单位。

(4)清扫地沟、烟道工作内容包括地沟、烟道内清扫干净,积土、灰尘运至指定点。其工程量按长度以"m"为计量单位。

2. 通风管道及部件拆除工程工程量计算

(1)通风管道拆除,按风道的形状(圆形或矩形)、直径或周长分项,以"m²"为计量单位。

通风管道拆除包括拆除风管、管件、托吊卡件、保温层,运至指定地点,清理拆除现场。

(2)风口及空气分布器拆除,按风道的直径或周长分项,以"个"为计量单位。

各型风口拆除项目中包括拆除本体及附件,运到指定的地点。

(3)消声器拆除项目中包括消声器及托吊支架拆除,运至指定的地点。

片式消声器拆除,按不同型号、规格分项,以"组"为计量单位。

阻抗复合式消声器拆除,按不同型号、规格分项,以"节"为计量单位。

卡普隆纤维管式消声器、弧形声流式消声器、矿棉管式消声器、聚酯泡沫塑料管式消声器拆除,按规格、周长分项,以"m"为计量单位。

(4)风帽拆除项目中包括拆除风帽本体及筝绳,运到指定地点。其工程量以"个"为计量单位。

(5)离心式通风机、轴流式通风机、窗式空调器拆除,以"台"为计量单位。

设备保温,按不同周长,以"m²"为计量单位。

风机(离心式、轴流式)拆除项目中包括拆除风机及金属附件,运至指定的地点。

木龙骨三合板保温风管拆除项目中包括拆除风管、木龙骨外框、三合板保温层及卡件,运至指定地点并码放整齐。

3. 通风管道制作安装工程量计算

(1)风管制作安装。通风管道按材质(镀锌钢板、普通钢板)、制作方法(咬口、焊接)、形状(圆形、矩形)、直径或周长分项,以"m²"为计量单位。风道系统中三通、弯头、四通、变径管等异形管件的展开面积已包括在直风管的面积内,在工程量计算时不应再单独计算。风管按风管中心线的长度(主风管与支管以其中线交点划分)、直径或周长,分段计算展开面积。风管长度计算时,咬口风管的接口及翻边量不计算展开面积,应扣除各式阀门及部件所占长度。风管上检查孔、测定孔、送回风口所占的开孔面积不扣除。

其中,咬口风管制作项目中包括放样板、下料、折方或卷圆、咬口、焊接、制作直管、管件、法兰加固框、钻眼、铆焊、组合成型。

焊接风管制作项目中包括放样板、卷圆、制作直管、管件、法兰、钻眼、组合成型。

咬口、焊接风管安装项目中包括风管就位、上法兰、组对、找平、找正、制加垫、上螺栓、紧固。

(2)风管附件。风管附件(除软管接头按平方米计算外)、检查孔、温度风量测定孔、弯头导流叶片,按不同类型、规格分项,以"个"为计量单位。

其中,风管检查口制作、组装项目中包括放样板、下料、钻眼、铆焊、开孔、找正、制加垫、上螺栓、紧固。

温度及风量测定孔制作、组装项目中包括放样板、下料、开孔、焊接、找正、垫垫、上螺栓、紧固。

弯头导流叶片制作、组装项目中包括放样、下料、制作成型、定位、打眼、铆焊、组装成型。

软管接头制作、安装按材质分项,以"m²"为计量单位。软管接头制作、安装项目中包括放样、下料、制作法兰及压条、钻孔、缝纫、组装、找正、垫垫、上螺栓、紧固。

(六)调节阀门、风口及空气分布器工程量计算

1. 调节阀门制作安装工程量计算

调节阀门制作、安装,按不同形状、型号、直径、周长或高度分项,以"个"为计量单位。

圆形、矩形、方形钢制蝶阀、密闭式斜插板阀、空气加热器上通阀及空气加热器旁通阀制作项目中包括放样、下料、制作短管、法兰及零件、钻眼、焊接、组合成型。圆形、方形风管止回阀制作项目中包括放样、下料、制作短管、法兰及零件、钻眼、焊接、装平衡锤、组合成型。各型调节阀门安装项目中均包括法兰对口、上螺栓、制加垫、找正、紧固、试动。

2. 风口及空气分布器制作安装工程量计算

送、吸风口(插板式、网式、百叶式、活动箅板式,单面、双面送风口和吸风口),圆形(或矩形)空气分布器、散热器,按型号、规格分项,以"个"为计量单位。

(七)消声器风帽制作安装工程量计算

1. 消声器制作安装工程量计算

(1)片式消声器制作项目中包括放样、下料、钻孔、焊接、制作消声器片、粘贴玻璃布、填充玻璃棉、组合成型。不包括其混凝土外壳和密闭门制作安装。片式消声器制作、安装,按不同型号、规格分项,以"组"为计量单位。

(2)弧形声流式消声器制作项目中包括放样、下料、制作外管、法兰、焊接、钻孔、粘贴泡沫塑料及玻璃丝布、组合成型。

弧型声流式消声器制作、安装,按不同型号,以"组"为计量单位。

(3)阻抗复合式消声器制作项目中包括放样、下料、加工木筋、制作法兰、器体与消声片、铆焊、组合成型。

阻抗复合式消声器制作、安装,按不同型号,以"节"为计量单位。

(4)矿棉管式、聚酯泡沫塑料管式以及卡普隆纤维管式消声器,按不同型号、周长分项,以"m"为单位计算。其中,矿棉管式消声器制作项目中包括放样、下料、制作内外套管、木框架、法兰、钻孔、铆焊、粘贴玻璃布、填充矿棉、组合成型。

聚酯泡沫塑料管式消声器制作项目中包括放样、下料、制作风管、法兰、铆焊、粘贴聚酯泡沫塑料。

卡普隆纤维管式消声器制作项目中包括放样、下料、制作内外管、法兰、木框架、钻孔、铆焊、粘贴玻璃布、填充卡普隆纤维、组合成型。

2. 风帽制作安装工程量计算

伞形、筒形风帽及滴水盘制作、安装,按不同型号、直径分项,以"个"为计量单位。

风帽制作项目中包括放样、下料、咬口、制作法兰及零件、钻孔、铆焊、组装。风帽安装项目中包括对口、上螺栓、垫垫、找平、找正、紧固。

工程量计算时应注意以下几点:

(1)圆伞形风帽制作如不带倒伞形帽,其人工、材料费乘系数 0.85。

(2)圆伞形风帽如采用 $\delta=2\sim3mm$ 以内钢板焊接时,钢板重量按实调整。当采用 $\delta=2mm$ 以内钢板,电焊条乘系数 3.51,人工乘系数 1.64;当采用 $\delta=3mm$ 以内钢板,电焊条乘系数 5.85,人工乘系数 2。

(3)筒形风帽如采用 $\delta=2\sim3mm$ 以内钢板焊接时,钢板重量按实调整。当采用 $\delta=2mm$ 以内钢板,电焊条乘系数 6.47(减去定额中气焊材料),人工乘系数 1.64;当采用 $\delta=3mm$ 以内钢板,电焊条乘系数 6.47(减去定额中气焊材料),人工乘系数 1.64;当采用 $\delta=3mm$ 以内钢板,电焊条乘系数 9.35(减去定额中气焊材料),人工乘系数 2。

(八)通风机、窗式空调器安装工程量计算

轴流式、离心式通风机,按不同型号、安装形式分项,以"台"为单位计算。窗式空调器安装,按不同型号以"台"为计量单位。

轴流式通风机金属支架上安装项目包括开箱、检查风机附件、吊装、找正、找平、垫垫、固定、试转。墙内安装项目包括开箱、检查风机附件、挡板框制作、组装、风机吊装、找正、找平、垫垫、固定、试动。

离心式通风机安装项目包括基础放线、下地脚螺栓、风机及电动机吊装、找平、找正、螺栓固定、加油、试运行。

窗式空调器安装项目包括开箱、检查、吊装、找平、找正、固定。

(九)皮带防护罩、电动机防雨罩、设备支架等制作安装工程量计算

(1)皮带防护罩、电动机防雨罩制作项目中包括放样、下料、钻孔、焊接、组合成型。皮带防护罩制作、安装,按不同型号、皮带周长分项,以"个"为计量单位。

(2)电动机防雨罩、风管吊托支架及风帽筝绳安装项目中均包括测位、打洞、上螺栓、稳装、找正、紧固。

电动机防雨罩制作、安装,按不同型号、罩下口周长分项,以"个"为计量单位。

(3)风管吊托支架及风帽筝绳制作项目中包括下料、切断、调直、钻孔、套丝、焊接。

风管支托架、吊架及风帽筝绳制作、安装,按质量(重量)以"kg"为计量单位。

(十)电气工程工程量计算

(1)电线管拆除按材质、敷设方式、管径分项,以"m"为计量单位。金属软管拆除按管径分项,以"根"为计量单位。

(2)管内配线拆除按导线截面面积分项,以单根长度计算。

槽板配线拆除按线式(二线、三线)、导线截面面积分项,按长度以"m"为计量单位。

铅皮线及塑料护套线拆除,按芯式(二芯、三芯)、导线截面面积分项,按长度以"m"为计量单位。

夹板配线、鼓形绝缘子及针式绝缘子拆除,按导线截面面积分项,按长度以"m"为计量单位。

其中,木槽板及塑料槽板配线拆除包括木槽板、塑料槽板、配线等拆除。铅皮线及护套线等拆除包括配线及接线盒等拆除。明暗鼓形绝缘子配线拆除包括鼓形绝缘子、过墙管及配线等拆除。夹板配线拆除包括瓷夹板、塑料夹板、瓷管及配线等拆除。针式绝缘子配线拆除包括针式绝缘子、过墙管、瓷管及配线等拆除。

(3)配电箱、盘、板拆除按半周长分项,以"份"为计量单位。包括配电箱、盘、板本体拆除、接地支架及接地等拆除。

(4)灯具拆除按灯具种类、安装方式、灯头数分项,以"套"为计量单位。包括灯具、支架、木台及支持物等拆除。

(5)开关、插座按不同种类,以"套"为计量单位。开关拆除包括木台、开关等拆除,插座拆除包括木台、插座等拆除。

(6)胶盖闸按单相或三相、额定电流分项,以"个"为计量单位。

铁壳开关、跟头闸按额定电流分项,以"个"为计量单位。包括本体接线及接地等拆除。

(7)一般仪表(电流表、电压表、电度表)、继电器、盘上开关、指示灯、号牌、电铃、端子板、低压变压器等的拆除包括本体、固定卡、接线及接地等的拆除,以"个"为计量单位。

(8)低压架空线按导线截面面积分项,按长度以"m"为计量单位。

低压架空引入线按导线截面面积、线组分项,以"组"为计量单位。包括解绑线、断线、拆线、线分类等。

(9)电杆、拉线、横担拆除按下列规定计算:

1)电杆按材质(木、混凝土)、高度分项,以"根"为计量单位。

2)拉线拆除按不同做法(普通、水平、V型)分项,以"组"为计量单位。

3)横担拆除按材质(铁、木)、线组(四线、六线)分项,以"份"为计量单位。

其拆除内容包括挖土、放杆、包箍、拉线、支撑、拆拉线、填坑、横担及担上器具等拆除。

(10)杆上灯具拆除按不同灯型,以"份"为计量单位。包括灯具、铁部件、配线及灯具附件等拆除。

(11)高、低开关柜及控制闸器具拆除,以"台"为计量单位。包括本体、固定体、柜上母线,一次电源接头摘除及接地等的拆除。

(12)补偿器拆除按功率分项,以"台"为计量单位。包括本体、接线支架及接地等的拆除。

(十一)拆换工程及整修工程工程量计算

1. 拆换工程工程量计算

(1)配线拆(抽)换除槽板配线(二线、三线)以槽板长度计算外,其他均按导线截面面积分项,以"单线长度"计算。原有配线方式不变,拆旧线、安装新线,其中包括20%以内的少量线路变更,超出者按新装定额执行。

(2)灯吊线拆换,以"套"为计量单位。外线电杆及支持物拆换,按下列规定计算:

1)木杆打帮桩,以"根"为计量单位。

2)杆上支持物拆换(针式和蝶式绝缘子、弯角瓷瓶),以"份"为计量单位。

3)杆上横担(铁、木)拆换,按线式(二、四、六线)以"根"为计量单位。

原灯具原位安装时,按灯具安装定额乘以0.6系数计算。

(3)低压架空线(裸线、橡皮线)拆换,按导线截面面积分项,以"单线长度"计算。低压引入线拆换,按线式(二、四、六线)、导线截面面积分项,以"组"为计量单位。

2. 整修工程工程量计算

配线整修是指一般房屋的电气设备及电气线路等整顿修理,其工程范围完好程度在80%以上,低于者按拆换工程定额执行。整修范围包括:线路整修、加换支持物、紧线、加固、拆换老化线段及锈蚀失灵器件、接焊包(压)头和排除各处隐患等。

整修工程量计算规则如下:

(1)鼓形绝缘子、针式绝缘子、瓷夹板配线整修,以"单根线长度"计算。

(2)木(塑料)槽板(二线、三线)配线整修,按"槽板长度"计算。

(3)配管(钢、塑料)整修,按不同管径,以"长度"计算。

(4)灯具、插座、分支线整修,按不同器具的实做数量,以"套"为计量单位。

(十二)配管、配线及穿线工程工程量计算

1. 配管工程工程量计算

(1)配管工程量按下列规定计算:

1)各种电线管敷设、塑料线槽敷设,按图示长度以"100m"为计量单位。计算工程量时,不扣除管路中的接线箱、接线盒、灯头盒、开关盒、插座盒及分线盒等所占长度。遇管路变径及分支路时,以盒中心点计算。

2)金属软管敷设按管径以"根"为计量单位。

钢管、电线管、硬塑料管明暗配包括定位、锯木槽、加木方、量管、调直锯管、套丝、撼弯、锉管口、打过眼、打半眼、打透眼、打木眼、接管、上根母、安装固定、穿引线、扫管、下胀管、配管、卡固安装、制承插口、堵管口及接口处防潮处理。焊地线及焊点做防腐处理等。

金属软管敷设包括量尺寸、断管、制焊丝头或管箍、上塑料接头、上护口、穿引线、构件上钻眼、攻丝焊地线等。

遇顶内配管其高度低于1m时,每百米增加人工费20%;低于0.65m时,每百米人工费增加30%。

(2)配管的辅助项目按下列规定计算:

1)圆木、壁灯托、盒子的防火处理按规格分项,以"个"为计量单位。

2)管道包玻璃布及钢管除锈分不同管径按长度计算。

3)接线箱(铁、木)按安装方式(明装、暗装)、箱的半周长度分项,以"个"为计量单位。

4)稳装、铸铁(塑料)盒子按不同结构、敷设方式(暗、明装)、材质、型号、规格分项,以"个"为计量单位。

铁接线箱安装包括箱开孔、修孔、稳装固定、合灰灌注、焊压地线、上盖、伸缩箱包括制安短管等。木制接线箱安装包括剔眼、埋螺栓、箱打眼、留洞下木砖、安装固定刷油等。稳装及注铁盒子、塑料盒子包括定位、打半眼、下胀管、稳盒子、焊地线、塞盒子、制作吊板、固定、合灰、灌注、钉灯拐、拆吊板、清扫、制安盒盖等。

2. 配线及穿线工程工程量计算

(1)配线、穿线。

1)绝缘子(鼓形、针式)配线、沿钢支架配线、沿钢索配线及管内穿线,按图示单根线长度以"100m"为计量单位。鼓形绝缘子配线工作内容包括定位、下过管、上绝缘子、钉灯拐、配线、绑扎、接焊包(压)头、加吊挂等。

针式绝缘子配线工作内容包括定位、固定、下过墙管、配线、绑扎、接焊包(压)头等。

沿钢索配护套线工作内容包括定位、剔注拉紧装置、绑扎、紧螺栓、配线、卡固、接焊包(压)头等。

2)护套线按敷设方式、导线截面面积分项,以"100m"为计量单位。管内穿护套线、软线包括穿引线、扫管、清扫盒子、上护口、穿线、涂滑石粉、编号、接焊包(压)头、测绝缘、记录等。

明配塑料护套线工作内容包括测位、弹线、打半眼、下塑料胀管、下过墙管、钉卡子、放配线、安瓷接头或接焊包(压)头、装分线盒等。

3)瓷夹板、塑料线夹、槽板配线,按线式、导线截面面积分项,以"100m"为计量单位。瓷夹板、塑料夹板配线工作内容包括测位、弹线、打半眼、拧夹板、粘夹板、下塑料胀管、下过墙管、放配线、调料、接焊包(压)头等。

4)灯具、明暗开关、插座铁、按钮等的预留线,已分别综合在定额内,不应再另行计算。配线进入开关箱、柜板的预留线长度按表5-17的规定计算。

表5-17 连接设备导线预留长度计算

项　目	预留长度(m)	说　明
各种开关箱、柜、板	高十宽	箱、柜的盘面尺寸
单独安装(无箱、盘)的铁壳开关、闸刀开关、启动器、母线槽进出线盒等	0.3m	以安装对象中心算起
由地坪管子出口引至动力接线箱	1	以管口计算
电源与管内导线连接(管内穿线与软硬母线接头)	1.5	以管口计算
出户线	1.5	以管口计算

(2)钢索架设。钢索架设、钢索拉紧装置制作安装包括定位、和灰、剔注拉紧装置、钢索去污垢、绑扎、铁活制作、紧上螺栓、拉紧、安中间固定卡等。其工程量按图示钢索直径和墙、柱内缘长度计算。工程量计算时,不扣除拉紧装置所占长度。

(3)低压进户线安装。低压进户线安装包括装针式绝缘子(蝶式绝缘子)、放线、紧线、绑扎、接焊包(压)头等。其工程量按下列规定计算:

1)进户线横担组装,按安装方式(螺栓固定、埋式)、钢材规格、线式(二、四、六线)分项,以"组"为计量单位。

2)低压进户线安装按线式、导线截面面积分项,以"组"为计量单位。其中弧重、搭弓子、接头、留用线均考虑在内。

(4)插接式母线槽。插接式母线槽及进出线盒安装包括开箱、清扫、检查、连接、找平、固定、端头封闭、接线等。插接式母线槽,以"节"为计量单位。进出线盒安装按额定电流分项,以"个"为计量单位。

(5)车间带形母线安装。车间带形母线安装包括打眼、支架安装、绝缘子灌注安装、母线平直、钻孔、揻弯、连接、架设、夹具拉紧装置安装、刷分相漆等。其工程量按敷设方式、母线截面尺寸分项,以"单线长度"计算。

由于定额内已考虑了高空作业的因素,使用时不得再增加高空作业的系数。

(十三)灯具安装工程量计算

1. 一般灯具安装工程量计算

一般灯具包括吸顶灯,荧光灯,工厂灯,防潮、防爆、安全、应急标志灯,筒灯、射灯,碘钨灯、投光灯、氙气灯、病房信号灯等。

一般灯具安装包括上圆木、圆木打眼、灯具打眼及组装、接焊包(压)头,上吊盒、上法兰盘、吊链裁截、编线、擦洗灯具、上泡试亮等。其工程量分规格以"套"为计量单位。其中成型灯具包括二次现场进行组装,但未包括荧光灯的电容器和熔断器安装,各式灯具所需金属支架除各节另有注明者外,应参照有关金属支架制作安装定额执行。

投光灯、碘钨灯的安装定额是按 10m 以下的高度考虑的,其他灯器具安装高度如超过 4m 时,人工按册说明超高系数另行增加。

2. 开关插座安装工程量计算

一般开关安装包括清扫盒子、绕弹簧垫、接焊包(压)头、上圆木、圆木打眼、套软塑料管、上盖、安装固定等。插座安装包括清扫盒子、上护口、制定弹簧垫、钻眼、安装、固安、上连二木、上盖、接焊包(压)头、套软塑料管等。

各种开关、插座以"套"为计量单位。

3. 电铃、按手、电钟、电位器、降压变压器、风扇工程量计算

各种电铃、按手、电钟、电位器、降压变压器、风扇等以"份"、"个"、"台"为计量单位。

其中电铃、按手、室外铃箱安装包括测位、打眼、下木砖、钻眼、上底板、上插保险、变压器、电铃、配线组装、安装、固定、接焊包(压)头。

电钟、电位器安装包括电位器焊接线安装、电钟安装、固定等。

降压变压器、号牌安装包括拆箱、清扫、检查、木底板钻孔及安装,本体安装接线、固定,接焊包(压)头,摇测绝缘等。

风扇安装包括拆箱、清扫、检查、木底板钻孔及安装、本体安装接线、固定、接焊包(压)头、摇测绝缘、预埋铁活等。

4. 花灯、庭院柱灯工程量计算

各种花灯、庭院柱灯以"套"为计量单位。各式灯具均包括组装、安装、擦洗灯罩、接焊包(压)头、上罩、上保护网套及试亮等,但不包括保护网套的本身价格,使用时应按"实"计算。凡灯具安装以 50kg 以内为准,100kg 以内人工费乘以系数 1.2,200kg 以内人工费乘以系数 1.5,300kg 以内人工费乘以系数 2。

5. 钢管柱灯工程量计算

钢管式柱灯制作安装包括量管、锯管、扫管、打眼等。其工程量以"根"为计量单位。

6. 试灯工程量计算

试灯包括上保险,接电源,全系统送电、检查、整修、换灯泡及灯器具等。指一般灯具开关、插座铁试灯,不包括全负荷试运行,全负荷试运行应按实际发生另行计算。

试灯工程量以"100 套"为计量单位。

(十四)节日灯安装工程量计算

1. 灯架敷设工程量计算

节日灯扁铁支架剔注及灯架敷设包括定位、剔洞、拌水泥砂浆、注支架、扁铁角铁调直、锯断、打眼或焊接、安装固定、焊地线等。

灯架敷设按灯架型钢规格分项,按长度计算。灯架(铁支架)安装按施工方法(水平、垂直剔注)分项,以"100 个"为计量单位。

2. 节日灯具组装工程量计算

节日灯灯具组装包括灯盒打眼、锥丝、固定、上灯口、压接线、上灯泡、安罩、接焊包(压)头、试亮等。其工程量按不同灯型,以"套"为计量单位。遇大屋顶装节日灯时,其坡屋面的檐头以上部分,人工费增加50%。

3. 吊钢索架工程量计算

吊钢索架包括定位、和灰、剔注拉紧装置、圆钢调直、铅丝拉直编股、钢索去污垢、绑扎、紧螺栓、拉紧、安中间固定卡等。其工程量按钢索类型(钢丝绳、圆钢、钢绞线)、规格分项,以"100m"为计量单位。串灯绷钢索按吊钢索定额乘以系数1.5,工程量按钢丝绳延长米计算。遇用镀锌铁丝编制的,按钢绞线定额执行。

4. 节日灯配线工程量计算

节日灯配线包括放线、紧线、绑线、断线、接焊包(压)头、绝缘摇测等。

节日灯配线按不同做法(沿钢索配夹板线、沿角钢穿软线管卡线)分项,以"100m"为计量单位。配管长度在1m以内者,按配金属短管定额执行;1m以外者,按正常配管有关定额执行。

(十五)弱电工程工程量计算

1. 广播装置安装工程量计算

广播装置安装,按广播分线箱、扬声器箱、扬声器、输出变压器及电阻安装分项,以"个"为计量单位。包括测位、箱子钻孔、涂防腐油、剔注木砖、装箱、贴脸、装喇叭、变压器、接焊包(压)头等。

2. 电话线路、线箱、出口线安装工程量计算

电话线路、线箱、出线口安装按下列规定计算:

(1)电话电缆、电话架空引入线装置,以"份"为计量单位。

(2)管内穿电话电缆(HYV型)按电缆芯数(10、50、100对)分项,按长度以"100m"为计量单位。

(3)管内穿电话广播线按线型分项,以"100m"为计量单位。

(4)电话组线箱安装以"对"为计量单位。定型电话组装箱、电话端子板、电话出线口安装,以"个"为计量单位。

电话线路的安装工作内容包括打眼、埋设拉线钩、安装、架线、穿引线、扫管、接焊包(压)头及临时封头等。电话组线箱及出线口的安装工作内容包括稳装箱体、装端子板、二次测对号、焊接线、装出线口等。

3. 烟感报警装置安装工程量计算

烟感报警装置安装(包括探测器、集中报警装置、区域报警器等),按不同的型号分项,以"台"为计量单位。其工作内容包括接线盒、探测器、报警器安装,对号,焊接,导线绑扎,校线,接线调试等。

4. 电视共用天线系统工程量计算

电视共用天线系统安装按下列规定计算:

(1)天线杆制作安装制式(包括避雷针、天线杆、钢板底座、焊脚蹬、拉线及铁活、拉线底锚制作安装等器件),以"套"为计量单位。

(2)分支器、天线安装按不同型号以"台"为计量单位。

(3)电视天线系统的混合器、主放大器、分配器、线路放大器、宽频放大器、变压器、用户盒、串接单元安装,以"套"为计量单位。

电视前端设备箱体安装,以"个"为计量单位。

(4)管内穿射频同轴电缆,按配管中心线的长度以"100m"为计量单位。电缆长度计算时,不扣除接线箱(盒)、分线盒等所占长度。

共用天线系统安装工作内容包括下料、焊接、成型、预埋件、安装调整、本体安装、固定、接线、扫管穿线及调试等。

(十六)配电箱、盘及闸器具设备安装工程量计算

1. 配电箱、盘安装工程量计算

配电箱、盘安装按下列规定计算:

(1)低压成套铁配电箱(定型)安装,按三相或单相、安装方式(落地式、挂式、嵌入暗式)、回路数分项,以"台"为计量单位。

(2)配电箱安装,按材质(木、铁制)、安装方式(明、暗装)、配电箱半周长分项,以"台"为计量单位。

(3)配电盘安装,按木制或铁制、明装或暗装、盘的半周长分项,以"块"为计量单位。

(4)配电盘一般闸具安装按下列规定计算:

1)胶盖闸安装按单相或三相、额定电流分项,以"个"为计量单位。

2)瓷闸盒、瓷插保险按额定电流分项,以"个"为计量单位。

3)搬把开关、指示灯、接线板、卡片框以"个"为计量单位。

工程量计算中应注意以下几点:

(1)配电箱、盘均不包括刷油及包铁皮。刷油执行油漆定额,包铁皮执行土建定额。

(2)铁盘面以2mm厚钢板为准,如钢板加厚,使用层压板、塑料板、酚醛板时,材料按实调整,人工不做调整。

(3)暗装配电箱后背需做石棉板及铅丝网抹灰时,按土建定额另行计算。

(4)配电箱(板)如用铁支架时,按支架制作安装定额执行。

(5)箱盘电气设备的预留线,按半周长进行计算。

(6)凡使用的闸具、开关与定额中型号不符时,可按实调整,但人工不做调整。

(7)木制配电箱(板)系按施工图册编制,不符时可按实进行调整。

2. 水位电气信号装置工程量计算

水位电气信号装置及制动器安装工作内容包括测位,画线,打眼,注螺栓,卡子、支架、防护罩、滑轮、传动机构、接线板开关底板制安、浮球开关安装,配塑料管,穿线,接线,刷油等。

其中水位电气信号装置(机械式、电子式)以"套"为计量单位。电磁制动器以"台"为计量单位。

3. 启动器、接触器工程量计算

星角启动器、自耦减压启动器、交流接触器、磁力启动器,按额定电流分项,以"台"为计量单位。

星角启动器、自耦减压启动器安装工作内容包括开箱清扫、检查、安装固定、导线整理、绑扎、设备压头、内部清洗、调整、注油等。交流接触器安装工作内容包括检查、安装固定、导线整理、绑扎、设备压头、触头调整、盘面钻眼、上瓷嘴或护圈、压地线等。磁力启动器安装的工作内容包括

检查、安装固定、导线整理、绑扎、设备压头、触头调整、盘面钻孔、上瓷嘴或护圈、压地线等。

4. 开关安装工程量计算

开关安装按下列规定以"个"为计量单位:

(1)铁壳开关安装,按木盘或铁盘、额定电流分项计算。其工作内容包括清扫、检查、画线、钻孔、上瓷嘴或护圈、安装固定、导线整理、绑扎、设备压头、接地线等。

(2)空气开关安装,按极相(单相、三相、万能式)、额定电流分项计算。

其中单极空气开关安装包括开箱、检查、支架或底板安装、钻孔、本体安装、导线整理、绑扎、设备压头、触头调整等。

三极空气开关安装包括开箱、检查、支架或底板安装、钻孔、本体安装、导线整理、绑扎、设备压头、触头调整等。

(3)双投刀开关、组合开关安装,按木盘或铁盘、额定电流分项计算。其工作内容包括清扫、检查、画线、钻孔、上瓷嘴或护圈、安装固定、导线整理、绑扎、设备压头、接地线等。

(4)普通按钮安装,按安装部位(盘、墙)方式(明、暗装)分项计算。

(5)万能转换开关安装,按木盘或铁盘、线头数分项计算。

5. 普通电动机接线工程量计算

普通电动机接线,按端子(三、六个)截面面积($10mm^2$,$25mm^2$,$50mm^2$,$95mm^2$,$150mm^2$)分项,以"台"为计量单位。

6. 电阻器、变阻器、控制器安装工程量计算

电阻器、变阻器、控制器安装,按下列规定以"台"为计量单位:

(1)电阻器安装,按铸铁式或绕线式、箱数分项计算。

(2)变阻器安装,按容量分项计算。

(3)主令控制器安装,按触头数(对)分项计算。

(4)凸轮控制器安装,按额定电流分项计算。

7. 盘、柜配线工程量计算

盘、柜配线按排线式、线槽内配线、线截面面积分项,以"长度"计算。

8. 盘柜上安装附件工程量计算

盘柜上安装继电器、电压表、电流表、电度表、组合开关、刀开关、扭开关、信号灯、音响信号等,按铁盘、木盘分项,以"个"为计量单位。

(十七)变配电工程量计算

1. 变压器轨道工程量计算

变压器轨道制作安装工作内容包括调查、下料、焊接挡板及地脚埋件、焊点刷油、安装固定、压接地线等。

其工程量按变压器容量(560kV·A,1800kV·A)分项,以"组"为计量单位。

2. 室内变压器、杆上变压器安装工程量计算

室内变压器、杆上变压器安装,按变压器容量分项,以"台"为计量单位。

杆上配电箱安装按规格分项,以"台"为计量单位。

杆上跌落熔断器、隔离开关安装,按额定电流分项,以"组"为计量单位。

其中室内变压器安装工作内容包括清扫外观、检查稳固、变压器补充油、压头接地线等。杆

上变压器及配电箱安装工作内容包括稳固变压器、配电箱上支架、上横担、针式绝缘子及接地线设备压头等。杆上跌落熔断器、隔离开关安装的工作内容包括上横担、支撑、保险器、上背板、隔离开关、重保险等。

3. 高低压开关柜基础型钢工程量计算

高低压开关柜基础型钢制作安装工作内容包括调直、下料、预埋件制作、组对焊接、钻孔、埋螺栓、焊点刷油、稳装固定等。

其工程量按槽钢长度分项,以"根"为计量单位。

4. 高压进户线、避雷器工程量计算

高压进户线、避雷器安装工作内容包括稳固横担、上蝶式绝缘子、针式绝缘子、放线、紧线、埋注支架、接地线、设备压头等。其工程量以"组"为计量单位。其中高压进户线以25m挡距考虑,室内变配电高压架空线路,引入线均可套用定额。

5. 高、低压开关柜、电容器柜安装工程量计算

高、低压开关柜、电容器柜安装,以"台"为计量单位。

高压开关柜及电容器柜安装工作内容包括安装固定、调整操作机构、校线压头、断路器解体检查、注油、压地线等。

低压开关柜安装工作内容包括安装固定、调整操作机构、校线压头、断路器解体检查、压地线等。

6. 隔离开关工程量计算

隔离开关按额定电流分项,负荷开关按有、无保险装置分项,以"组"为计量单位。

隔离开关、负荷开关的操作机构安装,按操作段数分项,以"组"为计量单位。现场配制延长轴以"组"为计量单位。其工作内容包括开箱清扫、检查、打眼、埋螺栓或支架、开关安装固定等。

7. 带形母线安装工程量计算

带形母线安装工作内容包括母线平直、锯断、揻弯、焊接(螺栓连接)、钻孔、敷设、上绝缘子、加垫刷漆、调拌浇筑水泥、养护等。其工程量按不同材质、截面规格分项,以"10m"为为计量单位。母带揻侧弯按材质、规格分项,以"个"为单位计算。

8. 高压穿墙套管,低压穿墙板工程量计算

高压穿墙套管、低压穿墙板制作安装工作内容包括开箱、清扫、柜架及隔板下料、平直钻孔、组对焊接、打墙眼、埋螺栓或支架、压头等。其工程量以"套"为计量单位。

9. 熔断器、避雷器及互感器安装工程量计算

熔断器、避雷器及电压、电流互感器安装工作内容包括开箱、清扫、检查、打眼、埋螺栓或支架、互感器安装固定等。

其中,高压穿墙套管、低压穿墙板及框架制作、安装,以"套"为计量单位。

高压熔断器、避雷器(挂式、座式),以"组"为计量单位。

电流互感器,按高压柜用低压母线型、低压线圈型分项,电压互感器按干式、油式(单相、三相)分项,均以"台"为计量单位。

(十八)外线工程工程量计算

1. 电杆安装工程量计算

(1)挖填电杆坑,按土质、杆长分项,以"个"为计量单位。

电杆测位定标桩,按"个"为计量单位。

(2)人工(或配合起重机)立杆、打戗杆,按杆的材质(木、混凝土)、长度分项,以"根"为计量单位。

(3)电杆接腿按材质、接头方式(单、双接)分项,以"个"为计量单位。

(4)混凝土电杆底盘、卡盘安装,按电杆根数计算。

(5)横担组装,按杆的材质(木、混凝土)、安装线数、绝缘子(蝶式、针式、直瓶)型号分项,以"套"为计量单位。

混凝土H杆上横担组装,按单横担、抱担(H杆、终端杆)、绝缘子型号分项计算,以"套"为计量单位。

角钢(单、双)支撑及三角排列式,以"套"为计量单位。

(6)电杆拉线制作、安装按下列规定计算:

1)普通拉线制作、安装,按杆长、上中把镀锌铁丝股数分项,以"根"为计量单位;

2)底把制作,按镀锌铁丝(股数)、圆钢分项,以"根"为计量单位;拉线竹保护管制作,以"根"为计量单位;

3)弓形、水平、V形拉线,按线股数分项,以"组"为计量单位;

4)钢绞线接线(普通、水平)制作、安装,按拉线的截面面积分项,以"根"为计量单位。

单位工程电杆数量以10根以上为准,遇1根独立杆时,按该单位工程外线全部定额工日乘以系数1.75,3根以内者乘以系数1.5,5根以内者乘以系数1.3,10根以内者乘以系数1.15。

2. 外线架设工程量计算

(1)导线架设按线的材质、截面面积分项,按单线长度,以"100m"为计量单位。

(2)导线的甩弯弧垂预留长度按下列规定计算:

1)导线截面面积在35mm² 以内者,每档每根线增加0.5m;导线截面面积在35mm² 以上者,每档每根线增加1m;

2)终端杆每根线增加0.5m;

3)分支线每根线增加2m;

4)转角杆每根线增加2.5m。

3. 杆上路灯安装工程量计算

(1)马路弯灯安装,按电杆材质(混凝土、土)分项,以"个"为计量单位。

(2)角钢长臂形路灯安装,按臂长分项,以"个"为计量单位。

(3)投光灯、探照灯安装,按灯头数,以"个"为计量单位。

(十九)电缆工程工程量计算规则

1. 挖路面、挖电缆沟工程量计算

挖路面按不同路面做法及厚度分项,挖电缆沟及回填土按土质分项,按图示或实做体积,以"m³"为计量单位。

其中,人工挖路面包括测位、画线、挖掘路面,挖电缆沟及回填土工序包括测位、画线、挖掘、修整底边、回填土。

2. 电缆敷设工程量计算

电缆敷设按敷设方式(埋地、穿导管、沿支架卡设、沿结构支架平面上敷设、沿结构支架侧面敷设)、电缆单位质量(kg/m)分项,根据设计图示长度,以"m"为计量单位。

其中,电缆埋地敷设包括开盘、检查、架线盘、敷设、锯断、配合试验、临时封头、挂标牌、铺砂、盖板等。电缆穿导管敷设包括开盘检查、摇测绝缘、架线盘、放电缆、敷设、堵口、整理、锯断、封临时头、标牌制作及挂牌、穿带线、穿管等。电缆沿支架卡设包括开盘检查、架线盘、敷设、锯断、卡固、配合试验、控制电缆、测绝缘电阻、临时封头、挂标牌等。电缆沿结构支架平面卡敷设包括开盘检查、架线盘、敷设、锯断、转弯处卡固、配合试验、临时封头、挂标牌等。电缆沿结构支架侧面敷设包括开盘检查、架线盘、敷设、锯断、转弯处卡固、配合试验、临时封头、挂标牌等。

3. 电缆沟铺砂盖砖工程量计算

电缆沟铺砂盖砖或铺砂盖保护板,按图示尺寸或实做长度以"100m"为计量单位。其工作内容包括调整电缆间距、铺砂、盖砖或保护板、埋设标桩等。

4. 电缆保护管埋地敷设工程量计算

电缆保护管埋地敷设,按材质分项,按图示尺寸或实做长度以"10m"为计量单位。沿电杆卡固管,以"根"为计量单位。顶过路管,按管长分项,以"根"为计量单位。

埋地敷设包括沟底夯实、锯管、打喇叭口、接管、封口、刷防腐油等。沿电杆敷设包括锯管搋弯、打喇叭口、上抱箍、固定管子、堵管口、敷设等。

电缆地下敷设、沿沟内支架敷设、穿管敷设定额不分电力、控制电缆耗用量,一律按电力电缆计算。如敷设控制电缆时,则应按损耗率算,其他不变。

5. 电力电缆端头工程量计算

电力电缆终端头和中间接头制作、安装,按户内,外接头做法,额定电压、电缆截面面积分项,以"个"为计量单位。

控制电缆终端头、中间头制作、安装,按电缆芯数分项,以"个"为计量单位。

(二十)蓄电池及整流装置工程量计算

1. 蓄电池支架安装工程量计算

蓄电池支架安装工作内容包括检查、搬运、刷耐酸漆或焦油沥青,装玻璃垫、瓷柱和支柱。其工程量按支架形以"m"为计量单位。

2. 穿通板组合安装工程量计算

穿通板组合安装工作内容包括框架、铅垫、穿通板组合安装,装瓷套管和铜螺栓、刷耐酸漆。工程量按孔数分项,以"块"为计量单位。

3. 绝缘子、圆母线安装工程量计算

绝缘子、圆母线安装工作内容包括母线平直、搋弯、焊接头、镀锡、安装固定、刷耐酸漆。

绝缘子以"10 个"为计量单位。母线以材质、直径分项,以"10m"为计量单位。

4. 蓄电池(开口、密闭式)安装工程量计算

蓄电池(开口、密闭式)安装按容量分项,以"个"为计量单位。开口式蓄电池安装包括开箱、检查、清洗、组合安装,焊接、注电解液和盖玻璃板。

密闭工蓄电池安装工作内容包括开箱、检查、安装、接线、配注电解液。

5. 蓄电池充、放电工程量计算

蓄电池充、放电工作内容包括直流回路检查、初放电、放电、再充电、测量、记录技术数据。

蓄电池充、放电,按蓄电池组容量分项,以"组"为计量单位。

6. 分流器安装工程量计算

分流器安装,按额定电流分项,以"个"为计量单位。其工作内容包括接触面加工、钻孔、连

接、固定。

7. 硅整流柜安装工程量计算

硅整流柜安装,按额定电流分项,以"台"为计量单位。其工作内容包括开箱检查,安装固定、盘内校线、接地等。

(二十一)电气调整工程量计算

1. 系统调试工程量计算

电力变压器系统、送配电设备系统、自动投入装置及母线系统的调试,以"系统"为计量单位。

其中,三相电力变压器系统调试包括变压器、断路器、互感器、隔防开关、风冷和油循环装置,以及一、二次回路的调试及空间试验。送配电设备系统调试包括开关、控制设备及一、二次回路的调试。

自动投入装置调试及母线系统调试包括自动装置、继电器、二次回路的调整试验,母线耐压试验,接触电阻测量、电压互感器、绝缘监视装置的调试。

电力变压器系统调试,不包括电缆、接地网、避雷器、自动装置以及特殊保护装置的试验调整。

2. 接地装置、异步电机调试工程量计算

接地装置、异步电动机调试,以"台"为计量单位。其工作内容包括接地电阻试验,电机、隔离开关、启动设备及控制回路的调试。

电动机试验是按一个系统一台电动机考虑的,如为两台及以上时,每增加一台定额乘以系数 1.4。

本 章 思 考 重 点

1. 定额的特点是什么?

2. 定额如何分类?

3. 影响人工单价的因素有哪些?

4. 材料基价由什么构成?

5. 施工机械台班单价由哪些内容组成?

第六章 安装工程造价编制与审核

安装工程造价计价方法分为投资估算造价、设计概算造价、施工图预算造价、竣工结(决)算造价。

投资估算一般是指建设项目在可行性研究、立项阶段由进行可行性研究的单位或建设单位估计计算，用以确定建设项目的投资控制额的预算文件。

第一节 安装工程设计概算编制与审查

一、设计概算的内容及作用

1. 设计概算的内容

设计概算是初步设计概算的简称，是指在初步设计或扩大初步设计阶段，由设计单位根据初步设计图纸、定额、指标、其他工程费用定额等，对工程投资进行的概略计算，这是初步设计文件的重要组成部分，是确定工程设计阶段的投资依据，经过批准的设计概算是控制工程建设投资的最高限额。设计概算分为三级概算，即单位工程概算、单项工程综合概算、建设项目总概算。其编制内容及相互关系如图 6-1 所示。

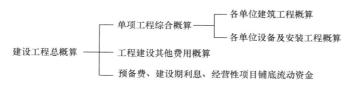

图 6-1　设计概算的编制内容及相互关系

2. 设计概算的作用

(1)设计概算是确定建设项目、各单项工程及各单位工程投资的依据。按照规定报请有关部门或单位批准的初步设计及总概算，一经批准即作为建设项目静态总投资的最高限额，不得任意突破，必须突破时须报原审批部门(单位)批准。

(2)设计概算是编制投资计划的依据。计划部门根据批准的设计概算编制建设项目年固定资产投资计划，并严格控制投资计划的实施。若建设项目实际投资数额超过了总概算，那么必须在原设计单位和建设单位共同提出追加投资的申请报告基础上，经上级计划部门审核批准后，方能追加投资。

(3)设计概算是进行拨款和贷款的依据。建设银行根据批准的设计概算和年度投资计划，进行拨款和贷款，并严格实行监督控制。对超出概算的部分，未经计划部门批准，建行不得追加拨款和贷款。

(4)设计概算是实行投资包干的依据。在进行概算包干时，单项工程综合概算及建设项目总概算是投资包干指标商定和确定的基础,尤其经上级主管部门批准的设计概算或修正概算,是主管单位和包干单位签订包干合同,控制包干数额的依据。

(5)设计概算是考核设计方案的经济合理性和控制施工图预算的依据。设计单位根据设计概算进行技术经济分析和多方案评价,以提高设计质量和经济效果。同时,保证施工图预算在设计概算的范围内。

(6)设计概算是进行各种施工准备、设备供应指标、加工订货及落实各项技术经济责任制的依据。

(7)设计概算是控制项目投资,考核建设成本,提高项目实施阶段工程管理和经济核算水平的必要手段。

二、安装工程设计概算的编制方法

(一)设计概算的编制程序与质量控制

1. 设计概算的编制程序

一般安装工程设计概算编制方法有利用概算定额编制和按各种指标编制两种。利用概算定额编制,与施工图预算编制方法基本相同,其步骤如下:

(1)根据设计图纸和概算工程量计算规则计算工程量。

(2)根据工程量和概算定额的基价计算分部分项工程费用。

(3)根据工程发生费用的具体情况,不能分摊到单位工程中去的费用,如施工机构迁移费、技术设备装备费和保险费等,应在综合概算或总概算中计算。

(4)将分部分项工程费、措施项目费、其他项目费和利润相加,即得一般土建工程概算价值。

(5)将建筑面积除以概算价值求出技术经济指标。

(6)作出主要材料分析。

2. 设计概算的质量控制

(1)设计概算文件编制的有关单位应当一起制定编制原则、方法,以及确定合理的概算投资水平,对设计概算的编制质量、投资水平负责。

(2)项目设计负责人和概算负责人对全部设计概算的质量负责;概算文件编制人员应参与设计方案的讨论;设计人员要树立以经济效益为中心的观念,严格按照批准的工作内容及投资额度设计,提出满足概算文件编制深度的技术资料;概算文件编制人员对投资的合理性负责。

(3)概算文件需要经编制单位自审,建设单位(项目业主)复审,工程造价主管部门审批。

(4)概算文件的编制与审查人员必须具有国家注册造价工程师资格,或者具有省市(行业)颁发的造价员资格证,并根据工程项目大小按持证专业承担相应的编审工作。

(5)各造价协会(或者行业)、造价主管部门可根据所主管的工程特点制定概算编制质量的管理办法,并对编制人员采取相应的措施进行考核。

(6)建设项目的辅助、附属或小型建筑工程(包括土建、水、电、暖等)可按各种指标编制,但应结合设计及当地的实际情况进行必要的调整。

(7)设计的工程项目只要基本符合概算指标所列各项条件和结构特征,可直接使用概算指标编制概算。

（8）新设计的建筑物在结构特征上与概算指标有部分出入时，须加以换算。

（二）设计概算文件组成及常用表格

1. 设计概算文件组成

（1）三级编制（总概算、综合概算、单位工程概算）形式设计概算文件的组成：

1）封面、签署页及目录；

2）编制说明；

3）总概算表；

4）其他费用表；

5）综合概算表；

6）单位工程概算表；

7）附件：补充单位估价表。

（2）二级编制（总概算、单位工程概算）形式设计概算文件的组成：

1）封面、签署页及目录；

2）编制说明；

3）总概算表；

4）其他费用表；

5）单位工程概算表；

6）附件：补充单位估价表。

2. 设计概算文件常用表格

（1）设计概算封面、签署页、目录、编制说明样式见表6-1～表6-4。

（2）概算表格格式见表6-5～表6-17。

1）总概算表（表6-5）为采用三级编制形式的总概算的表格；

2）总概算表（表6-6）为采用二级编制形式的总概算的表格；

3）其他费用表（表6-7）；

4）其他费用计算表（表6-8）；

5）综合概算表（表6-9）为单项工程综合概算的表格；

6）建筑工程概算表（表6-10）为单位工程概算的表格；

7）设备及安装工程概算表（表6-11）为单位工程概算的表格；

8）补充单位估价表（表6-12）；

9）主要设备、材料数量及价格表（表6-13）；

10）进口设备、材料货价及从属费用计算表（表6-16）；

11）工程费用计算程序表（表6-17）。

（3）调整概算对比表。

1）总概算对比表（表6-14）；

2）综合概算对比表（表6-15）。

表 6-1 设计概算封面式样

（工程名称）

设 计 概 算

档 案 号：

共　册　第　册

（编制单位名称）
（工程造价咨询单位执业章）
年　月　日

表 6-2 设计概算签署页式样

（工程名称）

设 计 概 算

档 案 号：

共 册 第 册

编 制 人：_____［执业（从业）印章］_____

审 核 人：_____［执业（从业）印章］_____

审 定 人：_____［执业（从业）印章］_____

法定负责人：_____

表 6-3 设计概算目录式样

序号	编号	名称	页次
1		编制说明	
2		总概算表	
3		其他费用表	
4		预备费计算表	
5		专项费用计算表	
6		×××综合概算表	
7		×××综合概算表	
		⋯⋯⋯	
8		×××单项工程概算表	
9		×××单项工程概算表	
		⋯⋯⋯	
10		补充单位估价表	
11		主要设备、材料数量及价格表	
12		概算相关资料	

表 6-4 编制说明式样

编制说明

1 工程概况。

2 主要技术经济指标。

3 编制依据。

4 工程费用计算表。

1)建筑工程工程费用计算表;

2)工艺安装工程工程费用计算表;

3)配套工程工程费用计算表;

4)其他工程工程费计算表。

5 引进设备、材料有关费率取定及依据:国外运输费、国外运输保险费、海关税费、增值税、国内运杂费、其他有关税费。

6 其他有关说明的问题。

7 引进设备、材料从属费用计算表。

表 6-5　　　　　　　　　　　　　　总概算表(三级编制形式)

总概算编号：_____　　　工程名称：_____　　　　　　　（单位：万元）　共　页　第　页

序号	概算编号	工程项目或费用名称	建筑工程费	设备购置费	安装工程费	其他费用	合计	其中：引进部分		占总投资比例(%)
								美元	折合人民币	
一		工程费用								
1		主要工程								
		×××××								
		×××××								
2		辅助工程								
		×××××								
3		配套工程								
		×××××								
二		其他费用								
1		×××××								
2		×××××								
三		预备费								
四		专项费用								
1		×××××								
2		×××××								
		建设项目概算总投资								

编制人：　　　　　　　　　　　审核人：　　　　　　　　　　　审定人：

表 6-6   **总概算表(二级编制形式)**

总概算编号:_____   工程名称:_____   (单位: 万元) 共 页 第 页

序号	概算编号	工程项目或费用名称	建筑工程费	设备购置费	安装工程费	其他费用	合计	其中:引进部分		占总投资比例(%)
								美元	折合人民币	
一		工程费用								
1		主要工程								
(1)	×××	××××××								
(2)	×××	××××××								
2		辅助工程								
(1)	×××	××××××								
3		配套工程								
(1)	×××	××××××								
二		其他费用								
1		××××××								
2		××××××								
三		预备费								
四		专项费用								
1		××××××								
2		××××××								
		建设项目概算总投资								

编制人: 审核人: 审定人:

表 6-7　　　　　　　　　　　　　　　　**其他费用表**

工程名称:＿＿＿＿＿＿＿＿＿＿＿　　　　　　　　　　〔单位: 万元(元)〕 共　页 第　页

序号	费用项目编号	费用项目名称	费用计算基数	费率(%)	金额	计算公式	备注
1							
2							

编制人:　　　　　　　　　　　审核人:

表 6-8　　　　　　　　　　　　　　　　**其他费用计算表**

其他费用编号:＿＿＿＿＿　费用名称:＿＿＿＿＿　　　　　　〔单位: 万元(元)〕 共　页 第　页

序号	费用项目编号	费用项目名称	费用计算基数	费率(%)	金额	计算公式	备注

编制人:　　　　　　　　　　　审核人:

表 6-9　　　　　　　　　　　　　　　　**综合概算表**

综合概算编号:＿＿＿＿　工程名称(单项工程):＿＿＿＿　　　　　(单位: 万元) 共　页 第　页

序号	概算编号	工程项目或费用名称	设计规模或主要工程量	建筑工程费	设备购置费	安装工程费	其他费用	合计	其中:引进部分 美元	折合人民币
一		主要工程								
1	×××	××××××								
2	×××	××××××								
二		辅助工程								
1	×××	××××××								
2	×××	××××××								
三		配套工程								
1	×××	××××××								
2	×××	××××××								
		单项工程概算费用合计								

编制人:　　　　　　　　　审核人:　　　　　　　　　审定人:

表 6-10 建筑工程概算表

单位工程概算编号:_____ 工程名称(单项工程):_____ 共 页 第 页

序号	定额编号	工程项目或费用名称	单位	数量	单价(元)				合价(元)			
					定额基价	人工费	材料费	机械费	金额	人工费	材料费	机械费
一		土石方工程										
1	××	×××××										
2	××	×××××										
二		砌筑工程										
1	××	×××××										
三		楼地面工程										
1	××	×××××										
		小 计										
		工程综合取费										
		单位工程概算费用合计										

编制人: 审核人:

表 6-11 设备及安装工程概算表

单位工程概算编号:_____ 工程名称(单项工程):_____ 共 页 第 页

序号	定额编号	工程项目或费用名称	单位	数量	单价(元)					合价(元)				
					设备费	主材费	定额基价	其中:		设备费	主材费	定额费	其中:	
								人工费	机械费				人工费	机械费
一		设备安装												
1	××	×××××												
2	××	×××××												
二		管道安装												
1	××	×××××												
三		防腐保温												
1	××	×××××												
		小 计												
		工程综合取费												
		合计(单位工程概算费用)												

编制人: 审核人:

表 6-12 补充单位估价表

子目名称： 工作内容： 共 页 第 页

补充单位估价表编号				
定 额 基 价				
人工费				
材料费				
机械费				
名　　称	单位	单价	数　　量	
综合工日				
材				
料				
其他材料费				
机				
械				

编制人： 审核人：

表 6-13 主要设备、材料数量及价格表

序号	设备、材料	规格型号及材质	单位	数量	单价(元)	价格来源	备注

编制人： 审核人：

表 6-14   总概算对比表

总概算编号：_____   工程名称：_____   （单位：万元） 共 页 第 页

序号	工程项目或费用名称	原批准概算						调整概算						差额(调整概算－原批准概算)	备注
		建筑工程费	设备购置费	安装工程费	其他费用	合计		建筑工程费	设备购置费	安装工程费	其他费用	合计			
一	工程费用														
1	主要工程														
(1)	××××××														
(2)	××××××														
2	辅助工程														
(1)	××××××														
3	配套工程														
(1)	××××××														
二	其他费用														
1	××××××														
2	××××××														
三	预备费														
四	专项费用														
1	××××××														
2	××××××														
	建设项目概算总投资														

编制人：   审核人：

表 6-15　　　　　　　　　　　　　　**综合概算对比表**

综合概算编号：_____　工程名称：_____　　　　　　（单位：万元）　共　页第　页

序号	工程项目或费用名称	原批准概算					调整概算					差额（调整概算－原批准概算）	调整的主要原因
		建筑工程费	设备购置费	安装工程费	其他费用	合计	建筑工程费	设备购置费	安装工程费	其他费用	合计		
一	主要工程												
1	×××××												
2	×××××												
二	辅助工程												
(1)	×××××												
三	配套工程												
1	×××××												
2	×××××												
	单项工程概算费用合计												

编制人：　　　　　　　　　　　　　　　审核人：

表 6-16　　　　　　　　　　**进口设备、材料货价及从属费用计算表**

序号	设备、材料规格、名称及费用名称	单位	数量	单价（美元）	外币金额（美元）					折合人民币（元）	关税	增值税	银行财务费	外贸手续费	国内运杂费	合计	合计（元）
					货价	运输费	保险费	其他费用	合计								

编制人：　　　　　　　　　　　　　　　审核人：

表 6-17 　　　　　　　　　　　　工程费用计算程序表

序　号	费用名称	取费基础	费　率	计算公式

三、安装工程设计概算的审查

1. 设计概算审查的内容

(1)审查设计概算的编制依据。包括国家综合部门的文件,国务院主管部门和各省、市、自治区根据国家规定或授权制定的各种规定及办法,以及建设项目的设计文件等重点审查。

1)审查编制依据的合法性。采用的各种编制依据必须经过国家或授权机关的批准,符合国家的编制规定,未经批准的不能采用。也不能强调情况特殊,擅自提高概算定额、指标或费用标准。

2)审查编制依据的时效性。各种依据,如定额、指标、价格、取费标准等,都应根据国家有关部门的现行规定进行,注意有无调整和新的规定。有的虽然颁发时间较长,但不能全部适用;有的应按有关部门作的调整系数执行。

3)审查编制依据的适用范围。各种编制依据都有规定的适用范围,如各主管部门规定的各种专业定额及其取费标准,只适用于该部门的专业工程;各地区规定的各种定额及其取费标准,只适用于该地区的范围以内。特别是地区的材料预算价格区域性更强,如某市有该市区的材料预算价格,又编制了郊区内一个矿区的材料预算价格,如在该市的矿区建设时,其概算采用的材料预算价格,则应用矿区的价格,而不能采用该市的价格。

(2)审查概算编制深度。

1)审查编制说明。审查编制说明可以检查概算的编制方法、深度和编制依据等重大原则问题。

2)审查概算编制深度。一般大中型项目的设计概算,应有完整的编制说明和"三级概算"(即总概算表、单项工程综合概算表、单位工程概算表),并按有关规定的深度进行编制。审查是否有符合规定的"三级概算",各级概算的编制、校对、审核是否按规定签署。

3)审查概算的编制范围。审查概算编制范围及具体内容是否与主管部门批准的建设项目范围及具体工作内容一致;审查分期建设项目的建筑范围及具体工作内容有无重复交叉,是否重复计算或漏算;审查其他费用所列的项目是否都符合规定,静态投资、动态投资和经营性项目铺底流动资金是否分部列出等。

(3)审查建设规模、标准。审查概算的投资规模、生产能力、设计标准、建设用地、建筑面积、主要设备、配套工程、设计定员等是否符合原批准可行性研究报告或立项批文的标准。如概算总投资超过原批准投资估算10%以上，应进一步审查超估算的原因。

(4)审查设备规格、数量和配置。工业建设项目设备投资比重大，一般占总投资的30%～50%，要认真审查。审查所选用的设备规格、台数是否与生产规模一致，材质、自动化程度有无提高标准，引进设备是否配套、合理，备用设备台数是否适当，消防、环保设备是否计算等。还要重点审查价格是否合理、是否符合有关规定，如国产设备应按当时询价资料或有关部门发布的出厂价、信息价，引进设备应依据询价或合同价编制概算。

(5)审查工程费。建筑安装工程投资是随工程量增加而增加的，要认真审查。要根据初步设计图纸、概算定额及工程量计算规则、专业设备材料表、建构筑物和总图运输一览表进行审查，有无多算、重算、漏算。

(6)审查计价指标。审查建筑工程采用工程所在地区的计价定额、费用定额、价格指数和有关人工、材料、机械台班单价是否符合现行规定；审查安装工程所采用的专业部门或地区定额是否符合工程所在地区的市场价格水平，概算指标调整系数、主材价格、人工、机械台班和辅材调整系数是否按当地最新规定执行；审查引进设备安装费率或计取标准、部分行业专业设备安装费率是否按有关规定计算等。

(7)审查其他费用。工程建设其他费用投资占项目总投资25%以上，必须认真逐项审查。审查费用项目是否按国家统一规定计列，具体费率或计取标准、部分行业专业设备安装费率是否按有关规定计算等。

2. 设计概算审查的方法

(1)对比分析法。对比分析法主要是通过建设规模、标准与立项批文对比；工程数量与设计图纸对比；综合范围、内容与编制方法、规定对比；各项取费与规定标准对比；材料、人工单价与市场住处对比；引进设备、技术投资与报价要求对比；技术经济指标与同类工程对比等。通过以上对比，容易发现设计概算存在的主要问题和偏差。

(2)查询核实法。查询核实法是对一些关键设备和设施、重要装置、引进工程图纸不全、难以核算的较大投资进行多方查询核对，逐项落实的方法。主要设备的市场价向设备供应部门或招标代理公司查询核实；重要生产装置、设施向同类企业（工程）查询了解；引进设备价格及有关税费向进出口公司调查落实；复杂的建安工程向同类工程的建设、承包、施工单位征求意见；深度不够或不清楚的问题直接向原概算编制人员、设计者询问清楚。

(3)联合会审法。联合会审前，可先采取多种形式分头审查，包括设计单位自审，主管、建设、承包单位初审，工程造价咨询公司评审，邀请同行专家预审，审批部门复审等，经层层审查把关后，由有关单位和专家进行联合会审。在会审会上，由设计单位介绍概算编制情况及有关问题，各有关单位、专家汇报初审和预审意见。然后进行认真分析、讨论，结合对各专业技术方案的审查意见所产生的投资增减，逐一核实原概算出现的问题。经过充分协商，认真听取设计单位意见后，实事求是地处理、调整。通过以上复审后，对审查中发现的问题和偏差，按照单项、单位工程的顺序，先按设备费、安装费、建筑费和工程建设其他费用分类整理；然后按照静态投资部分、动态投资部分和铺底流动资金三大类，汇总核增或核减的项目及其投资额；最后将具体审核数据，按照"原编"、"审核结果"、"增减投资"、"增减幅度"四栏列表，并按照原总概算表汇总顺序，将增减项目逐一列出，相应调整所属项目投资合计数，再依次汇总审核后的总投资及增减投资额。对于差错较多、问题较大或不能满足要求的，责成按会审意见修改返工后，重新报批；对于无重大原则问题,深度基本满足要求,投资增减不多的,当场核定概算投资额,并提交审批部门复核后,正式下达审批概算。

3. 设计概算审查的步骤

设计概算审查是一项复杂而细致的技术经济工作,审查人员既应懂得有关专业技术知识,又应具有熟练编制概算的能力,一般情况下可按以下步骤进行:

(1)概算审查的准备。概算审查的准备工作包括了解设计概算的内容组成、编制依据和方法;了解建设规模、设计能力和工艺流程;熟悉设计图纸和说明书;掌握概算费用的构成和有关技术经济指标;明确概算各种表格的内涵;收集概算定额、概算指标、取费标准等有关规定的文件资料等。

(2)进行概算审查。根据审查的主要内容,分别对设计概算的编制依据、单位工程设计概算、综合概算、总概算进行逐级审查。

(3)进行技术经济对比分析。利用规定的概算定额或指标以及有关技术经济指标与设计概算进行分析对比,根据设计和概算列明的工程性质、结构类型、建设条件、费用构成、投资比例、占地面积、生产规模、设备数量、造价指标、劳动定员等与国内外同类型工程规模进行对比分析,从大的方面找出和同类型工程的距离,为审查提供线索。

(4)研究、定案、调整概算。对概算审查中出现的问题要在对比分析、找出差距的基础上深入现场进行实际调查研究。了解设计是否经济合理、概算编制依据是否符合现行规定和施工现场实际、有无扩大规模、多估投资或预留缺口等情况,并及时核实概算投资。对于当地没有同类型的项目而不能进行对比分析时,可向国内同类型企业进行调查,收集资料,作为审查的参考。经过会审决定的定案问题应及时调整概算,并经原批准单位下发文件。

第二节　安装工程施工图预算编制与审查

一、施工图预算概述

1. 施工图预算的含义

施工图预算是在设计的施工图完成以后,以施工图为依据,根据预算定额、费用标准以及工程所在地区的人工、材料、施工机械设备台班的预算价格编制的,是确定建筑工程、安装工程预算造价的文件。

2. 施工图预算的作用

(1)建设工程施工图预算是招标投标的重要基础,既是工程量清单的编制依据,也是标底编制的依据。招标投标法实施以来,市场竞争日趋激烈,施工企业一般根据自身特点确定报价,传统的施工图预算在投标报价中的作用将逐渐弱化,但是,施工图预算的原理、依据、方法和编制程序,仍是投标报价的重要参考资料。

(2)施工图预算是施工单位在施工前组织材料、机具、设备及劳动力供应的重要参考,是施工企业编制进度计划、统计完成工作量、进行经济核算的参考依据,是甲乙双方办理工程结算和拨付工程款的参考依据,也是施工单位拟定降低成本措施和按照工程量清单计算结果、编制施工预算的依据。

(3)对于工程造价管理部门来说,施工图预算是监督、检查执行定额标准,合理确定工程造价、测算造价指数的依据。

3. 施工图预算的形式

施工图预算有单位工程预算、单项工程预算和建设项目总预算。单位工程预算是根据施工图设计文件、现行预算定额、费用定额以及人工、材料、设备、机械台班等预算价格资料,编制单位工程的施工图预算;然后汇总所有各单位工程施工图预算,成为单项工程施工图预算;再汇总各所有单项工程施工图预算,便是一个建设项目建筑安装工程的总预算。单位工程预算结构如图6-2所示。

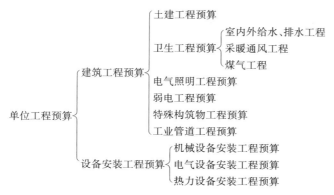

图 6-2　单位工程预算结构图

二、施工图预算文件组成及常用表格

1. 施工图预算文件组成

施工图预算根据建设工程实际情况可采用三级预算编制或二级预算编制形式。当建设项目有多个单项工程时,应采用三级预算编制形式,三级预算编制形式由建设项目施工图总预算、单项工程综合预算、单位工程施工图预算组成。当建设项目只有一个单项工程时,应采用二级预算编制形式,二级预算编制形式由建设工程施工图总预算和单位工程施工图预算组成。

(1)三级预算编制形式的工程预算文件的组成如下:

1)封面、签署页及目录;

2)编制说明;

3)总预算表;

4)综合预算表;

5)单位工程预算表;

6)附件。

(2)二级预算编制形式的工程预算文件的组成如下:

1)封面、签署页及目录;

2)编制说明;

3)总预算表;

4)单位工程预算表;

5)附件。

2. 施工图预算常用表格

(1)建设工程施工图预算文件的封面、签署页、目录、编制说明式样见表6-18~表6-21。

表 6-18　　　　　　　　　　　　**工程预算封面式样**

(工程名称)

设 计 预 算

档 案 号:

共　册　　第　册

【设计(咨询)单位名称】
证书号(公章)
年　月　日

表 6-19　　　　　　　　　　　工程预算签署页式样

（工程名称）

工 程 预 算

档 案 号：

共　册　　第　册

编 制 人：＿＿＿＿＿＿（执业或从业印章）＿＿＿＿＿＿

审 核 人：＿＿＿＿＿＿（执业或从业印章）＿＿＿＿＿＿

审 定 人：＿＿＿＿＿＿（执业或从业印章）＿＿＿＿＿＿

法定代表人或其授权人：＿＿＿＿＿＿＿＿＿＿＿＿＿＿＿

表 6-20 工程预算文件目录式样

序 号	编 号	名 称	页 次
1		编制说明	
2		总预算表	
3		其他费用表	
4		预备费计算表	
5		专项费用计算表	
6		×××综合预算表	
7		×××综合预算表	
		…	
9		×××单项工程预算表	
10		×××单位工程预算表	
		…	
12		补充单位估价表	
13		主要设备、材料数量及价格表	
14		…	

表 6-21 编制说明式样

编 制 说 明

1. 工程概况
2. 主要技术经济指标
3. 编制依据
4. 工程费用计算表
建筑、设备、安装工程费用计算方法和其他费用计取的说明
5. 其他有关说明的问题

(2)建设项目施工图预算文件的预算表格包括以下类别：

1)总预算表(表 6-22 和表 6-23)；

2)其他费用表(表 6-24)；

3)其他费用计算表(表 6-25)；

4)综合预算表(表 6-26)；

5)建筑工程取费表(表 6-27)；

6)建筑工程预算表(表 6-28)；

7)设备及安装工程取费表(表 6-29)；

8)设备及安装工程预算表(表 6-30)；

9)补充单位估价表(表 6-31);

10)主要设备材料数量及价格表(表 6-32);

11)分部工程工料分析表(表 6-33);

12)分部工程工种数量分析汇总表(表 6-34);

13)单位工程材料分析汇总表(表 6-35);

14)进口设备材料货价及从属费用计算表(表 6-36)。

表 6-22   **总预算表**

总预算编号:_____ 工程名称:_____ (单位:万元) 共 页第 页

序号	预算编号	工程项目或费用名称	建筑工程费	设备购置费	安装工程费	其他费用	合计	其中:引进部分		占总投资比例(%)
								美元	折合人民币	
一		工程费用								
1		主要工程								
		××××××								
		××××××								
2		辅助工程								
		××××××								
3		配套工程								
		××××××								
二		其他费用								
1		××××××								
2		××××××								
三		预备费								
四		专项费用								
1		××××××								
2		××××××								
		建设项目预算总投资								

编制人: 审核人: 项目负责人:

表 6-23　　　　　　　　　　　　　　　　　**总预算表**

总预算编号：_____　　工程名称：_____　　　　（单位：万元）共　页第　页

序号	预算编号	工程项目或费用名称	设计规格或主要工程量	建筑工程费	设备购置费	安装工程费	其他费用	合计	其中:引进部分		占总投资比例(%)
									美元	折合人民币	
一		工程费用									
1		主要工程									
(1)	×××	×××××									
(2)	×××	×××××									
2		辅助工程									
(1)	×××	×××××									
3		配套工程									
(1)	×××	×××××									
二		其他费用									
1		×××××									
2		×××××									
三		预备费									
四		专项费用									
1		×××××									
2		×××××									
		建设项目预算总投资									

编制人：　　　　　　　　　　　　审核人：　　　　　　　　　　　　项目负责人：

表 6-24　　　　　　　　　　　　　　　　　**其他费用表**

工程名称：_____　　　　　　　　　　（单位:万元）共　页第　页

序号	费用项目编号	费用项目名称	费用计算基数	费率(%)	金额	计算公式	备注
1							
2							
		合　计					

编制人：　　　　　　　　　　　　审核人：

表 6-25 其他费用计算表

其他费用编号:＿＿＿＿＿ 费用名称:＿＿＿＿＿ （单位:万元） 共 页第 页

序号	费用项目名称	费用计算基数	费率(%)	金额	计算公式	备注
	合 计					

编制人: 审核人:

表 6-26 综合预算表

综合预算编号:＿＿＿＿ 工程名称(单项工程):＿＿＿＿ （单位:万元） 共 页第 页

序号	预算编号	工程项目或费用名称	设计规模或主要工程量	建筑工程费	设备购置费	安装工程费	合计	其中:引进部分	
								美元	折合人民币
一		主要工程							
1	×××	××××××							
2	×××	××××××							
二		辅助工程							
1	×××	××××××							
2	×××	××××××							
三		配套工程							
1	×××	××××××							
2	×××	××××××							
		单项工程预算费用合计							

编制人: 审核人: 项目负责人:

表 6-27   **建筑工程取费表**

单项工程预算编号:____ 工程名称(单位工程):____   共　页第　页

序号	工程项目或费用名称	表达式	费率(%)	合价(元)
1	分部分项工程费			
2	措施项目费			
2.1	其中:安全文明施工费			
3	其他项目费			
3.1	其中:暂列金额			
3.2	其中:专业工程暂估价			
3.3	其中:计日工			
3.4	其中:总承包服务费			
4	规费			
5	税金(扣除不列入计税范围的工程设备金额)			
6	单位建筑工程费用			

编制人: 审核人:

表 6-28   **建筑工程预算表**

单项工程预算编号:____ 工程名称(单位工程):____   共　页第　页

序号	定额号	工程项目或定额名称	单位	数量	单价(元)	其中人工费(元)	合价(元)	其中人工费(元)
一		土石方工程						
1	×××	×××××						
2	×××	×××××						
二		砌筑工程						
1	×××	×××××						
2	×××	×××××						
三		楼地面工程						
1	×××	×××××						
2	×××	×××××						
		分部分项工程费						

编制人: 审核人:

表 6-29　　　　　　　　　　　**设备及安装工程取费表**

单项工程预算编号：＿＿＿　工程名称（单位工程）：＿＿＿　　　　　　　　　　　　　共　页第　页

序号	工程项目或费用名称	表达式	费率（％）	合价（元）
1	分部分项工程费			
2	措施项目费			
2.1	其中:安全文明施工费			
3	其他项目费			
3.1	其中:暂列金额			
3.2	其中:专业工程暂估价			
3.3	其中:计日工			
3.4	其中:总承包服务费			
4	规费			
5	税金(扣除不列入计税范围的工程设备金额)			
6	单位设备及安装工程费用			

编制人：　　　　　　　　　　　审核人：

表 6-30　　　　　　　　　　　**设备及安装工程预算表**

单项工程预算编号：＿＿＿　工程名称（单位工程）：＿＿＿　　　　　　　　　　　　　共　页第　页

序号	定额号	工程项目或定额名称	单位	数量	单价（元）	其中人工费（元）	合价（元）	其中人工费（元）	其中设备费（元）	其中主材费（元）
一		设备安装								
1	×××	×××××								
2	×××	×××××								
二		管道安装								
1	×××	×××××								
2	×××	×××××								
三		防腐保温								
1	×××	×××××								
2	×××	×××××								
		分部分项工程费								

编制人：　　　　　　　　　　　审核人：

表 6-31 补充单位估价表

子目名称：_____　　　　工作内容：_____　　　　共　页第　页

补充单位估价表编号					
基价					
人工费					
材料费					
机械费					
名　　称	单位	单价	数　　量		
综合工日					
材					
料					
其他材料费					
机					
械					

编制人：　　　　　　　　　　　　审核人：

表 6-32 主要设备材料数量及价格表

序号	设备材料名称	规格型号	单位	数量	单价(元)	价格来源	备注

编制人：　　　　　　　　　　　　审核人：

表 6-33 分部工程工料分析表

项目名称：_____ 编号：_____

序号	定额编号	分部(项)工程名称	单位	工程量	人工(工日)	主要材料					其他材料费(元)
						材料1	材料2	材料3	材料4	…	

编制人： 审核人：

表 6-34 分部工程工种数量分析汇总表

项目名称：_____ 编号：_____

序 号	工 种 名 称	工 日 数	备 注
1	木工		
2	瓦工		
3	钢筋工		
…	…		

编制人： 审核人：

表 6-35 单位工程材料分析汇总表

项目名称：_____ 编号：_____

序 号	材料名称	规 格	单 位	数 量	备 注
1	红砖				
2	中砂				
3	河流石				
…	…				

编制人： 审核人：

表 6-36 进口设备材料货价及从属费用计算表

序号	设备、材料规格、名称及费用名称	单位	数量	单价(美元)	外币金额(美元)					折合人民币(元)	人民币金额(元)						合计(元)
					货价	运输费	保险费	其他费用	合计		关税	增值税	银行财务费	外贸手续费	国内运杂费	合计	

编制人： 审核人：

三、安装工程施工图预算编制

(一)施工图预算编制的依据

(1)国家、行业、地方政府发布的计价依据、有关法律法规或规定。

(2)建设项目有关文件、合同、协议等。

(3)批准的设计概算。

(4)批准的施工图设计图纸及相关标准图集和规范。

(5)相应预算定额和地区单位估价表。

(6)合理的施工组织设计和施工方案等文件。

(7)项目有关的设备、材料供应合同、价格及相关说明书。

(8)项目所在地区有关的气候、水文、地质地貌等的自然条件。

(9)项目的技术复杂程度,以及新技术、专利使用情况等。

(10)项目所在地区有关的经济、人文等社会条件。

(二)施工图预算编制的方法

1. 单位工程预算编制

单位工程预算的编制应根据施工图设计文件、预算定额(或综合单价)以及人工、材料及施工机械台班等价格资料进行编制。其主要编制方法有单价法和实物量法,其中,单价法分为定额单价法和工程量清单单价法。

(1)定额单价法。定额单价法是用事先编制好的分项工程的单位估价表来编制施工图预算的方法。定额单价法编制施工图预算的基本步骤如下:

1)编制前的准备工作。编制施工图预算的过程是具体确定建筑安装工程预算造价的过程。编制施工图预算,不仅应严格遵守国家计价法规、政策,严格按图纸计量,还应考虑施工现场条件因素,是一项复杂而细致的工作,也是一项政策性和技术性都很强的工作,因此,必须事前做好充分准备。准备工作主要包括两个方面:一是组织准备;二是资料的收集和现场情况的调查。

2)熟悉图纸和预算定额以及单位估价表。图纸是编制施工图预算的基本依据。熟悉图纸不但要弄清图纸的内容,还应对图纸进行审核:图纸间相关尺寸是否有正确,设备与材料表上的规格、数量是否与图示相符,详图、说明、尺寸和其他符号是否正确等,若发现错误应及时纠正。另外,还要熟悉标准图以及设计更改通知(或类似文件),这些都是图纸的组成部分,不可遗漏。通过对图纸的熟悉,要了解工程的性质、系统的组成、设备和材料的规格型号和品种,以及有无新材料、新工艺的采用。预算定额和单位估价表是编制施工图预算的计价标准,对其适用范围及定额系数等都要充分了解,做到心中有数,这样才能使预算编制准确、迅速。

3)了解施工组织设计和施工现场情况。编制施工图预算前,应了解施工组织设计中影响工程造价的有关内容。例如,各分部分项工程的施工方法,土方工程中余土外运使用的工具、运距,施工平面图对建筑材料、构件等堆放点到施工操作地点的距离等,以便能正确计算工程量和正确套用或确定某些分项工程的基价。这对于正确计算工程造价、提高施工图预算质量,具有重要意义。

4)划分工程项目和计算工程量。

①划分工程项目。划分的工程项目必须和定额规定的项目一致,这样才能正确地套用定额。不能重复列项计算,也不能漏项少算。

②计算并整理工程量。必须按现行国家计量规范规定的工程量计算规则进行计算,该扣除部分要扣除,不该扣除的部分不能扣除。当按照工程项目装饰工程量全部计算完后,要对工程项目和工程量进行整理,即合并同类项和按序排列,为套用定额、计算分部分项和进行工料分析打下基础。

5)套单价(计算定额基价),即将定额子项中的基价填于预算表单价栏内,并将单价乘以工程量得出合价,将结果填入合价栏。

6)工料分析。工料分析即按分项工程项目,依据定额或单位估价表,计算人工和各种材料的实物耗量,并将主要材料汇总成表。工料分析的方法是首先从定额项目表中分别将各分项工程消耗的每项材料和人工的定额消耗量查出;再分别乘以该工程项目的工程量,得到分项工程工料消耗量,最后将各分项工程工料消耗量加以汇总,得出单位工程人工、材料的消耗数量。

7)计算主材费(未计价材料费)。因为许多定额项目基价为不完全价,即未包括主材费用在内。计算所在地定额基价(基价合计)之后,还应计算出主材费,以便计算工程造价。

8)按费用定额取费,即按有关规定计取措施项目费和其他项目费,以及按相关取费规定计取规费和税金等。

9)计算汇总工程造价。将分部分项工程费、措施项目费、其他项目费、规费和税金相加即为工程预算造价。

(2)工程量清单单价法。工程量清单单价法是指招标人按照设计图纸和国家统一的工程量计算规则提供工程数量,采用综合单价的形式计算工程造价的方法。该综合单价是指完成一个规定计量单位的分部分项工程清单项目或措施清单项目所需的人工费、材料费、施工机具使用费和企业管理费与利润,以及一定范围内的风险费用。

(3)实物量法。实物量法是依据施工图纸和预算定额的项目划分及工程量计算规则,先计算出分部分项工程量,然后套用预算定额(实物量定额)来编制施工图预算的方法。实物量法的优点是能比较及时地反映各种材料、人工、机械的当时当地市场单价计入预算价格,不需调价,反映当时当地的工程价格水平。

2. 综合预算和总预算编制

(1)综合预算造价由组成该单项工程的各个单位工程预算造价汇总而成。

(2)总预算造价由组成该建设项目的各个单项工程综合预算以及经计算的工程建设其他费、预备费、建设期贷款利息、固定资产投资方向调节税汇总而成。

3. 建筑工程预算编制

(1)建筑工程预算费用内容及组成,应符合《建筑安装工程费用项目组成》(建标〔2013〕44号)的有关规定。

(2)建筑工程预算采用"建筑工程预算表"(表6-28),按构成单位工程的分部分项工程编制,根据设计施工图纸计算各分部分项工程量,按工程所在省(自治区、直辖市)或行业颁发的预算定额或单位估价表,以及建筑安装工程费用定额进行编制。

4. 安装工程预算编制

(1)安装工程预算费用组成应符合《建筑安装工程费用项目组成》(建标〔2013〕44号)的有关规定。

(2)安装工程预算采用"设备及安装工程预算表"(表6-30),按构成单位工程的分部分项工程编制,根据设计施工图计算各分部分项工程工程量,按工程所在省(省治区、直辖市)或行业颁发的预算定额或单位估价表,以及建筑安装工程费用定额进行编制计算。

5. 调整预算编制

(1)工程预算批准后,一般情况下不得调整。由于重大设计变更、政策性调整及不可抗力等原因造成的可以调整。

(2)调整预算编制深度与要求、文件组成及表格形式同原施工图预算。调整预算还应对工程预算调整的原因做详尽分析说明,所调整的内容在调整预算总说明中要逐项与原批准预算对比,并编制调整前后预算对比表,分析主要变更原因。在上报调整预算时,应同时提供有关文件和调整依据。

四、安装工程施工图预算审查

1. 施工图预算审查的作用

(1)对降低工程造价具有现实意义。

(2)有利于节约工程建设资金。

(3)有利于发挥领导层、银行的监督作用。

(4)有利于积累和分析各项技术经济指标。

(5)有利于加强固定资产投资管理,节约建设资金。

(6)有利于施工承包合同价的合理确定和控制。因为施工图预算对于招标的工程是编制标底的依据;对于不宜招标工程,它是合同价款结算的基础。

2. 施工图预算审查的内容

审查施工图预算的重点是:工程量计算是否准确;分部、分项单价套用是否正确;各项取费标准是否符合现行规定等方面。

(1)审查定额或单价的套用。具体审查内容包括以下几项:

1)预算中所列各分项工程单价是否与预算定额的预算单价相符;其名称、规格、计量单位和所包括的工作内容是否与预算定额一致。

2)有单价换算时应审查换算的分项工程是否符合定额规定及换算是否正确。

3)使用补充定额和单位计价表时应审查补充定额是否符合编制原则、单位计价表计算是否正确。

(2)审查其他有关费用。其他有关费用包括的内容各地不同,具体审查时应注意是否符合当地规定和定额的要求。

1)是否按本项目的工程性质计取费用、有无高套取费标准。

2)间接费的计取基础是否符合规定。

3)预算外调增的材料差价是否计取分部分项工程费、措施费,有关费用是否做了相应调整。

4)有无将不需安装的设备计取在安装工程的间接费中。

5)有无巧立名目、乱摊费用的情况。利润和税金的审查,重点应放在计取基础和费率是否符合当地有关部门的现行规定、有无多算或重算方面。

3. 施工图预算审查的步骤

(1)做好审查前的准备工作。

1)熟悉施工图纸。施工图纸是编制预算分项工程数量的重要依据,必须全面熟悉了解。一是核对所有的图纸,清点无误后,依次识读;二是参加技术交底,解决图纸中的疑难问题,直至完全掌握图纸。

2)了解预算包括的范围。根据预算编制说明,了解预算包括的工作内容。例如,配套设施、室外管线、道路以及会审图纸后的设计变更等。

3)弄清编制预算采用的单位工程估价表。任何单位估价表或预算定额都有一定的适用范围。根据工程性质,搜集熟悉相应的单价、定额资料,特别是市场材料单价和取费标准等。

(2)选择合适的审查方法,按相应内容审查。由于工程规模、繁简程度不同,施工企业情况也不同,所编工程预算繁简和质量也不同,因此,需针对情况选择相应的审查方法进行审核。

(3)综合整理审查资料,编制调整预算。经过审查,如发现有差错,需要进行增加或核减的,经与编制单位逐项核实,统一意见后,修正原施工图预算,汇总核增减量。

4.施工图预算审查的方法

(1)逐项审查法。逐项审查法又称全面审查法,即按定额顺序或施工顺序,对各分项工程中的工程细目逐项全面详细审查的一种方法。其优点是全面、细致,审查质量高、效果好;缺点是工作量大,时间较长。这种方法适合于一些工程量较小、工艺比较简单的工程。

(2)标准预算审查法。标准预算审查法就是对利用标准图纸或通用图纸施工的工程,先集中力量编制标准预算,以此为准来审查工程预算的一种方法。按标准设计图纸或通用图纸施工的工程,一般上部结构和做法相同,只是根据现场施工条件或地质情况不同,仅对基础部分做局部改变。凡这样的工程,以标准预算为准,对局部修改部分单独审查即可,不需逐一详细审查。该方法的优点是时间短、效果好、易定案;其缺点是适用范围小,仅适用于采用标准图纸的工程。

(3)分组计算审查法。分组计算审查法就是把预算中有关项目按类别划分若干组,利用同组中的一组数据审查分项工程量的一种方法。这种方法首先将若干分部分项工程按相邻且有一定内在联系的项目进行编组,利用同组分项工程间具有相同或相近计算基数的关系,审查一个分项工程数量,由此判断同组中其他几个分项工程的准确程度。该方法特点是审查速度快、工作量小。

(4)对比审查法。对比审查法是当工程条件相同时,用已完工程的预算或未完但已经过审查修正的工程预算对比审查拟建工程的同类工程预算的一种方法。

(5)"筛选"审查法。"筛选"审查法是能较快发现问题的一种方法。建筑工程虽面积和高度不同,但其各分部分项工程的单位建筑面积指标变化却不大。将这样的分部分项工程加以汇集、优选,找出其单位建筑面积工程量、单价、用工的基本数值,归纳为工程量、价格、用工三个单方基本指标,并注明基本指标的适用范围。这些基本指标用来筛分各分部分项工程,对不符合条件的应进行详细审查,若审查对象的预算标准与基本指标的标准不符,就应对其进行调整。"筛选法"的优点是简单易懂,便于掌握,审查速度快,便于发现问题。但问题出现的原因尚需继续审查。该方法适用于审查住宅工程或不具备全面审查条件的工程。

(6)重点审查法。重点审查法就是抓住工程预算中的重点进行审核的一种方法。审查的重点一般是工程量大或者造价较高的各种工程、补充定额、计取的各项费用(计取基础、取费标准)等。重点审查法的优点是突出重点、审查时间短、效果好。

第三节　工程结算与竣工决算编制与审查

一、工程结算概述

(一)工程价款的主要结算方式

我国现行工程价款结算根据不同情况,可采取多种方式。

1. 按月结算

实行旬末或月中预支、月终结算、竣工后清算的方法。跨年度竣工的工程,在年终进行工程盘点,办理年度结算。我国现行建筑安装工程价款结算中,相当一部分是实行按月结算。

2. 竣工后一次结算

建设项目或单项工程全部建筑安装工程建设期在 12 个月以内,或者工程承包合同价值在 100 万元以下的,可以实行工程价款每月月中预支,竣工后一次结算。

3. 分段结算

即当年开工,当年不能竣工的单项工程或单位工程按照工程形象进度,划分不同阶段进行结算。分段结算可以按月预支工程款。分段的划分标准,由各部门、自治区、直辖市、计划单列市规定。

4. 目标结款方式

即在工程合同中,将承包工程的内容分解成不同的控制界面,以业主验收控制界面作为支付工程价款的前提条件。也就是说,将合同中的工作内容分解成不同的验收单元,当承包商完成单元工作内容并经业主(或其委托人)验收后,业主支付构成单元工作内容的工程价款。目标结款方式下,承包商要想获得工程价款,必须按照合同约定的质量标准完成界面内的工作内容;要想尽早获得工程价款,承包商必须充分发挥自己组织实施能力,在保证质量前提下,加快施工进度。这意味着承包商拖延工期时,则业主推迟付款,增加承包商的财务费用、运营成本,降低承包商的收益,客观上使承包商因延迟工期而遭受损失。同样,当承包商积极组织施工,提前完成控制界面内的工作内容,则承包商可提前获得工程价款,增加承包收益,客观上承包商因提前工期而增加了有效利润。同时,因承包商在界面内质量达不到合同约定的标准而业主不予验收,承包商也会因此而遭受损失。可见,目标结款方式实质上是运用合同手段、财务手段对工程的完成进行主动控制。目标结款方式中,对控制界面的设定应明确描述,便于量化和质量控制,同时,要适应项目资金的供应周期和支付频率。

5. 结算双方约定的其他结算方式

施工企业在采用按月结算工程价款方式时,要先取得各月实际完成的工程数量,并计算出已完工程造价。实际完成的工程数量,由施工单位根据有关资料计算,并编制“已完工程月报表”,然后按照发包单位编制“已完工程月报表”,将各个发包单位的本月已完工程造价汇总反映。再根据“已完工程月报表”编制“工程价款结算账单”,与“已完工程月报表”一起,分送发包单位和经办银行,据以办理结算。施工企业在采用分段结算工程价款方式时,要在合同中规定工程部位完工的月份,根据已完工程部位的工程数量计算已完工程造价,按发包单位编制“已完工程月报表”和“工程价款结算账单”。对于工期较短、能在年度内竣工的单项工程或小型建设项目,可在工程竣工后编制“工程价款结算账单”,按合同中工程造价一次结算。“工程价款结算账单”是办理工程价款结算的依据。工程价款结算账单中所列应收工程款应与随同附送的“已完工程月报表”中的工程造价相符,“工程价款结算账单”除了列明应收工程款外,还应列明应扣预收工程款、预收备料款、发包单位供给材料价款等应扣款项,算出本月实收工程款。为了保证工程按期收尾竣工,工程在施工期间,不论工程长短,其结算工程款,一般不得超过承包工程价值的 95%,结算双方可以在 5% 的幅度内协商确定尾款比例,并在工程承包合同中订明。施工企业如已向发包单位出具履约保函或有其他保证的,可以不留工程尾款。

“已完工程月报表”和“工程价款结算账单”的格式见表 6-37、表 6-38。

表 6-37　　　　　　　　　　　　　　已完工程月报表

发包单位名称：　　　　　　　　　　　　年　月　日　　　　　　　　　　　　（单位：元）

单项工程和单位工程名称	合同造价	建筑面积	开竣工日期		实际完成数		备　注
			开工日期	竣工日期	至上月(期)止已完工程累计	本月(期)已完工程	

施工企业：　　　　　　　　　　　　　　　　　　　　　　　　编制日期：　年　月　日

表 6-38　　　　　　　　　　　　　　工程价款结算账单

发包单位名称：　　　　　　　　　　　　年　月　日　　　　　　　　　　　　（单位：元）

单项工程和单位工程名称	合同造价	本月(期)应收工程款	应 扣 款 项			本月(期)实收工程款	尚未归还	累计已收工程款	备注
			合　计	预收工程款	预收备料款				

施工企业：　　　　　　　　　　　　　　　　　　　　　　　　编制日期：　年　月　日

（二）工程结算文件的组成

1. 工程结算编制文件组成

（1）工程结算文件一般由工程结算汇总表、单项工程结算汇总表、单位工程结算表和分部分项（措施、其他、零星）工程结算表及结算编制说明等组成。

（2）工程结算编制说明可根据委托工程项目的实际情况，以单位工程、单项工程或建设项目为对象进行编制，并应说明以下内容：

1）工程概况；

2）编制范围；

3）编制依据；

4）编制方法；

5）有关材料、设备、参数和费用说明；

6)其他有关问题的说明。

(3)工程结算文件提交时,受托人应当同时提供与工程结算相关的附件,包括所依据的发承包合同调价条款、设计变更、工程洽商、材料及设备定价单、调价后的单价分析表等与工程结算相关的书面证明材料。

(4)工程结算编制的参考表格形式见表 6-39～表 6-44。

表 6-39   **工程结算封面格式**

(工程名称)

工 程 结 算

档 案 号:

(编制单位名称)
(工程造价咨询单位执业章)
年 月 日

表 6-40　　　　　　　　　　　工程结算签署页格式

（工程名称）

工　程　结　算

档　案　号：

编　制　人：＿＿＿＿＿＿＿［执业（从业）印章］＿＿＿＿＿＿

审　核　人：＿＿＿＿＿＿＿［执业（从业）印章］＿＿＿＿＿＿

审　定　人：＿＿＿＿＿＿＿［执业（从业）印章］＿＿＿＿＿＿

单位负责人：＿＿＿＿＿＿＿＿＿＿＿＿＿＿＿＿＿＿

表 6-41　　　　　　　　　　　工程结算汇总表

工程名称：　　　　　　　　　　　　　　　　　　　　　第　页共　页

序　号	单项工程名称	金额(元)	备　注
	合　计		

编制人：　　　　　　　　　　审核人：　　　　　　　　　　审定人：

表 6-42 单项工程结算汇总表

单项工程名称： 第 页共 页

序　号	单项工程名称	金额(元)	备　注
合　计			

编制人： 审核人： 审定人：

表 6-43 单位工程结算汇总表

单位工程名称： 第 页共 页

序　号	专业工程名称	金额(元)	备　注
1	分部分项工程费合计		
2	措施项目费合计		
3	其他项目费合计		
4	零星工作费合计		
合　计			

编制人： 审核人： 审定人：

表 6-44 分部分项(措施、其他、零星)工程结算表

工程名称：

序号	项目编码或定额编码	项目名称	计量单位	工程数量	金额(元)		备　注
					单价	合价	
合　计							

编制人： 审核人： 审定人：

2. 工程结算审查文件组成

(1)工程结算审查文件一般由工程结算审查报告、结算审定签署表、工程结算审查汇总对比表、单项工程结算审查汇总对比表、单位工程结算审查汇总对比表、分部分项(措施、其他、零星)工程结算审查对比表以及结算内容审查说明等组成。

(2)工程结算审查报告可根据该委托工程项目的实际情况,以单位工程、单项工程或建设项目为对象进行编制,并应说明以下内容:

1)概述;

2)审查范围;

3)审查原则;

4)审查依据;

5)审查方法;

6）审查程序；

7）审查结果；

8）主要问题；

9）有关建议。

（3）结算审定签署表由结算审查受托人填制，并由结算审查委托单位、结算编制人和结算审查受托人签字盖章，当结算审查委托人与建设单位不一致时，按工程造价咨询合同要求或结算审查委托人的要求，确定是否增加建设单位在结算审定签署表上签字盖章。

（4）结算内容审查说明应阐述以下内容：

1）主要工程子目调整的说明；

2）工程数量增减变化较大的说明；

3）子目单价、材料、设备、参数和费用有重大变化的说明；

4）其他有关问题的说明。

（5）工程结算审查书的参考表格形式见表 6-45～表 6-51。

表 6-45　　　　　　　　　　**工程结算审查书封面格式**

（工程名称）

工程结算审查书

档　案　号：

（编制单位名称）
（工程造价咨询单位执业章）
年　月　日

表 6-46   工程结算审查书签署页格式

（工程名称）

工程结算审查书

档 案 号：

编 制 人：_____［执业（从业）印章］_____

审 核 人：_____［执业（从业）印章］_____

审 定 人：_____［执业（从业）印章］_____

单位负责人：_____

表 6-47 结算审定签署表

（金额单位:元）

工程名称			工程地址		
发包人单位			承包人单位		
委托合同书编号			审定日期		
报审结算造价			调整金额（＋、—）		
审定结算造价	大写			小写	
委托单位 （签章）	建设单位 （签章）		承包单位 （签章）	审查单位 （签章）	
代表人(签章、字)	代表人(签章、字)		代表人(签章、字)	代表人(签章、字) 技术负责人(执业章)	

表 6-48 工程结算审查汇总对比表

项目名称:

（金额单位:元）

序号	单项工程名称	报审结算金额	审定结算金额	调整金额	备 注
	合 计				

编制人: 审核人: 审定人:

表 6-49 单项工程结算审查汇总对比表

单项工程名称:

（金额单位:元）

序号	单位工程名称	原结算金额	审查后金额	调整金额	备 注
	合 计				

编制人: 审核人: 审定人:

表 6-50 单位工程结算审查汇总对比表

单位工程名称： （金额单位：元）

序号	专业工程名称	原结算金额	审查后金额	调整金额	备 注
1	分部分项工程费合计				
2	措施项目费合计				
3	其他项目费合计				
4	零星工作费合计				
	合 计				

编制人： 审核人： 审定人：

表 6-51 分部分项(措施、其他、零星)工程结算审查对比表

分部分项(措施、其他、零星)工程名称： （金额单位：元）

序号	项目名称	结算报审金额					结算审定金额					调整金额	备注
		项目编码或定额号	单位	数量	单价	合价	项目编码或定额号	单位	数量	单价	合价		
	合计												

编制人： 审核人： 审定人：

二、工程结算的编制

(一)工程结算编制依据

工程结算的编制依据主要有以下内容：

(1)国家有关法律、法规、规章制度和相关的司法解释。

(2)国务院建设行政主管部门以及各省、自治区、直辖市和有关部门发布的工程造价计价标准、计价办法、有关规定及相关解释。

(3)施工发承包合同、专业分包合同及补充合同,有关材料、设备采购合同。

(4)招投标文件,包括招标答疑文件、投标承诺、中标报价书及其组成内容。

(5)工程竣工图或施工图、施工图会审记录,经批准的施工组织设计,以及设计变更、工程洽商和相关会议纪要。

(6)经批准的开、竣工报告或停、复工报告。

(7)建设工程工程量清单计价规范或工程预算定额、费用定额及价格信息、调价规定等。

(8)工程预算书。

(9)影响工程造价的相关资料。

(10)结算编制委托合同。

（二）工程结算编制要求

（1）工程结算一般经过发包人或有关单位验收合格且点交后方可进行。

（2）工程结算应以施工发承包合同为基础，按合同约定的工程价款调整方式对原合同价款进行调整。

（3）工程结算应核查设计变更、工程洽商等工程资料的合法性、有效性、真实性和完整性。对有疑义的工程实体项目，应视现场条件和实际需要核查隐蔽工程。

（4）建设项目由多个单项工程或单位工程构成的，应按建设项目划分标准的规定，将各单项工程或单位工程竣工结算汇总，编制相应的工程结算书，并撰写编制说明。

（5）实行分阶段结算的工程，应将各阶段工程结算汇总，编制工程结算书，并撰写编制说明。

（6）实行专业分包结算的工程，应将各专业分包结算汇总在相应的单位工程或单项工程结算内，并撰写编制说明。

（7）工程结算编制应采用书面形式，有电子文本要求的应一并报送与书面形式内容一致的电子版本。

（8）工程结算应严格按工程结算编制程序进行编制，做到程序化、规范化，结算资料必须完整。

（三）工程结算编制程序

（1）工程结算应按准备、编制和定稿三个工作阶段进行，并实行编制人、校对人和审核人分别署名盖章确认的内部审核制度。

（2）结算编制准备阶段。

1）收集与工程结算编制相关的原始资料；

2）熟悉工程结算资料内容，进行分类、归纳、整理；

3）召集相关单位或部门的有关人员参加工程结算预备会议，对结算内容和结算资料进行核对与充实完善；

4）收集建设期内影响合同价格的法律和政策性文件。

（3）结算编制阶段。

1）根据竣工图及施工图以及施工组织设计进行现场踏勘，对需要调整的工程项目进行观察、对照、必要的现场实测和计算，做好书面或影像记录；

2）按既定的工程量计算规则计算需调整的分部分项、施工措施或其他项目工程量；

3）按招投标文件、施工发承包合同规定的计价原则和计价办法对分部分项、施工措施或其他项目进行计价；

4）对于工程量清单或定额缺项以及采用新材料、新设备、新工艺的，应根据施工过程中的合理消耗和市场价格，编制综合单价或单位估价分析表；

5）工程索赔应按合同约定的索赔处理原则、程序和计算方法，提出索赔费用，经发包人确认后作为结算依据；

6）汇总计算工程费用，包括编制分部分项工程费、施工措施项目费、其他项目费、零星工作项目费等表格，初步确定工程结算价格；

7）编写编制说明；

8）计算主要技术经济指标；

9）提交结算编制的初步成果文件待校对、审核。

(4)结算编制定稿阶段。

1)由结算编制受托人单位的部门负责人对初步成果文件进行检查、校对;

2)由结算编制受托人单位的主管负责人审核批准;

3)在合同约定的期限内,向委托人提交经编制人、校对人、审核人和受托人单位盖章确认的正式的结算编制文件。

(四)工程结算编制方法

(1)工程结算的编制应区分施工发承包合同类型,采用相应的编制方法。

1)采用总价合同的,应在合同价基础上对设计变更、工程洽商以及工程索赔等合同约定可以调整的内容进行调整;

2)采用单价合同的,应计算或核定竣工图或施工图以内的各个分部分项工程量,依据合同约定的方式确定分部分项工程项目价格,并对设计变更、工程洽商、施工措施以及工程索赔等内容进行调整;

3)采用成本加酬金合同的,应依据合同约定的方法计算各个分部分项工程以及设计变更、工程洽商、施工措施等内容的工程成本,并计算酬金及有关税费。

(2)工程结算中涉及工程单价调整时,应遵循以下原则:

1)合同中已有适用于变更工程、新增工程单价的,按已有的单价结算;

2)合同中有类似变更工程、新增工程单价的,可以参照类似单价作为结算依据;

3)合同中没有适用或类似变更工程、新增工程单价的,结算编制受托人可商洽承包人或发包人提出适当的价格,经对方确认后作为结算依据。

(3)工程结算编制中涉及的工程单价应按合同要求分别采用综合单价或工料单价。工程量清单计价的工程项目应采用综合单价;定额计价的工程项目可采用工料单价。

(五)工程结算编制内容

(1)工程结算采用工程量清单计价的应包括:

1)工程项目的所有分部分项工程量,以及实施工程项目采用的措施项目工程量;为完成所有工程量并按规定计算的人工费、材料费和设备费、施工机具使用费、企业管理费、利润、规费和税金;

2)分部分项和措施项目以外的其他项目所需计算的各项费用。

(2)工程结算采用定额计价的应包括:套用定额的分部分项工程量、措施项目工程量和其他项目,以及为完成所有工程量和其他项目并按规定计算的人工费、材料费和设备费、施工机具使用费、企业管理费、利润、规费和税金。

(3)采用工程量清单或定额计价的工程结算还应包括:

1)设计变更和工程变更费用;

2)索赔费用;

3)合同约定的其他费用。

三、工程结算的审查

(一)工程结算审查依据

(1)工程结算审查委托合同和完整、有效的工程结算文件。

（2）国家有关法律、法规、规章制度和相关的司法解释。

（3）国务院建设行政主管部门以及各省、自治区、直辖市和有关部门发布的工程造价计价标准、计价办法、有关规定及相关解释。

（4）施工发承包合同、专业分包合同及补充合同，有关材料、设备采购合同；招投标文件，包括招标答疑文件、投标承诺、中标报价书及其组成内容。

（5）工程竣工图或施工图、施工图会审记录，经批准的施工组织设计，以及设计变更、工程洽商和相关会议纪要。

（6）经批准的开、竣工报告或停、复工报告。

（7）建设工程工程量清单计价规范或工程预算定额、费用定额及价格信息、调价规定等。

（8）工程结算审查的其他专项规定。

（9）影响工程造价的其他相关资料。

（二）工程结算审查要求

（1）严禁采取抽样审查、重点审查、分析对比审查和经验审查的方法，避免审查疏漏现象发生。

（2）应审查结算文件和与结算有关的资料的完整性和符合性。

（3）按施工发承包合同约定的计价标准或计价方法进行审查。

（4）对合同未作约定或约定不明的，可参照签订合同时当地建设行政主管部门发布的计价标准进行审查。

（5）对工程结算内多计、重列的项目应予以扣减；对少计、漏项的项目应予以调增。

（6）对工程结算与设计图纸或事实不符的内容，应在掌握工程事实和真实情况的基础上进行调整。工程造价咨询单位在工程结算审查时发现的工程结算与设计图纸或与事实不符的内容应约请各方履行完善的确认手续。

（7）对由总承包人分包的工程结算，其内容与总承包合同主要条款不相符的，应按总承包合同约定的原则进行审查。

（8）工程结算审查文件应采用书面形式，有电子文本要求的应采用与书面形式内容一致的电子版本。

（9）结算审查的编制人、校对人和审核人不得由同一人担任。

（10）结算审查受托人与被审查项目的发承包双方有利害关系，可能影响公正的，应予以回避。

（三）工程结算审查程序

（1）工程结算审查应按准备、审查和审定三个工作阶段进行，并实行编制人、校对人和审核人分别署名盖章确认的内部审核制度。

（2）结算审查准备阶段。

1）审查工程结算手续的完备性、资料内容的完整性，对不符合要求的应退回限时补正；

2）审查计价依据及资料与工程结算的相关性、有效性；

3）熟悉招投标文件、工程发承包合同、主要材料设备采购合同及相关文件；

4）熟悉竣工图纸或施工图纸、施工组织设计、工程状况，以及设计变更、工程洽商和工程索赔情况等。

（3）结算审查阶段。

1)审查结算项目范围、内容与合同约定的项目范围、内容的一致性;

2)审查工程量计算准确性、工程量计算规则与计价规范或定额保持一致性;

3)审查结算单价时,应严格执行合同约定或现行的计价原则、方法。对于清单或定额缺项以及采用新材料、新工艺的,应根据施工过程中的合理消耗和市场价格审核结算单价;

4)审查变更身份证凭据的真实性、合法性、有效性,核准变更工程费用;

5)审查索赔是否依据合同约定的索赔处理原则、程序和计算方法以及索赔费用的真实性、合法性、准确性;

6)审查取费标准时,应严格执行合同约定的费用定额标准及有关规定,并审查取费依据的时效性、相符性;

7)编制与结算相对应的结算审查对比表。

(4)结算审定阶段。

1)工程结算审查初稿编制完成后,应召开由结算编制人、结算审查委托人及结算审查受托人共同参加的会议,听取意见,并进行合理的调整;

2)由结算审查受托人单位的部门负责人对结算审查的初步成果文件进行检查、校对;

3)由结算审查受托人单位的主管负责人审核批准;

4)发承包双方代表人和审查人应分别在"结算审定签署表"上签认并加盖公章;

5)对结算审查结论有分歧的,应在出具结算审查报告前,至少组织两次协调会;凡不能共同签认的,审查受托人可适时结束审查工作,并作出必要说明;

6)在合同约定的期限内,向委托人提交经结算审查编制人、校对人、审核人和受托人单位盖章确认的正式结算审查报告。

(四)工程结算审查方法

(1)工程结算的审查应依据施工发承包合同约定的结算方法进行,根据施工发承包合同类型,采用不同的审查方法。

1)采用总价合同的,应在合同价的基础上对设计变更、工程洽商以及工程索赔等合同约定可以调整的内容进行审查;

2)采用单价合同的,应审查施工图以内的各个分部分项工程量,依据合同约定的方式审查分部分项工程价格,并对设计变更、工程洽商、工程索赔等调整内容进行审查;

3)采用成本加酬金合同的,应依据合同约定的方法审查各个分部分项工程以及设计变更、工程洽商等内容的工程成本,并审查酬金及有关税费的取定。

(2)结算审查中涉及工程单价调整时,参照前述结算编制单价调整的方法实行。

(3)除非已有约定,对已被列入审查范围的内容,结算应采用全面审查的方法。

(4)对法院、仲裁或承发包双方合意共同委托的未确定计价方法的工程结算审查或鉴定,结算审查受托人可根据事实和国家法律、法规和建设行政主管部门的有关规定,独立选择鉴定或审查适用的计价方法。

(五)工程结算审查内容

1. 审查结算的递交程序和资料的完备性

(1)审查结算资料递交手续、程序的合法性,以及结算资料具有的法律效力。

(2)审查结算资料的完整性、真实性和相符性。

2. 审查与结算有关的各项内容

(1)建设工程发承包合同及其补充合同的合法性和有效性。

(2)施工发承包合同范围以外调整的工程价款。

(3)分部分项、措施项目、其他项目工程量及单价。

(4)发包人单独分包工程项目的界面划分和总包人的配合费用。

(5)工程变更、索赔、奖励及违约费用。

(6)取费、税金、政策性高速以及材料价差计算。

(7)实际施工工期与合同工期发生差异的原因和责任,以及对工程造价的影响程度。

(8)其他涉及工程造价的内容。

四、工程竣工决算

(一)竣工决算概念

竣工决算是建设工程经济效益的全面反映,是项目法人核定各类新增资产价值、办理其交付使用的依据。一方面,竣工决算能够正确反映建设工程的实际造价和投资结果;另一方面,可以通过竣工决算与概算、预算的对比分析,考核投资控制的工作成效,总结经验教训,积累技术经济方面的基础资料,提高未来建设工程的投资效益。

(二)竣工决算作用

(1)竣工决算是综合、全面地反映竣工项目建设成果及财务情况的总结性文件,它采用货币指标、实物数量、建设工期和种种技术经济指标综合,全面地反映建设项目自开始建设到竣工为止的全部建设成果和财物状况。

(2)竣工决算是办理交付使用资产的依据,也是竣工验收报告的重要组成部分。建设单位与使用单位在办理交付资产的验收交接手续时,通过竣工决算反映了交付使用资产的全部价值,包括固定资产、流动资产、无形资产和递延资产的价值。同时,它还详细提供了交付使用资产的名称、规格、数量、型号和价值等明细资料,是使用单位确定各项新增资产价值并登记入账的依据。

(3)竣工决算是分析和检查设计概算的执行情况、考核投资效果的依据。竣工决算反映了竣工项目计划、实际的建设规模、建设工期以及设计和实际的生产能力,反映了概算总投资和实际的建设成本,同时,还反映了所达到的主要技术经济指标。通过对这些指标计划数、概算数与实际数进行对比分析,不仅可以全面掌握建设项目计划和概算执行情况,而且可以考核建设项目投资效果,为今后制订基建计划,降低建设成本,提高投资效果提供必要的资料。

(三)竣工决算编制

1. 竣工决算的编制依据

(1)经批准的可行性研究报告及其投资估算。

(2)经批准的初步设计或扩大初步设计及其概算或修正概算。

(3)经批准的施工图设计及其施工图预算。

(4)设计交底或图纸会审纪要。

(5)招标投标的标底、承包合同、工程结算资料。

(6)施工记录或施工签证单,以及其他施工中发生的费用记录,如索赔报告与记录、停(交)工报告等。

(7)竣工图及各种竣工验收资料。

(8)历年基建资料、历年财务决算及批复文件。

(9)设备、材料调价文件和调价记录。

(10)有关财务核算制度、办法和其他有关资料、文件等。

2. 竣工决算的编制步骤

(1)收集、整理、分析原始资料。从建设工程开始就按编制依据的要求,收集、清点、整理有关资料,主要包括建设工程档案资料,如设计文件、施工记录、上级批文、概(预)算文件、工程结算的归集整理,财务处理、财产物资的盘点核实及债权债务的清偿,做到账账、账证、账实、账表相符。对各种设备、材料、工具、器具等要逐项盘点核实并填列清单,妥善保管,或按照国家有关规定处理,不准任意侵占和挪用。

(2)对照、核实工程变动情况,重新核实各单位工程、单项工程造价。将竣工资料与原设计图纸进行查对、核实,必要时可实地测量,确认实际变更情况;根据经审定的施工单位竣工结算等原始资料,按照有关规定对原概(预)算进行增减调整,重新核定工程造价。

(3)将审定后的待摊投资、设备工器具投资、建筑安装工程投资、工程建设其他投资严格划分和核定后,分别计入相应的建设成本栏目内。

(4)编制竣工财务决算说明书,力求内容全面、简明扼要、文字流畅、说明问题。

(5)填报竣工财务决算报表。

(6)做好工程造价对比分析。

(7)清理、装订好竣工图。

(8)按国家规定上报、审批、存档。

3. 竣工决算的内容

竣工决算是建设工程从筹建到竣工投产全过程中发生的所有实际支出,包括设备工器具购置费、建筑安装工程费和其他费用等。竣工决算由竣工财务决算报表、竣工财务决算说明书、竣工工程平面示意图、工程造价比较分析四部分组成。其中竣工财务决算报表和竣工财务决算说明书属于竣工财务决算的内容。竣工财务决算是竣工决算的组成部分,是正确核定新增资产价值、反映竣工项目建设成果的文件,是办理固定资产交付使用手续的依据。

(1)竣工财务决算说明书。竣工财务决算说明书主要反映竣工工程建设成果和经验,是对竣工决算报表进行分析和补充说明的文件,是全面考核分析工程投资与造价的书面总结,其内容主要包括以下几项:

1)建设项目概况,对工程总的评价。一般从进度、质量、安全和造价、施工方面进行分析说明。进度方面主要说明开工和竣工时间,对照合理工期和要求工期分析是提前还是延期;质量方面主要根据竣工验收委员会或相当一级质量监督部门的验收评定等级、合格率和优良品率;安全方面主要根据劳动工资和施工部门的记录,对有无设备和人身事故进行说明;造价方面主要对照概算造价,说明节约还是超支,用金额和百分率进行分析说明。

2)资金来源及运用等财务分析。主要包括工程价款结算、会计账务的处理、财产物资情况及债权债务的清偿情况。

3)基本建设收入、投资包干结余、竣工结余资金的上交分配情况。通过对基本建设投资包干情况的分析,说明投资包干数、实际支用数和节约额、投资包干节余的有机构成和包干节余的分配情况。

4）各项经济技术指标的分析。概算执行情况分析,根据实际投资完成额与概算进行对比分析;新增生产能力的效益分析,说明支付使用财产占总投资额的比例、占支付使用财产的比例,不增加固定资产的造价占投资总额的比例,分析有机构成和成果。

5）工程建设的经验及项目管理和财务管理工作以及竣工财务决算中有待解决的问题。

6）需要说明的其他事项。

（2）竣工财务决算报表。建设项目竣工财务决算报表要根据大、中型建设项目和小型建设项目分别制定。大、中型建设项目竣工决算报表包括:建设项目竣工财务决算审批表,大、中型建设项目概况表,大、中型建设项目竣工财务决算表,大、中型建设项目交付使用资产总表;小型建设项目竣工财务决算报表包括:建设项目竣工财务决算审批表,竣工财务决算总表,建设项目交付使用资产明细表。

1）建设项目竣工财务决算审批表,见表6-52。该表作为竣工决算上报有关部门审批时使用,其格式按照中央级小型项目审批要求设计的,地方级项目可按审批要求做适当修改。

表 6-52　　　　　　　　　　　建设项目竣工财务决算审批表

建设项目法人（建设单位）		建设性质	
建设项目名称		主管部门	
开户银行意见： （盖章） 年　月　日			
专员办审批意见： （盖章） 年　月　日			
主管部门或地方财政部门审批意见： （盖章） 年　月　日			

2）大、中型建设项目竣工工程概况表,见表6-53。该表综合反映大、中型建设项目的基本概况,内容包括该项目总投资、建设起止时间、新增生产能力、主要材料消耗、建设成本、完成主要工程量和主要技术经济指标及基本建设支出情况,为全面考核和分析投资效果提供依据。

表 6-53   大、中型建设项目竣工工程概况表

建设项目 (单项工 程)名称			建设 地址					项目		概算	实际	主要 指标
主要设计 单位			主要施 工企业					建筑安装工程				
占地面积	计划	实际	总投资 (万元)	设计		实际		设备、工具器具				
				固定 资产	流动 资产	固定 资产	流动 资产	待摊投资 其中:建设单位管理费				
								其他投资				
新增生产 能力	能力(效 益)名称		设计	实际			基建 支出	待核销基建支出				
								非经营项目转出投资				
建设起、 止时间	设计		从 年 月开工至 年 月竣工					合　计				
	实际		从 年 月开工至 年 月竣工									
设计概算 批准文号								名称	单位	概算	实际	
完成主要 工程量	建筑面 积(m²)		设备(台、套、t)				主要 材料 消耗	钢材	t			
								木材	m³			
								水泥	t			
	设计	实际	设计		实际		主要 技术 经济 指标					
收尾工程	工程内容		投资额		完成时间							

3)大、中型建设项目竣工财务决算表,见表 6-54。该表反映竣工的大中型建设项目从开工到竣工为止全部资金来源和资金运用的情况,它是考核和分析投资效果,落实结余资金,并作为报告上级核销基本建设支出和基本建设拨款的依据。在编制该表前,应先编制出项目竣工年度财务决算,根据编制出的竣工年度财务决算和历年财务决算编制项目的竣工财务决算。此表采用平衡表形式,即资金来源合计等于资金支出合计。

表 6-54   大、中型建设项目竣工财务决算表   (单位:元)

资金来源	金额	资金占用	金额	补充资料
一、基建拨款		一、基本建设支出		1. 基建投资借款期末余额
1. 预算拨款		1. 交付使用资产		
2. 基建基金拨款		2. 在建工程		2. 应收生产单位投资借款期末余额
3. 进口设备转账拨款		3. 待核销基建支出		
4. 器材转账拨款		4. 非经营项目转出投资		3. 基建结余资金
5. 煤代油专用基金拨款		二、应收生产单位投资借款		

（续）

资金来源	金额	资金占用	金额	补充资料
6. 自筹资金拨款		三、拨款所属投资借款		
7. 其他拨款		四、器材		
二、项目资本金		其中:待处理器材损失		
1. 国家资本		五、货币资金		
2. 法人资本		六、预付及应收款		
3. 个人资本		七、有价证券		
三、项目资本公积金		八、固定资产		
四、基建借款		固定资产原值		
五、上级拨入投资借款		减:累计折旧		
六、企业债券资金		固定资产净值		
七、待冲基建支出		固定资产清理		
八、应付款		待处理固定资产损失		
九、未交款				
1. 未交税金				
2. 未交基建收入				
3. 未交基建包干节余				
4. 其他未交款				
十、上级拨入资金				
十一、留成收入				
合　　计		合　　计		

4）大、中型建设项目交付使用资产总表，见表 6-55。该表反映建设项目建成后新增固定资产、流动资产、无形资产和其他资产价值的情况和价值，作为财产交接、检查投资计划完成情况和分析投资效果的依据。小型项目不编制"交付使用资产总表"，直接编制"交付使用资产明细表"；大、中型项目在编制"交付使用资产总表"的同时，还需编制"交付使用资产明细表"。

表 6-55　　　　　　　大、中型建设项目交付使用资产总表　　　　（单位:元）

单项工程项目名称	总计	固定资产					流动资产	无形资产	其他资产	
		建筑工程	安装工程	设备	其他	合计				
1	2	3	4	5	6	7	8	9	10	

支付单位盖章　　年　　月　　日　　　　　　　　　　接收单位盖章　　年　　月　　日

5）建设项目交付使用资产明细表，见表 6-56。该表反映交付使用的固定资产、流动资产、无形资产和其他资产及其价值的明细情况，是办理资产交接的依据和接收单位登记资产账目的研究，是使用单位建立资产明细账和登记新增资产价值的依据。大、中型和小型建设项目均需编制此表。编制时要做到齐全完整，数字准确，各栏目价值应与会计账目中相应科目的数据保持一致。

表 6-56　　　　　　　　　　　建设项目交付使用资产明细表

单位工程项目名称	建筑工程			设备、工具、器具、家具					流动资产		无形资产		其他资产	
	结构	面积(m²)	价值(元)	规格型号	单位	数量	价值(元)	设备安装费(元)	名称	价值(元)	名称	价值(元)	名称	价值(元)
合计														

支付单位盖章　　年　月　日　　　　　　　　　　　　　　接收单位盖章　　年　月　日

　　6)小型建设项目竣工财务决算总表,见表 6-57。由于小型建设项目内容比较简单,因此,可将工程概况与财务情况合并编制一张"竣工财务决算总表",该表主要反映小型建设项目的全部工程和财务情况。

表 6-57　　　　　　　　　　　小型建设项目竣工财务决算总表

建设项目名称				建设地址				资金来源		资金运用	
初步设计概算批准文号								项目	金额(元)	项目	金额(元)
占地面积	计划	实际	总投资(万元)	计划		实际		一、基建拨款 其中:预算拨款		一、交付使用资产	
				固定资产	流动资金	固定资产	流动资金	二、项目资本		二、待核销基建支出	
								三、项目资本公积金		三、非经营项目转出投资	
新增生产能力	能力(效益)名称	设计	实际					四、基建借款		四、应收生产单位投资借款	
								五、上级拨入借款			
建设起止时间	计划	从　　年　　月开工 至　　年　　月竣工						六、企业债券资金		五、拨付所属投资借款	
	实际	从　　年　　月开工 至　　年　　月竣工						七、待冲基建支出		六、器材	
基建支出	项目			概算(元)	实际(元)			八、应付款		七、货币资金	
	建筑安装工程							九、未付款 其中:未交基建收入 未交包干收入		八、预付及应收款	
	设备、工具、器具									九、有价证券	
	待摊投资 其中:建设单位管理费									十、原有固定资产	
								十、上级拨入资金			
	其他投资							十一、留成收入			
	待核销基建支出										
	非经营性项目转出投资										
	合　　计							合　　计		合　　计	

（3）竣工工程平面示意图。建设工程竣工工程平面示意图是真实地记录各种地上、地下建筑物、构筑物等情况的技术文件，是工程进行交工验收、维护改建和扩建的依据，是国家的重要技术档案。国家规定：各项新建、扩建、改建的基本建设工程，特别是基础、地下建筑、管线、结构、井巷、桥梁、隧道、港口、水坝以及设备安装等隐蔽部位，都要编制竣工图。为确保竣工图质量，必须在施工过程中（不能在竣工后）及时做好隐蔽工程检查记录，整理好设计变更文件。其具体要求如下：

1）凡按图竣工没有变动的，由施工单位（包括总包和分包施工单位，不同）在原施工图上加盖"竣工图"标志后，即作为竣工图。

2）凡在施工过程中，虽有一般性设计变更，但能将原施工图加以修改补充作为竣工图的，可不重新绘制，由施工单位负责在原施工图（必须是新蓝图）上注明修改的部分，并附以设计变更通知单和施工说明，加盖"竣工图"标志后，作为竣工图。

3）凡结构形式改变、施工工艺改变、平面布置改变、项目改变以及有其他重大改变，不宜再在原施工图上修改、补充时，应重新绘制改变后的竣工图。由原设计原因造成的，由设计单位负责重新绘制；由施工原因造成的，由施工单位负责重新绘图；由其他原因造成的，由建设单位自行绘制或委托设计单位绘制。施工单位负责在新图上加盖"竣工图"标志，并附以有关记录和说明，作为竣工图。

4）为了满足竣工验收和竣工决算需要，还应绘制反映竣工工程全部内容的工程设计平面示意图。

（4）工程造价比较分析。对控制工程造价所采取的措施、效果及其动态的变化进行认真的比较对比，总结经验教训。批准的概算是考核建设工程造价的依据。在分析时，可先对比整个项目的总概算，然后将建筑安装工程费、设备工器具费和其他工程费用逐一与竣工决算表中所提供的实际数据和相关资料及批准的概算及预算指标、实际的工程造价进行对比分析，以确定竣工项目总造价是节约还是超支，并在对比的基础上，总结先进经验，找出节约和超支的内容和原因，提出改进措施。在实际工作中，应主要分析以下内容：

1）主要实物工程量。对于实物工程量出入比较大的情况，必须查明原因。

2）主要材料消耗量。考核主要材料消耗量，要按照竣工决算表中所列明的三大材料实际超概算的消耗量，查明是在工程的哪个环节超出量最大，再进一步查明超耗的原因。

3）考核建设单位管理费、建筑及安装工程措施费和企业管理费的取费标准。建设单位管理费、建筑及安装工程措施费和企业管理费的取费标准要按照国家和各地的有关规定，根据竣工决算报表中所列的建设单位管理费与概预算所列的建设单位管理费数额进行比较，依据规定查明是否有多列或少列的费用项目，确定其节约超支的数额，并查明原因。

本 章 思 考 重 点

1. 安装工程设计概算的编制方法与审查内容是什么？
2. 安装工程施工图预算的编制方法与审查内容是什么？
3. 安装工程工程结算的编制方法与审查内容是什么？
4. 安装工程竣工决算的编制方法与审查内容是什么？

第七章　安装工程造价管理

第一节　工程造价管理概述

一、工程造价管理的基本概念

工程造价管理主要指合理确定和有效地控制工程造价。工程造价管理强调全面造价管理。全面造价管理就是有效地使用专业知识和专门技术去计划和控制资源、造价、盈利和风险。按照全面造价管理的思想,工程造价管理工作涉及的范围如下:

(1)工程项目的全过程。

(2)与工程建设有关的各个要素。

(3)业主、承包商、工程师的利益。

(4)建设单位、施工单位、设计单位、咨询单位之间的关系。

二、工程造价管理的类别

按照建设项目不同参与方的工作性质和组织特征,工程造价管理分为业主方的造价管理、设计方的造价管理、施工方的造价管理、供货方的造价管理、建设项目总承包方的造价管理。按照工程建设程序工程造价管理又分为四个阶段,以业主方为例,分述如下:

(1)投资决策阶段的工程造价管理。业主方委托或自行对项目进行财务与国民经济评价、估价或审核估价,进行项目投资前的审批管理。

(2)设计阶段的工程造价管理。在设计准备阶段,造价管理的内容为业主方对单项、单位工程造价限额设置,组织设计招标和方案竞选。在设计阶段,造价管理的内容为审核概预算和施工图预算。

(3)招标投标及施工阶段造价管理。在施工招标投标阶段,主要工作为组织招标与定标;在施工阶段,主要工作为进度款支付控制、变更控制、索赔处理与反索赔、融资等。

(4)竣工阶段及竣工验收与后评价阶段的造价管理。在动用前准备阶段,管理内容为工程结算,把握最后关键,避免通过各种方式套取工程款;在保修阶段,管理内容为保修责任认定与保修费扣留。

三、工程造价信息管理

1. 工程造价信息管理的内容

工程造价信息管理的主要内容包括价格信息、工程造价指数和已完工程信息(工程造价资料)。价格信息是没有经过系统处理的初级数据。其中,人工价格信息分为建筑工程实物工程量人工价格信息和建筑工程人工价格信息;材料价格信息应披露材料类别、规格、单价、供货地区、供货单位以及发布日期等信息;机械价格信息包括设备市场价格信息和设备租赁市场价格信息两部分。

2. 工程造价信息管理的特点

工程造价信息管理的特点有:区域性、多样性、专业性、系统性、动态性、季节性。

3. 工程造价信息管理的分类

(1)从管理组织的角度划分为系统化工程造价信息和非系统化工程造价信息。

(2)按形式划分为文件式工程造价信息和非文件式工程造价信息。

(3)按传递方向划分为横向传递的工程造价信息和纵向传递的工程造价信息。

(4)按反映面划分为宏观工程造价信息和微观工程造价信息。

(5)从时态上划分为过去的工程造价信息、现在的工程造价信息和未来的工程造价信息。

(6)按稳定程度划分为固定工程造价信息和流动工程造价信息。

四、工程造价资料

工程造价资料是指已建成竣工和在建的有使用价值的有代表性的工程设计概算、施工图预算、工程竣工结算、竣工决算、单位工程施工成本以及新材料、新结构、新设备、新施工工艺等建筑安装工程分部、分项的单位分析等资料。工程造价资料的内容如下:

(1)建设项目和单项工程造价资料。

(2)单位工程造价资料。包括工程的内容、建筑结构特征、主要工程量、主要材料的用量和单价、人工工日和人工费以及相应的造价。

(3)其他,包括有关新材料、新工艺、新设备、新技术分部分项工程的人工工日、主要材料用量、机械台班用量。

第二节　工程造价指数

一、工程造价指数的分类

(1)按其所反映的现象范围不同,分为个体指数和总体指数。个体指数指反映个别现象变动情况的指数;总体指数指综合反映不能同时度量的现象动态变化的指数。

(2)按其所反映的现象的性质不同,分为数量指标指数和质量指标指数。数量指标指数是综合反映现象总的规模和水平变动情况的指数。质量指标指数是综合反映现象相对水平或平均水平变动情况的指数。

(3)按照采用的基期不同,分为定基指数和环比指数。定基指数指各个时期指数都是采用同一固定时期为基期计算的,表明社会经济现象对某一固定基期的综合变动程序的指数。环比指数指以前一时期为基期计算的指数,表明社会经济现象对上一期或前一期的综合变动的指数。

(4)按其所编制的方法不同,分为综合指数和平均数指数。综合指数是总指数的基本形式。编制综合指数的目的是综合测定由不同度量单位的许多商品或产品所组成的复杂现象,总体数量方面的总动态平均数指数是综合指数的变形。所谓平均数指数,是以个体指数为基础,通过对个体指数计算加权平均数编制的总指数。

二、工程造价指数的内容与特性

(1)各种单项价格指数。各种单项价格指数反映各类工程的人工费、材料费、施工机械使用费报告期价格对基期价格的变化程序的指标,研究主要单项价格变化的情况及发展变化的趋势,属于个体指数。

(2)设备、工器具价格指数。设备工器具价格指数反映设备、工器具单件采购价格的变化和采购数量的变化,属于总指数,用综合指数表示。

(3)建筑安装工程造价指数,建筑安装工程造价指数属于一种综合指数,用平均数指数形式表示。

(4)建设项目或单项工程造价指数,建设项目或单项工程造价指数属于一种综合指数,用平均数指数的形式表示。

三、工程造价指数的编制

工程价格指数是反映一定时期由于价格变化对工程价格影响程度的指标,它是调整建筑工程价格差价的依据。建筑工程价格指数是报告期与基期价格的比值,可以反映价格变动趋势,用来进行估价和结算,估计价格变动对宏观经济的影响。在社会主义市场经济中,设备、材料和人工费的变化对建筑工程价格的影响日益增大。在建筑市场供求和价格水平发生经常性波动的情况下,建筑工程价格及其各组成部分也处于不断变化之中,使不同时期的工程价格失去可比性,造成了造价控制的困难。编制建筑工程价格指数是解决造价动态控制的最佳途径。建筑工程价格指数因分类标准的不同可分为以下不同的种类,具体如下:

(1)按工程范围、类别和用途分类,可分为单项价格指数和综合价格指数。单项价格指数分别反映各类工程的人工、材料、施工机具及主要设备等报告期价格对基期价格的变化程度。综合价格指数综合反映各类项目或单项工程人工费、材料费、施工机具使用费和设备费等报告期价格对基期价格变化而影响造价的程度,反映造价总水平的变动趋势。

(2)按工程价格资料期限长短分类,可分为时点价格指数、月指数、季指数和年指数。

(3)按不同基期分类,可分为定基指数和环比指数。前者指各期价格与其固定时期价格的比值;后者指各时期价格与前一期价格的比值。建筑工程价格指数可以参照下列公式进行编制:

1)人工、机械台班、材料等要素价格指数的编制,见下式:

$$材料(设备、人工、机械)价格指数=\frac{报告期预算价格}{基期预算价格} \quad (7\text{-}1)$$

2)建筑安装工程价格指数的编制,见下式:

$$建筑安装工程造价指数=\frac{报告期建筑安装工程费}{\frac{报告期人工费}{人工费指数}+\frac{报告期材料费}{材料费指数}+\frac{报告期施工机具使用费}{施工机具使用指数}+\frac{报告期企业管理费}{企业管理费指数}+利润+税金} \quad (7\text{-}2)$$

第三节 工程造价鉴定

发承包双方在履行施工合同过程中,由于不同的利益诉求,有一些施工合同纠纷需要采用仲裁、诉讼的方式解决,工程造价鉴定在一些施工合同纠纷案件处理中就成了裁决、判决的主要依据。由于施工合同纠纷进入司法程序解决,其工程造价鉴定除应符合工程计价的相关标准和规定外,还应遵守仲裁或诉讼的规定。

一、一般规定

本内容规定了工程造价鉴定机构、鉴定人员、鉴定原则、回避原则、出庭质询等事项。

(1)在工程合同价款纠纷案件处理中,需做工程造价司法鉴定的,应根据《工程造价咨询企业管理办法》(建设部令第 149 号)第二十条的规定,委托具有相应资质的工程造价咨询人进行。

《建设部关于对工程造价司法鉴定有关问题的复函》(建办标函[2005]155 号)第二条:"从事工程造价司法鉴定,必须取得工程造价咨询资质,并在其资质许可范围内从事工程造价咨询活动。工程造价成果文件,应当由造价工程师签字,加盖执业专用章和单位公章后有效。"

(2)工程造价咨询人接受委托时提供工程造价司法鉴定服务,不仅应符合建设工程造价方面的规定,还应按仲裁、诉讼程序和要求进行,并应符合国家关于司法鉴定的规定。

(3)按照《注册造价工程师管理办法》(建设部令第 150 号)的规定,工程计价活动应由造价工程师担任。《建设部关于对工程造价司法鉴定有关问题的复函》(建办标函[2005]155 号)第二条:"从事工程造价司法鉴定的人员,必须具备注册造价工程师执业资格,并只得在其注册的机构从事工程造价司法鉴定工作,否则不具有在该机构的工程造价成果文件上签字的权力。"鉴于进入司法程序的工程造价鉴定的难度一般较大,因此,工程造价咨询人进行工程造价司法鉴定时,应指派专业对口、经验丰富的注册造价工程师承担鉴定工作。

(4)工程造价咨询人应在收到工程造价司法鉴定资料后 10 天内,根据自身专业能力和证据资料判断能否胜任该项委托,如不能,应辞去该项委托。工程造价咨询人不得在鉴定期满后以上述理由不作出鉴定结论,影响案件处理。

(5)为保证工程造价司法鉴定的公正进行,接受工程造价司法鉴定委托的工程造价咨询人或造价工程师如是鉴定项目一方当事人的近亲属或代理人、咨询人以及其他关系可能影响鉴定公正的,应当自行回避;未自行回避,鉴定项目委托人以该理由要求其回避的,必须回避。

(6)《最高人民法院关于民事诉讼证据的若干规定》(法释[2001]33 号)第五十九条规定:"鉴定人应当出庭接受当事人质询",因此,工程造价咨询人应当依法出庭接受鉴定项目当事人对工程造价司法鉴定意见书的质询。如确因特殊原因无法出庭的,经审理该鉴定项目的仲裁机关或人民法院准许,可以书面形式答复当事人的质询。

二、取证

(1)工程造价的确定与当时的法律法规、标准定额以及各种要素价格具有密切关系,为做好一些基础资料不完备的工程鉴定,工程造价咨询人进行工程造价鉴定工作,应自行收集以下(但不限于)鉴定资料:

1)适用于鉴定项目的法律、法规、规章、规范性文件以及规范、标准、定额;

2)鉴定项目同时期同类型工程的技术经济指标及其各类要素价格等。

(2)真实、完整、合法的鉴定依据是做好鉴定项目工程造价司法工作鉴定的前提。工程造价咨询人收集鉴定项目的鉴定依据时,应向鉴定项目委托人提出具体书面要求,其内容包括:

1)与鉴定项目相关的合同、协议及其附件;

2)相应的施工图纸等技术经济文件;

3)施工过程中的施工组织、质量、工期和造价等工程资料;

4)存在争议的事实及各方当事人的理由;

5)其他有关资料。

(3)根据最高人民法院规定"证据应当在法庭上出示,由当事人质证。未经质证的证据,不能作为认定案件事实的依据(法释[2001]33 号)",工程造价咨询人在鉴定过程中要求鉴定项目当事人对缺陷资料进行补充的,应征得鉴定项目委托人同意,或者协调鉴定项目各方当事人共同签认。

(4)根据鉴定工作需要现场勘验的,工程造价咨询人应提请鉴定项目委托人组织各方当事人对被鉴定项目所涉及的实物标的进行现场勘验。

(5)勘验现场应制作勘验记录、笔录或勘验图表,记录勘验的时间、地点、勘验人、在场人、勘验经过、结果,由勘验人、在场人签名或者盖章确认。绘制的现场图应注明绘制的时间、测绘人姓名、身份等内容。必要时应采取拍照或摄像取证,留下影像资料。

(6)鉴定项目当事人未对现场勘验图表或勘验笔录等签字确认的,工程造价咨询人应提请鉴定项目委托人决定处理意见,并在鉴定意见书中作出表述。

三、鉴定

(1)《最高人民法院关于审理建设工程施工合同纠纷案件适用法律问题的解释》(法释[2004]14 号)第十六条一款规定:"当事人对建设工程的计价标准或者计价方法有约定的,按照约定结算工程价款",因此,如鉴定项目委托人明确告之合同有效,工程造价咨询人就必须依据合同约定进行鉴定,不得随意改变发承包双方合法的合意,不能以专业技术方面的惯例来否定合同的约定。

(2)工程造价咨询人在鉴定项目合同无效或合同条款约定不明确的情况下应根据法律法规、相关国家标准和《建设工程工程量清单计价规范》(GB 50500—2013)的规定,选择相应专业工程的计价依据和方法进行鉴定。

1)若鉴定项目委托书明确鉴定项目合同无效,工程造价咨询人应根据法律法规规定进行鉴定:

①《最高人民法院关于审理建设工程施工合同纠纷案件适用法律问题的解释》(法释[2004]14 号)第二条规定:"建设工程施工合同无效,但建设工程经竣工验收合格,承包人请求参照合同约定支付工程价款的,应予支持",此时工程造价鉴定应参照合同约定鉴定。

②《最高人民法院关于审理建设工程施工合同纠纷案件适用法律问题的解释》(法释[2004]14 号)第三条规定:"建设工程合同无效,且建设工程经竣工验收不合格的 a. 修复后的建设工程经竣工验收合格,发包人请求承包人承担修复费用的,应予支持",此时,工程造价鉴定中应不包括修复费用,如系发包人修复,委托人要求鉴定修复费用,修复费用应单列;"b. 修复后的建设工程经竣工验收不合格,承包人请求支付工程价款的,不予支持"。

③《最高人民法院关于审理建设工程施工合同纠纷案件适用法律问题的解释》(法释[2004]14 号)第三条四款规定:"因建设工程不合格造成的损失,发包人有过错的,也应承担相应的民事责任",此时,工程造价鉴定也应根据过错大小作出鉴定意见。

2)若合同中约定不明确的,工程造价咨询人应提醒合同双方当事人尽可能协商一致,予以明确,如不能协商一致,按照相关国家标准规定,选择相应专业工程的计价依据和方法进行鉴定。

(3)为保证工程造价鉴定的质量,尽可能将当事人之间的分歧缩小直至化解,为司法调解、裁决或判决提供科学合理的依据,工程造价咨询人出具正式鉴定意见书之前,可报请鉴定项目委托人向鉴定项目各方当事人发出鉴定意见书征求意见稿,并指明应书面答复的期限及其不答复的相应法律责任。

(4)工程造价咨询人收到鉴定项目各方当事人对鉴定意见书征求意见稿的书面复函后,应对不同意见认真复核,修改完善后再出具正式鉴定意见书。

（5）工程造价咨询人出具的工程造价鉴定书应包括下列内容：

1）鉴定项目委托人名称、委托鉴定的内容；

2）委托鉴定的证据材料；

3）鉴定的依据及使用的专业技术手段；

4）对鉴定过程的说明；

5）明确的鉴定结论；

6）其他需说明的事宜；

7）工程造价咨询人盖章及注册造价工程师签名盖执业专用章。

（6）进入仲裁或诉讼的施工合同纠纷案件，一般都有明确的结案时限，为避免影响案件的处理，工程造价咨询人应在委托鉴定项目的鉴定期限内完成鉴定工作，如确因特殊原因不能在原定期限内完成鉴定工作时，应按照相应法规提前向鉴定项目委托人申请延长鉴定期限，并应在此期限内完成鉴定工作。

经鉴定项目委托人同意等待鉴定项目当事人提交、补充证据的，质证所用的时间不应计入鉴定期限。

（7）对于已经出具的正式鉴定意见书中有部分缺陷的鉴定结论，工程造价咨询人应通过补充鉴定作出补充结论。

三、工程造价鉴定使用表格与填写方法

（1）工程造价鉴定使用的表格包括：工程造价鉴定意见书封面（表7-1）、工程造价鉴定意见书扉页（表7-2）、工程计价总说明（表3-3）、建设项目竣工结算汇总表（表7-3）、单项工程竣工计算汇总表（表7-4）、单位工程竣工结算汇总表（表7-5）、分部分项工程和单价措施项目清单与计价表（表3-4）、综合单价分析表（表3-21）、综合单价调整表（表7-6）、总价措施项目清单与计价表（表3-5）、其他项目清单与计价汇总表（表3-6）、暂列金额明细表（表3-7）、材料（工程设备）暂估单价及调整表（表3-8）、专业工程暂估价及结算价表（表3-9）、计日工表（表3-10）、总承包服务费计价表（表3-11）、索赔与现场签证计价汇总表（表7-7）、费用索赔申请（核准）表（表7-8）、现场签证表（表7-9）、规费、税金项目计价表（表3-12）、工程计量申请（核准）表（表7-10）、预付款支付申请（核准）表（表7-11）、总价项目进度款支付分解表（表3-22）、进度款支付申请（核准）表（表7-12）、竣工结算款支付申请（核准）表（表7-13）、最终结清支付申请（核准）表（表7-14）及招标文件提供的发包人提供材料和工程设备一览表（表3-13）、承包人提供主要材料和工程设备一览表（表3-14或表3-15）。

（2）扉页应按规定内容填写、签字、盖章，应有承担鉴定和负责审核的注册造价工程师签字、盖执业专用章。

（3）说明应按下列规定填写：

1）鉴定项目委托人名称、委托鉴定的内容；

2）委托鉴定的证据材料；

3）鉴定的依据及使用的专业技术手段；

4）对鉴定过程的说明；

5）明确的鉴定结论；

6）其他需说明的事宜。

表 7-1   工程造价鉴定意见书封面

_____工程

编号:××[2×××]××号

工程造价鉴定意见书

造价咨询人:_____

(单位盖章)

年   月   日

表 7-2   工程造价鉴定意见书扉页

_____工程

工程造价鉴定意见书

鉴定结论:

造价咨询人:_____

(盖单位章及资质专用章)

法定代表人:_____

(签字或盖章)

造价工程师:_____

(签字盖专用章)

年   月   日

注:投标人应按招标文件的要求,附工程量清单综合单价分析表。

表 7-3 建设项目竣工结算汇总表

工程名称：　　　　　　　　　　　　　　　　　　　　　　　　　第　页共　页

序号	单项工程名称	金额(元)	其　中(元)	
			安全文明施工费	规费
合　计				

表—05

表 7-4 单项工程竣工结算汇总表

工程名称：　　　　　　　　　　　　　　　　　　　　　　　　　第　页共　页

序号	单位工程名称	金额(元)	其中:(元)	
			安全文明施工费	规费
合　计				

表 7-5 单位工程竣工结算汇总表

工程名称：　　　　　　　标段：　　　　　　　　　　　　　第　页共　页

序号	汇　总　内　容	金额(元)	其中:暂估价(元)
1	分部分项工程		
1.1			
1.2			
1.3			
2	措施项目		
2.1	其中:安全文明施工费		
3	其他项目		
3.1	其中:暂列金额		
3.2	其中:专业工程暂估价		
3.3	其中:计日工		
3.4	其中:总承包服务费		
4	规费		
5	税金		
招标控制价合计＝1＋2＋3＋4＋5			

注:如无单位工程划分,单项工程也使用本表汇总。

表 7-6 综合单价调整表

工程名称： 标段： 第 页共 页

序号	项目编码	项目名称	已标价清单综合单价(元)					调整后综合单价(元)				
			综合单价	其中				综合单价	其中			
				人工费	材料费	机械费	管理费和利润		人工费	材料费	机械费	管理费和利润
造价工程师(签章)： 发包人代表(签章)：								造价人员(签章)： 承包人代表(签章)：				
日期：								日期：				

注:综合单价调整应附调整依据。

表 7-7 索赔与现场签证计价汇总表

工程名称： 标段： 第 页共 页

序号	签证及索赔项目名称	计量单位	数量	单价(元)	合价(元)	索赔及签证依据
—	本页小计	—	—	—	—	
—	合 计	—	—	—	—	

注:签证及索赔依据是指经双方认可的签证单和索赔依据的编号。

表 7-8   费用索赔申请(核准)表

工程名称: 标段: 第 页共 页

致:————————————————————————(发包人全称)

    根据施工合同条款————条的约定,由于————原因,我方要求索赔金额(大写)————元,(小写————元),请予核准。

附:1. 费用索赔的详细理由和依据:

    2. 索赔金额的计算:

    3. 证明材料:

承包人(章)

造价人员————   承包人代表————   日   期————

复核意见:

    根据施工合同条款————条的约定,你方提出的费用索赔申请经复核:

    □不同意此项索赔,具体意见见附件。

    □同意此项索赔,索赔金额的计算,由造价工程师复核

监理工程师————

日   期————

复核意见:

    根据施工合同条款————条的约定,你方提出的费用索赔申请经复核,索赔金额为(大写)————元,(小写)————元。

造价工程师————

日   期————

审核意见:

    □不同意此项索赔。

    □同意此项索赔,与本期进度款同期支付。

发包人(章)

发包人代表————

日   期————

注:1. 在选择栏中的"□"内作标识"√"。

    2. 本表一式四份,由承包人填报,发包人、监理人、造价咨询人、承包人各存一份。

表 7-9 现场签证表

工程名称： 标段： 第 页共 页

施工部位		日 期	

致：_____(发包人全称)

　　根据————(指令人姓名) 年 月 日的口头指令或你方————(或监理人) 年 月 日的书面通知,我方要求完成此项工作应支付价款金额为(大写)————元,(小写)————元,请予核准。

附：1. 签证事由及原因：

　　2. 附图及计算式：

承包人(章)

造价人员———— 承包人代表———— 日 期————

复核意见：	复核意见：
你方提出的此项签证申请经复核： 　　□不同意此项签证,具体意见见附件。 　　□同意此项签证,签证金额的计算,由造价工程师复核。	□此项签证按承包人中标的计日工单价计算,金额为(大写)————元,(小写)————元。 　　□此项签证因无计日工单价,金额为(大写)————元,(小写)————。
监理工程师 日　　期————	造价工程师———— 日　　期————

审核意见：

　　□不同意此项签证。

　　□同意此项签证,价款与本期进度款同期支付。

发包人(章)

发包人代表————

日　　期————

注：1. 在选择栏中的"□"内作标识"√"。

　　2. 本表一式四份,由承包人在收到发包人(监理人)的口头或书面通知后填写,发包人、监理人、造价咨询人、承包人各存一份。

表 7-10 　　　　　　　　　　　　**工程计量申请(核准)表**

工程名称：　　　　　　　　　　　　　标段：　　　　　　　　　第　页共　页

序号	项目编码	项目名称	计量单位	承包人申请数量	发包人核实数量	发承包人确认数量	备注

承包人代表	监理工程师：	造价工程师：	发包人代表：
日期：	日期：	日期：	日期：

表 7-11 　　　　　　　　　　　　**预付款支付申请(核准)表**

工程名称：　　　　　　　　　　　　　标段：　　　　　　　　　　编号：

致：＿＿＿＿＿＿＿＿＿＿＿＿＿＿＿＿＿＿＿＿＿＿＿＿＿＿＿＿＿(发包人全称)

我方根据施工合同的约定,现申请支付工程预付款额为(大写)＿＿＿＿＿＿＿(小写＿＿＿＿＿＿),请予核准。

序号	名　　称	申请金额(元)	复核金额(元)	备　注
1	已签约合同价款金额			
2	其中:安全文明施工费			
3	应支付的预付款			
4	应支付的安全文明施工费			
5	合计应支付的预付款			

承包人(章)

造价人员＿＿＿＿＿　　承包人代表＿＿＿＿＿　　日　期＿＿＿＿＿

复核意见： □与合同约定不相符,修改意见见附件。 □与合同约定相符,具体金额由造价工程师复核。 　　　　监理工程师＿＿＿＿＿ 　　　　日　期＿＿＿＿＿	复核意见： 　你方提出的支付申请经复核,应支付预付款金额为(大写)＿＿＿＿＿(小写＿＿＿＿＿)。 　　　　　造价工程师＿＿＿＿＿ 　　　　　日　期＿＿＿＿＿

审核意见：

□不同意。

□同意,支付时间为本表签发后的 15 天内。

发包人(章)

发包人代表＿＿＿＿＿

日　期＿＿＿＿＿

注:1. 在选择栏中的"□"内做标识"√"。

2. 本表一式四份,由承包人填报,发包人、监理人、造价咨询人、承包人各存一份。

表 7-12   **进度款支付申请(核准)表**

工程名称: 标段: 编号

致:_____(发包人全称)

    我方于_____至_____期间已完成了_____工作,根据施工合同的约定,现申请支付本周期的合同款额为(大写)_____(小写_____),请予核准。

序号	名　称	实际金额(元)	申请金额(元)	复核金额(元)	备注
1	累计已完成的合同价款				
2	累计已实际支付的合同价款				
3	本周期合计完成的合同价款				
3.1	本周期已完成单价项目的金额				
3.2	本周期应支付的总价项目的金额				
3.3	本周期已完成的计日工价款				
3.4	本周期应支付的安全文明施工费				
3.5	本周期应增加的合同价款				
4	本周期合计应扣减的金额				
4.1	本周期应抵扣的预付款				
4.2	本周期应扣减的金额				
5	本周期应支付的合同价款				

附:上述3、4详见附件清单

                                                        承包人(章)

造价人员_____   承包人代表_____   日　期_____

复核意见:

□与实际施工情况不相符,修改意见见附件。

□与实际施工情况相符,具体金额由造价工程师复核。

                     监理工程师_____

                     日　期_____

复核意见:

    你方提出的支付申请经复核,本期间已完成合同款额为(大写)_____(小写_____),周期应支付金额为(大写)_____(小写_____)。

                     造价工程师_____

                     日　期_____

审核意见:

□不同意。

□同意,支付时间为本表签发后的15天内。

                                             发包人(章)

                                             发包人代表_____

                                               日　期_____

注:1. 在选择栏中的"□"内做标识"√"。

    2. 本表一式四份,由承包人填报,发包人、监理人、造价咨询人、承包人各存一份。

表 7-13 竣工结算款支付申请(核准)表

工程名称：　　　　　　　标段：　　　　　　　编号：

致：_____（发包人全称）

　　我方于_____至_____期间已完成合同约定的工作,工程已经完工,根据施工合同的约定,现申请支付竣工结算合同款额为(大写)_____(小写_____),请予核准。

序号	名　称	申请金额(元)	复核金额(元)	备　注
1	竣工结算合同价款总额			
2	累计已实际支付的合同价款			
3	应预留的质量保证金			
4	应支付的竣工结算款金额			

承包人(章)

造价人员_____　　承包人代表_____　　日　期_____

复核意见： □与实际施工情况不相符,修改意见见附件。 □与实际施工情况相符,具体金额由造价工程师复核。 　　　　　　监理工程师_____ 　　　　　　日　期_____	复核意见： 　　你方提出的竣工结算款支付申请经复核,竣工结算款总额为(大写)_____(小写_____),扣除前期支付以及质量保证金后应支付金额为(大写)_____(小写_____)。 　　　　　　造价工程师_____ 　　　　　　日　期_____

审核意见：
□不同意。
□同意,支付时间为本表签发后的 15 天内。

发包人(章)
发包人代表_____
日　期_____

注:1. 在选择栏中的"□"内做标识"√"。
　　2. 本表一式四份,由承包人填报,发包人、监理人、造价咨询人、承包人各存一份。

表 7-14　　　　　　　　　最终结清支付申请(核准)表

工程名称：　　　　　　　　　　　标段：　　　　　　　　　　　编号

致：_____（发包人全称）

　我方于_____至_____期间已完成了缺陷修复工作，根据施工合同的约定，现申请支付最终结清合同款额为（大写）_____（小写_____），请予核准。

序号	名 称	申请金额（元）	复核金额（元）	备 注
1	已预留的质量保证金			
2	应增加因发包人原因造成缺陷的修复金额			
3	应扣减承包人不修复缺陷、发包人组织修复的金额			
4	最终应支付的合同价款			

上述 3、4 详见附件清单

承包人（章）

造价人员_____　　承包人代表_____　　日　期_____

复核意见： 　□与实际施工情况不相符，修改意见见附件。 　□与实际施工情况相符，具体金额由造价工程师复核。 　　　　　　　监理工程师_____ 　　　　　　　日　期_____	复核意见： 　你方提出的支付申请经复核，最终应支付金额为（大写）_____（小写_____）。 　　　　　　　造价工程师_____ 　　　　　　　日　期_____

审核意见：
　□不同意。
　□同意，支付时间为本表签发后的 15 天内。

　　　　　　　　　　　　　　　　　　　　发包人（章）
　　　　　　　　　　　　　　　　　　　　发包人代表_____
　　　　　　　　　　　　　　　　　　　　日　期_____

注：1. 在选择栏中的"□"内做标识"√"。

　　2. 本表一式四份，由承包人填报，发包人、监理人、造价咨询人、承包人各存一份。

第四节　工程计价资料与档案管理

计价的原始资料是正确计价的凭证,也是工程造价争议处理鉴定的有效证据,计价文件归档才表明整个计价工作的完成。

一、工程计价资料管理

为有效减少甚至杜绝工程合同价款争议,发承包双方应认真履行合同义务,认真处理双方往来的信函,并共同管理好合同工程履约过程中双方之间的往来文件。

(1)发承包双方应当在合同中约定各自在合同工程中现场管理人员的职责范围,双方现场管理人员在职责范围内签字确认的书面文件是工程计价的有效凭证,但如有其他有效证据或经实证证明其是虚假的除外。

1)发承包双方现场管理人员的职责范围。首先是要明确发承包双方的现场管理人员,包括受其委托的第三方人员,如发包人委托的监理人、工程造价咨询人,仍然属于发包人现场管理人员的范畴;其次是明确管理人员的职责范围,也就是业务分工,并应明确在合同中约定,施工过程中如发生人员变动,应及时以书面形式通知对方,涉及合同中约定的主要人员变动需经对方同意的,应事先征求对方的意见,同意后才能更换。

2)现场管理人员签署的书面文件的效力。首先,双方现场管理人员在合同约定的职责范围签署的书面文件必定是工程计价的有效凭证;其次,双方现场管理人员签署的书面文件如有错误的应予纠正,这方面的错误主要有两方面的原因,一是无意识失误,属工作中偶发性错误,只要双方认真核对就可有效减少此类错误;二是有意致错,如双方现场管理人员以利益交换,有意犯错,如工程计量有意多计等。对于现场管理人员签署的书面文件,如有其他有效证据或经实证证明其是虚假的,则应更正。

(2)发承包双方不论在何种场合对与工程计价有关的事项所给予的批准、证明、同意、指令、商定、确定、确认、通知和请求,或表示同意、否定、提出要求和意见等,均应采用书面形式,口头指令不得作为计价凭证。

(3)任何书面文件送达时,应由对方签收,通过邮寄应采用挂号、特快专递传送,或以发承包双方商定的电子传输方式发送,交付、传送或传输至指定的接收人的地址。如接收人通知了另外地址时,随后通信信息应按新地址发送。

(4)发承包双方分别向对方发出的任何书面文件,均应将其抄送现场管理人员,如系复印件应加盖合同工程管理机构印章,证明与原件相同。双方现场管理人员向对方所发任何书面文件,也应将其复印件发送给发承包双方,复印件应加盖合同工程管理机构印章,证明与原件相同。

(5)发承包双方均应当及时签收另一方送达其指定接收地点的来往信函,拒不签收的,送达信函的一方可以采用特快专递或者公证方式送达,所造成的费用增加(包括被迫采用特殊送达方式所发生的费用)和延误的工期由拒绝签收一方承担。

(6)书面文件和通知不得扣压,一方能够提供证据证明,另一方拒绝签收或已送达的,应视为对方已签收并应承担相应责任。

二、计价档案管理

(1)发承包双方以及工程造价咨询人对具有保存价值的各种载体的计价文件,均应收集齐全,整理立卷后归档。

(2)发承包双方和工程造价咨询人应建立完善的工程计价档案管理制度,并应符合国家和有关部门发布的档案管理相关规定。

(3)工程造价咨询人归档的计价文件,保存期不宜少于五年。

(4)归档的工程计价成果文件应包括纸质原件和电子文件,其他归档文件及依据可为纸质原件、复印件或电子文件。

(5)归档文件应经过分类整理,并应组成符合要求的案卷。

(6)归档可以分阶段进行,也可以在项目竣工结算完成后进行。

(7)向接受单位移交档案时,应编制移交清单,双方应签字、盖章后方可交接。

本 章 思 考 重 点

1. 工程造价管理的类别是怎样的?
2. 工程造价指数的编制方法及内容是怎样的?
3. 工程造价鉴定的内容及程序是怎样的?
4. 工程计价资料与档案管理的内容是怎样的?

参 考 文 献

［1］中华人民共和国国家标准.GB 50500—2013 建设工程工程量清单计价规范［S］.北京:中国计划出版社,2013.

［2］建设工程工程量清单计价规范编制组.2013 建设工程计价计量规范辅导［M］.北京:中国计划出版社,2013.

［3］全国造价工程师执业资格考试培训教材编审委员会.工程造价计价与控制［M］.北京:中国计划出版社,2009.

［4］陈建国.工程计量与计价管理［M］.上海:同济大学出版社,2001.

［5］《安装工程必备数据一本全》编委会.安装工程必备数据一本全［M］.北京:地震出版社,2007.

［6］《造价工程师实务手册》编写组.造价工程师实务手册［M］.北京:机械工业出版社,2006.

中國建材工业出版社
China Building Materials Press

我 们 提 供

图书出版、图书广告宣传、企业/个人定向出版、设计业务、企业内刊等外包、代选代购图书、团体用书、会议、培训，其他深度合作等优质高效服务。

编 辑 部	图书广告	出版咨询	图书销售	设计业务
010-68343948	010-68361706	010-68343948	010-68001605	010-88376510转1008

邮箱：jccbs-zbs@163.com　　　网址：www.jccbs.com.cn

发展出版传媒　　服务经济建设

传播科技进步　　满足社会需求